U0286767

Python程序设计

深入理解计算机系统的语言

关东升 ◎ 编著

科学与技术丛书·新形态教材

计算机

清华大学出版社

北京

内 容 简 介

本书是一部学习 Python 编程语言的教材。全书共分 21 章,内容包括引言、开发环境搭建、第 1 个 Python 程序、Python 语法基础、数据类型、运算符、控制语句、数据结构、函数、面向对象编程、异常处理、常用模块、正则表达式、文件操作与管理、数据交换格式、数据库编程、网络编程、图形用户界面编程和 Python 多线程编程等。每章后面都安排若干同步练习题,并在附录 A 中提供了参考答案。

本书既可作为高等学校计算机软件技术课程的教材,也可作为社会培训机构的培训教材,还可作为广大 Python 初学者和 Python 开发人员的参考用书。

图书在版编目(CIP)数据

Python 程序设计:深入理解计算机系统的语言/关东升编著. —北京:清华大学出版社,2022.2
(计算机科学与技术丛书·新形态教材)
ISBN 978-7-302-59038-5

Ⅰ. ①P…　Ⅱ. ①关…　Ⅲ. ①软件工具-程序设计　Ⅳ. ①TP311.561

中国版本图书馆 CIP 数据核字(2021)第 178836 号

责任编辑:盛东亮　钟志芳
封面设计:李召霞
责任校对:时翠兰
责任印制:杨　艳

出版发行:清华大学出版社
　　　　网　　　址:http://www.tup.com.cn, http://www.wqbook.com
　　　　地　　　址:北京清华大学学研大厦 A 座　　　邮　　编:100084
　　　　社 总 机:010-83470000　　　　　　　　　邮　　购:010-83470235
　　　　投稿与读者服务:010-62776969, c-service@tup.tsinghua.edu.cn
　　　　质量反馈:010-62772015, zhiliang@tup.tsinghua.edu.cn
　　　　课件下载:http://www.tup.com.cn, 010-83470236
印 刷 者:北京富博印刷有限公司
装 订 者:北京市密云县京文制本装订厂
经　　销:全国新华书店
开　　本:185mm×260mm　　　　印　张:19　　　　字　数:463 千字
版　　次:2022 年 4 月第 1 版　　　　　　　　　印　次:2022 年 4 月第 1 次印刷
印　　数:1~1500
定　　价:59.00 元

产品编号:091799-01

前 言
PREFACE

随着 Python 语言在国内的流行,各大高校和培训机构都开设了 Python 语言程序设计课程。之前我们与清华大学出版社合作出版了《Python 语言程序设计》,随着 Python 版本的迭代升级,书中一些知识点已经有些陈旧,亟待更新。应广大读者的要求,我们编写本书。

本书是智捷课堂开发的又一本立体化图书,配套了课件源代码和相关服务。本书知识点讲解细致,结构安排合理,非常适合零基础读者学习。认真学习完本书后,相信读者可以独立开发 Python 网络爬虫、数据分析及数据可视化等项目。

本书特色

本书特色如下:

(1) IDE 使用业界流行的 PyCharm 工具。

(2) 采用 Python 3.8 解释器。

(3) 介绍搭建自己的 Web 服务器。

(4) 数据库采用 MySQL 8。

读者对象

本书是一本 Python 编程语言入门图书。无论是计算机相关专业的大学生还是从事软件开发工作的职场人,本书都适合。

源代码下载

书中提供了 300 多个完整示例和两个完整项目案例的源代码,读者可以在清华大学出版社网站本书页面下载。

配套源代码大部分都是通过 PyCharm 工具创建的,可以用 PyCharm 工具打开。如果读者的 PyCharm 工具显示如图 1 所示的欢迎界面,则单击 Open 按钮,打开如图 2 所示的"打开文件或项目"对话框,找到对应章节的文件夹并打开即可。如果已进入 PyCharm 工具,可以通过菜单 File → Open 命令打开如图 2 所示的"打开文件或项目"对话框。

致谢

感谢清华大学出版社的盛东亮为本书提出了宝贵意见;感谢智捷课堂团队的赵志荣、赵大羽、关锦华、闫婷娇、刘佳笑和赵浩丞参与部分内容的写作;感谢赵浩丞从专业角度修改书中图片;感谢我的家人容忍我的忙碌,并给我关心和照顾,使我能投入全部精力专心编写本书。

图 1　欢迎界面

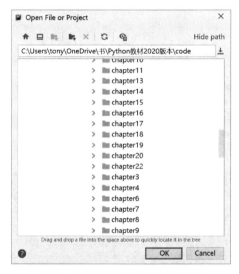

图 2　"打开文件或项目"对话框

　　由于 Python 更新迭代很快,而作者水平有限,书中难免存在瑕疵和不妥之处,恳请读者提出宝贵意见,以便再版时改进。

关东升

2022 年 2 月

微课视频

赠送《Python 从小白到大牛》畅销书微课视频, 作为补充资源, 供读者学习。

1.1 微课视频	1.2 微课视频	1.3 微课视频	1.4 微课视频	1.5 微课视频
2.1 微课视频	2.2 微课视频	2.3 微课视频	3.1 微课视频	3.2 微课视频
3.3 微课视频	3.4 微课视频	4.1 微课视频	4.2 微课视频	4.3 微课视频
4.4 微课视频	4.5 微课视频	4.6 微课视频	5.1 微课视频	5.2 微课视频
5.3 微课视频	5.4 微课视频	6.1 微课视频	6.2 微课视频	6.3 微课视频
7.1 微课视频	7.2 微课视频	7.3 微课视频	7.4 微课视频	7.5 微课视频

7.6 微课视频　　7.7 微课视频　　8.1 微课视频　　8.2 微课视频　　8.3 微课视频

8.4 微课视频　　9.1 微课视频　　9.2 微课视频　　9.3 微课视频　　10.1 微课视频

10.2 微课视频　　10.3 微课视频　　11.1 微课视频　　11.2 微课视频　　11.3 微课视频

11.4 微课视频　　11.5 微课视频　　12.1 微课视频　　12.2 微课视频　　12.3 微课视频

12.4 微课视频　　12.5 微课视频　　12.6 微课视频　　12.7 微课视频　　12.8 微课视频

12.9 微课视频　　13.1 微课视频　　13.2 微课视频　　13.3 微课视频　　13.4 微课视频

13.5 微课视频　　13.6 微课视频　　13.7 微课视频　　14.1 微课视频　　14.2 微课视频

14.3 微课视频　　14.4 微课视频　　14.5 微课视频　　14.6 微课视频　　14.7 微课视频

14.8 微课视频　15.1 微课视频　15.2 微课视频　15.3 微课视频　16.2 微课视频

16.3 微课视频　16.4 微课视频　16.5 微课视频　16.6 微课视频　17.1 微课视频

17.2 微课视频　17.3 微课视频　18.1 微课视频　18.2 微课视频　19.1 微课视频

19.2 微课视频　19.3 微课视频　19.4 微课视频　19.5 微课视频　20.1 微课视频

20.2 微课视频　20.3 微课视频　20.4 微课视频　21.1 微课视频　21.2 微课视频

21.3 微课视频　21.4 微课视频　21.5 微课视频　21.6 微课视频　21.7 微课视频

22.1 微课视频　22.2 微课视频　22.3 微课视频　22.4 微课视频　22.5 微课视频

22.6 微课视频　23.1 微课视频　23.2 微课视频　23.3 微课视频　23.4 微课视频

24.1 微课视频　　24.2 微课视频　　24.3 微课视频　　24.4 微课视频　　24.5 微课视频

25.1 微课视频　　25.2 微课视频　　26.1 微课视频　　26.2 微课视频　　26.3 微课视频

26.4 微课视频　　27.1 微课视频　　27.2 微课视频　　27.3 微课视频　　27.4 微课视频

27.5 微课视频　　27.6 微课视频　　28.1 微课视频　　28.2 微课视频　　28.3 微课视频

28.4 微课视频　　28.5 微课视频　　28.6 微课视频　　28.7 微课视频　　28.8 微课视频

28.9 微课视频

目录
CONTENTS

第1章

引　言

Python 已经诞生 20 多年了,现在仍然是非常热门的编程语言之一,很多平台都在使用 Python 开发。表 1-1 所示的是 TIOBE 社区发布的 2020 年 3 月和 2019 年 3 月的编程语言排行榜,从中可见 Python 语言的热度,这也是很多人选择学习 Python 的主要原因。

表 1-1　TIOBE 编程语言排行榜

2020 年 3 月	2019 年 3 月	变化	编程语言	推荐指数/%	指数变化/%
1	1		Java	17.78	2.90
2	2		C	16.33	3.03
3	3		Python	10.11	1.85
4	4		C++	6.79	−1.34
5	6	∧	C#	5.32	2.05
6	5	∨	Visual Basic . NET	5.26	−1.17
7	7		JavaScript	2.05	−0.38
8	8		PHP	2.02	−0.40
9	9		SQL	1.83	−0.09
10	18	∧∧	Go	1.28	0.26
11	14	∧	R	1.26	−0.02
12	12		Assembly language	1.25	−0.16
13	17	∧∧	Swift	1.24	0.08
14	15	∧	Ruby	1.05	−0.15
15	11	∨∨	MATLAB	0.99	−0.48
16	22	∧∧	PL/SQL	0.98	0.25
17	13	∨∨	Perl	0.91	−0.40
18	20	∧	Visual Basic	0.77	−0.19
19	10	∨∨	Objective-C	0.73	−0.95
20	19	∨	Delphi/Object Pascal	0.71	−0.30

1.1　Python 语言历史

1989 年的阿姆斯特丹,Python 之父荷兰人吉多·范罗苏姆(Guidovan Rossum)为了打发圣诞节的无聊时间,决心开发一门解释程序语言。1991 年第一个 Python 解释器公开版发布,它是用 C 语言编写实现的,能够调用 C 语言的库文件。Python 一诞生就具有了类、函数和异常处理等内容,包含字典、列表等核心数据结构,以及以模块为基础的拓展系统。

2000 年 Python 2.0 发布。Python 2.0 的最后一个版本是 2.7,Python 2.7 支持时间到
2020 年。2008 年 Python 3.0 发布。Python 3 与 Python 2 是不兼容的,由于很多 Python 程序
和库都是基于 Python 2 的,所以 Python 2 和 Python 3 程序会长期并存,不过 Python 3 的新功
能吸引了很多开发人员,很多开发人员正从 Python 2 升级到 Python 3。建议初学者从
Python 3 开始学习。

1.2　Python 语言设计哲学——Python 之禅

Python 语言有它的设计理念和哲学,称为"Python 之禅"。Python 之禅是 Python 的灵
魂,理解 Python 之禅能帮助开发人员编写出优秀的 Python 程序。在 Python 交互式运行工
具 IDLE(Python Shell 工具)中输入 import this 命令,显示内容就是 Python 之禅,如图 1-1
所示。

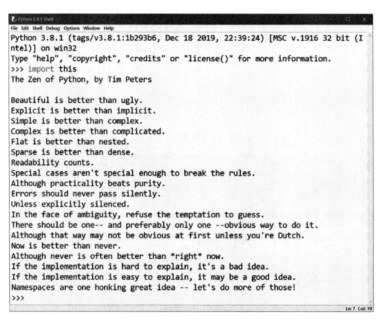

图 1-1　IDLE 中 Python 之禅

Python 之禅翻译解释如下:

Python 之禅 by Tim Peters
优美胜于丑陋
明了胜于晦涩
简洁胜于复杂
复杂胜于凌乱
扁平胜于嵌套
宽松胜于紧凑
可读性很重要
即便是特例,也不要捕获所有错误,除非你确定需要这样做
如果存在多种可能,不要猜测
通常只有唯一一种是最佳的解决方案

虽然这并不容易,因为你不是 Python 之父

做比不做要好,但不假思索就动手还不如不做

如果你的方案很难懂,那肯定不是一个好方案,反之亦然

命名空间非常有用,应当多加利用

1.3　Python 语言特点

Python 语言能够流行起来并长久不衰,得益于其有很多优秀特点。这些特点如下。

(1)简单易学

Python 设计目标之一就是方便学习,使用简单。它使你能够专注于解决问题而不是过多关注语言本身。

(2)面向对象

Python 支持面向对象的编程。与其他主要语言(如 C++和 Java)相比,Python 以一种非常强大又简单的方式实现面向对象编程。

(3)解释性

Python 是解释执行的,即 Python 程序不需要编译成二进制代码,可以直接从源代码运行程序。在计算机内部,Python 解释器将源代码转换成为中间字节码形式,然后再将其解释为计算机使用的机器语言并执行。

(4)免费开源

Python 是免费开放源码的软件。你可以自由地转发这个软件,阅读它的源代码,对它做改动,把它的一部分用于新的自由软件中。

(5)可移植性

Python 解释器已经被移植在许多平台上,Python 程序无须修改即可在多个平台上运行。

(6)胶水语言

Python 被称为胶水语言,可用来连接其他语言编写的软件组件或模块。这是因为标准版本 Python 是用 C 语言编译的(称为 CPython),所以 Python 可以调用 C 语言,借助 C 语言接口 Python 几乎可以驱动所有已知的软件。

(7)丰富的库

Python 标准库(官方提供的)种类繁多,可以处理各种工作。这些库不需要安装即可直接使用。除了标准库以外,还有许多其他高质量的库可以使用。

(8)规范的代码

Python 采用强制缩进的方式使代码具有极佳的可读性。

(9)支持函数式编程

虽然 Python 并不是一种单纯的函数式编程,但是也提供了函数式编程的支持,如函数类型、lambda 表达式、高阶函数和匿名函数等。

(10)动态类型

Python 是动态类型语言,它不会检查数据类型,在变量声明时不需要指定数据类型。

1.4 Python 语言应用前景

Python 与 Java 一样,都是高级语言,不能直接访问硬件,也不能编译为本地代码运行。除此之外,Python 几乎可以做任何事情。下面是 Python 语言主要的应用前景。

（1）桌面应用开发

Python 语言可用于开发传统的桌面应用程序。利用 Tkinter、PyQt、PySide、wxPython 和 PyGTK 等 Python 库可以快速开发桌面应用程序。

（2）Web 应用开发

Python 也常用于 Web 开发。很多网站都是基于 Python Web 开发的,如豆瓣、知乎和 Dropbox 等。很多成熟的 Python Web 框架,如 Django、Flask、Tornado、Bottle 和 web2py 等 Web 框架,可以帮助开发人员快速开发 Web 应用。

（3）自动化运维

Python 可用于编写服务器运维自动化脚本。使用 Python 编写的系统管理脚本,在可读性、代码可重用性、可扩展性等方面均优于普通 Shell 脚本。

（4）科学计算

Python 语言也广泛应用于科学计算。NumPy、SciPy 和 Pandas 都是优秀的数值计算和科学计算库。

（5）数据可视化

Python 语言也可将复杂的数据通过图表展示出来,便于数据分析。Matplotlib 库是优秀的可视化库。

（6）网络爬虫

Python 语言很早就用来编写网络爬虫。谷歌等搜索引擎公司大量使用 Python 语言编写网络爬虫。从技术层面上讲,Python 语言有很多这方面的工具,如 urllib、Selenium 和 BeautifulSoup 等,还有网络爬虫框架 scrapy。

（7）人工智能

人工智能是当下非常火的一个研究方向。Python 广泛应用于深度学习、机器学习和自然语言处理等领域。由于 Python 语言具有动态特点,很多人工智能框架都是采用 Python 语言实现的。

（8）大数据

大数据分析中涉及的分布式计算、数据可视化、数据库操作等,Python 中都有成熟的库可以完成。Hadoop 和 Spark 都可以直接使用 Python 编写计算逻辑。

（9）游戏开发

Python 可以直接调用 OpenGL 实现 3D 绘制,这是高性能游戏引擎的技术基础。有很多 Python 语言实现的游戏引擎,如 Pygame、Pyglet 和 Cocos2d 等。

第 2 章

准备开发环境

《论语·魏灵公》曰："工欲善其事,必先利其器",做好一件事,准备工作非常重要。在开始学习 Python 技术之前,先了解如何搭建 Python 开发环境是一件非常重要的事。

就开发工具而言,Python 官方只提供了一个解释器和交互式运行编程环境,未提供 IDE(Integrated Development Environments,集成开发环境)工具。事实上开发 Python 的第三方 IDE 工具也非常多,这里列举几个 Python 社区推荐使用的工具。

(1) PyCharm。JetBrains 公司开发的 Python IDE 工具。

(2) Eclipse+PyDev 插件。PyDev 插件下载地址为 www.pydev.org。

(3) Visual Studio Code。微软公司开发,是可用于开发多种语言的跨平台 IDE 工具。

这几款工具都有免费版本,都可以跨平台(Windows、Linux 和 macOS)使用。从编写程序代码、调试、版本管理等角度看,PyCharm 和 Eclipse+PyDev 都很强大,但 Eclipse+PyDev 安装有些麻烦,需要自行安装 PyDev 插件。Visual Studio Code 风格类似于 Sublime Text 文本的 IDE 工具,同时又兼顾微软 IDE 的易用性,只要安装了相应插件,几乎均可用其开发。与 PyCharm 相比,Visual Studio Code 内核小,占用内存少,开发 Python 需要安装扩展(插件),更适合有一定开发经验的人使用。而 PyCharm 只需下载并安装即可使用,需要的配置工作非常少。

综上所述,笔者推荐使用 PyCharm,因此本章将介绍 PyCharm 工具的安装和配置过程。

提示　本书提供给读者的示例源代码主要为基于 PyCharm 工具编写的项目,打开这些代码需要 PyCharm 工具。

2.1　安装 Python 解释器

无论是否使用 IDE 工具,首先均需安装 Python 解释器。由于历史原因,可用的 Python 解释器有多个,介绍如下。

(1) CPython。

CPython 是 Python 官方提供的 Python 解释器。一般情况下提到的 Python 就是指 CPython。CPython 是基于 C 语言编写的,它实现的 Python 解释器能够将源代码编译为字节码(Bytecode),类似于 Java 语言,然后再由虚拟机执行。当再次执行相同源代码文件时,如果源代码文件没有被修改过,它将直接解释执行字节码文件,故可以提高程序的运行速度。

（2）PyPy。

PyPy 是基于 Python 实现的 Python 解释器，速度比 CPython 快，但兼容性不如 CPython。其官网地址为 www. pypy. org。

（3）Jython。

Jython 是基于 Java 实现的 Python 解释器，可以将 Python 代码编译为 Java 字节码，也可以在 Java 虚拟机下运行。其官网地址为 www. jython. org。

（4）IronPython。

IronPython 是基于 . NET 平台实现的 Python 解释器，可以使用 . NET Framework 链接库。其官网地址为 www. ironpython. net。

考虑到兼容性和其他一些性能，本书使用 Python 官方提供的 CPython 作为 Python 开发解释器。Python 官方提供的 CPython 有多个不同平台版本（Windows、Linux/UNIX 和 macOS），大部分 Linux、UNIX 和 macOS 操作系统都已经安装了 Python，只是版本有所不同。

提示 考虑到大部分读者使用的还是 Windows 系统，因此本书重点介绍 Windows 平台下 Python 开发环境的搭建。

截至本书编写完成，Python 官方对外发布的最新版是 Python 3.8，下载地址是 https://www. python. org/downloads，下载界面如图 2-1 所示。其中有 Python 2 和 Python 3 的多种版

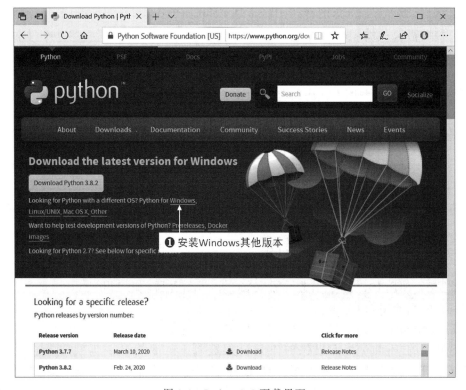

图 2-1　Python 3.8 下载界面

本可供下载,还可以选择不同的操作系统(Linux、UNIX 和 Mac OS X① 和 Windows)。在当前页面单击 Download Python 3.8.x 按钮,将下载 Python 3.8.x 的安装文件。

下载完成后即可安装。安装过程中将弹出如图 2-2 所示的内容选择对话框,选中复选框 Add Python 3.8 to PATH 可以将 Python 的安装路径添加到环境变量 PATH 中,这样就可以在任何文件夹下使用 Python 命令了。选择 Customize installation 可以自定义安装,本例选择 Install Now,进行默认安装。单击 Install Now 开始安装,安装结束关闭对话框即可。

图 2-2　安装内容选择对话框

安装成功后,安装文件位于用户文件夹:\AppData\Local\Programs\Python\Python38-32,在 Windows 开始菜单中打开 Python 3.8 文件夹,会发现 4 个快捷方式文件,如图 2-3 所示。对这 4 个文件说明如下。

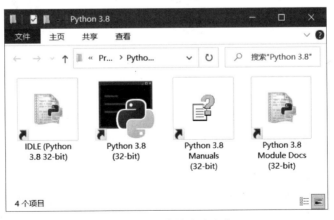

图 2-3　4 个快捷方式文件

---

① Mac OS X 是苹果桌面操作系统,基于 UNIX 操作系统,现改名为 macOS。

（1）IDLE（Python 3.8 32-bit）.lnk：打开 PythonIDLE 工具。IDLE 是 Python 官方提供的编写 Python 程序的交互式运行编程环境工具。

（2）Python 3.8（32-bit）.lnk：打开 Python 解释器。

（3）Python 3.8 Manuals（32-bit）.lnk：打开 Python 帮助文档。

（4）Python 3.8 Module Docs（32-bit）.lnk：打开 Python 内置模块帮助文档。

2.2 PyCharm 开发工具

PyCharm 是 JetBrains 公司研发的开发 Python 的 IDE 开发工具。JetBrains 公司开发的很多工具都好评如潮，图 2-4 所示的工具均为 JetBrains 公司开发，这些工具可用于编写 C/C++、C#、DSL、Go、Groovy、Java、JavaScript、Kotlin、Objective-C、PHP、Python、Ruby、Scala、SQL 和 Swift 等语言的程序。

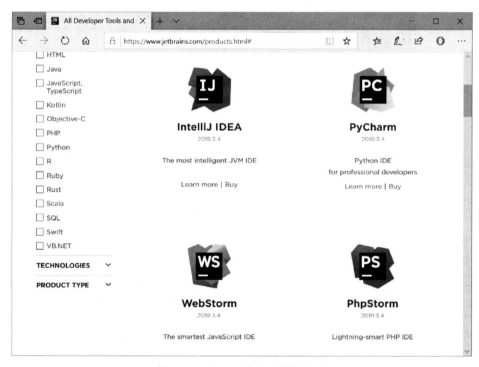

图 2-4 JetBrains 公司开发的工具

2.2.1 下载和安装

可以在图 2-4 所示的页面中单击 PyCharm 或通过地址 https://www.jetbrains.com/pycharm/download/下载和安装 PyCharm 工具，下载页面如图 2-5 所示。PyCharm 有 Professional 和 Community 两个版本，Professional 是收费版，可免费试用 30 天，超过 30 天则需要购买软件许可（Licensekey）；Community 为社区版，完全免费，对于学习 Python 语言社区版的读者已经足够了。在图 2-5 所示的页面下载 PyCharm 工具，完成之后即可安装。

安装过程非常简单，这里不再赘述。

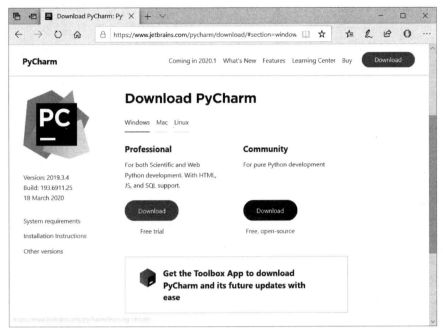

图 2-5　下载 PyCharm

图 2-6　PyCharm 欢迎界面

2.2.2　设置 Python 解释器

　　首次启动 PyCharm,需要根据个人喜好进行一些基本设置,设置过程非常简单,这里不再赘述。设置完成后进入 PyCharm 欢迎界面,如图 2-6 所示。单击欢迎界面底部的 Configure 按钮,在弹出菜单中选择 Settings,选择左侧的 Project Interpreter(解释器)菜单打开解释器配置对话框,如图 2-7 所示。如果 Project Interpreter 没有设置,可以单击下三角按钮选择 Python 解释器(编号①)。若下拉列表框中没有 Python 解释器,可以单击右侧的齿轮图标添加 Python 解释器(编号②)。

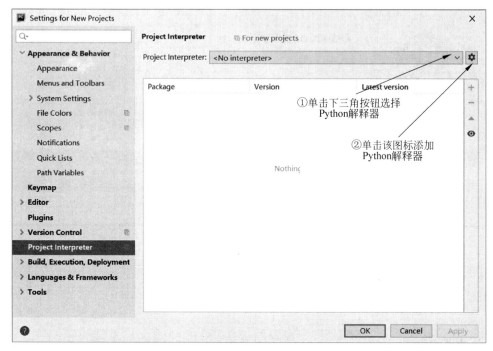

图 2-7　配置 Python 解释器

在图 2-7 所示界面中单击齿轮图标将弹出如图 2-8 所示的菜单,打开 Show All 菜单可显示所有可用的 Python 解释器;如果没有,可以单击 Add 菜单添加 Python 解释器,弹出如图 2-9 所示对话框,其中有以下 4 个选项。

图 2-8　配置 Python
解释器菜单

(1) Virtualenv Environment。Python 解释器虚拟环境,在多个不同的 Python 版本间切换时可以使用该选项。

(2) Conda Environment。配置 Conda 环境。Conda 是一个开源的软件包管理系统和环境管理系统,一般通过 Anaconda 安装。Anaconda 是一个 Python 语言的免费增值发行版,用于进行大规模数据处理、预测分析和科学计算,致力于简化包的管理和部署。

(3) System Interpreter。配置当前系统安装的 Python 解释器。本例中需要选中该选项,然后在右侧的 Interpreter 中选择当前系统安装的 Python 解释器文件夹,如图 2-10 所示。

(4) Pipenv Environment。不是设置 Python 解释器,而是 Python 包管理工具 pip 环境。Python 包管理工具可以协助安装和卸载 Python 库和包。

选择 Python 解释器后回到如图 2-7 所示的对话框,此时可见添加的解释器,如图 2-11 所示。

在图 2-11 所示对话框中单击 OK 按钮关闭对话框,回到欢迎界面。

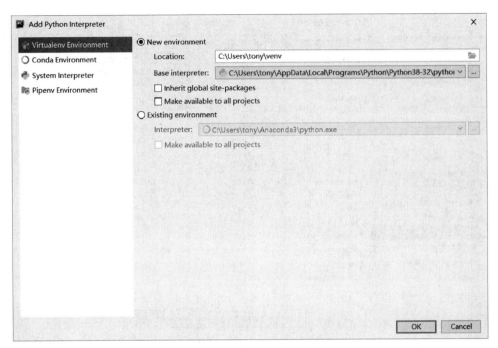

图 2-9 添加 Python 解释器

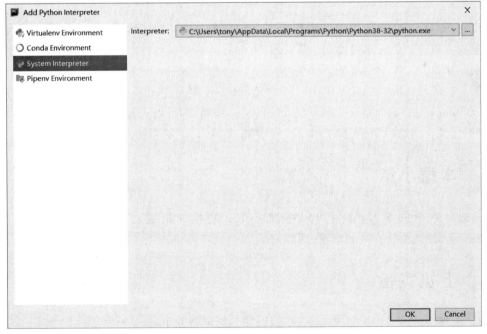

图 2-10 添加系统解释器

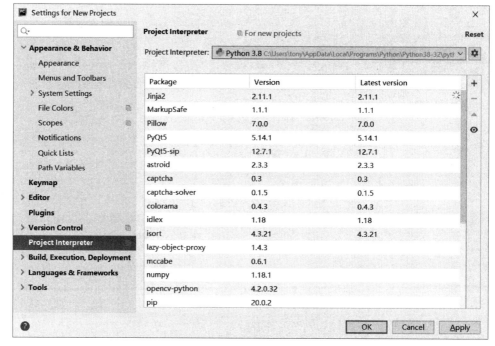

图 2-11   完成添加解释器

2.3   文本编辑工具

也有一些读者喜欢使用纯文本编辑工具编写 Python 代码,然后使用 Python 解释器运行。这种方式客观上可以帮助初学者记住 Python 的一些关键字,以及常用的函数和类,但用于实际项目开发时效率很低。

笔者推荐 Sublime Text 工具作为文本编辑工具编写 Python 代码文件。Sublime Text (www.sublimetext.com)是近年来发展壮大的文本编辑工具,所有设置均在 JSON 格式①的文件中进行,没有图形界面,支持 Python 语言的高亮显示,不需要任何配置。

2.4   本章小结

通过对本章的学习,读者可以掌握 Python 环境的搭建过程,熟悉 Python 开发的 PyCharm 工具的下载、安装和配置过程。

2.5   上机实验

1. 在 Windows 平台配置 PyCharm 工具,使其能够开发 Python 程序。
2. 使用 Sublime Text 工具编写 Python 程序并保存。

---

①   JSON(JavaScript Object Notation,JS 对象标记)是一种轻量级的数据交换格式,采用键值对形式,如{"firstName": "John"}。

第 3 章

编写第 1 个 Python 程序

本章以 Hello World 作为切入点，介绍如何编写和运行 Python 程序代码。Python 程序主要有两种运行方式：①交互式方式运行；②文件方式运行。

3.1　使用 Python Shell

进入 Python Shell 可以通过交互式方式编写和运行 Python 程序。启动 Python Shell 有以下 3 种方式。

（1）单击 Python 开始菜单中的 Python 3.8(32-bit).lnk 快捷方式，启动 Python Shell 界面，如图 3-1 所示。

```
Python 3.8.2 (tags/v3.8.2:7b3ab59, Feb 25 2020, 22:45:29) [MSC v.1916 32 bit (Intel)] on
win32
Type "help", "copyright", "credits" or "license" for more information.
>>> 
```

图 3-1　快捷方式启动 Python Shell

（2）在 Windows 命令提示符（即 DOS）中使用 Python 命令启动。启动命令不区分大小写，也没有任何参数，启动后的界面如图 3-2 所示。

（3）通过 Python IDLE 启动 Python Shell，如图 3-3 所示。Python IDLE 提供了简单的文本编辑功能，如剪切、复制、粘贴、撤销和重做等，且支持语法高亮显示。

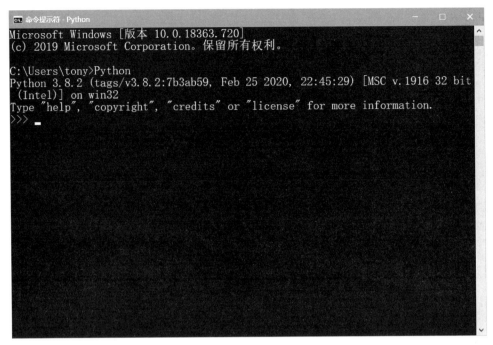

图 3-2　在命令提示行中启动 Python 解释器

图 3-3　IDLE 工具启动的 Python Shell

　　无论采用哪种方式启动 Python Shell,其命令提示符都是"＞＞＞"。在该命令提示符后可以输入 Python 语句,然后按 Enter 键即可运行 Python 语句,Python Shell 马上输出结果。图 3-4 为执行几条 Python 语句示例。

　　如图 3-4 所示,PythonShell 中执行的 Python 语句解释如下:

```
>>> print("Hello World.")        ①
Hello World.                     ②
```

```
>>> 1+1                    ③
2                          ④
>>> str = "Hello, World."  ⑤
>>> print(str)             ⑥
Hello, World.              ⑦
>>>
```

代码第①行、第③行、第⑤行和第⑥行是 Python 语句或表达式,第②行、第④行和第⑦行是运行结果。

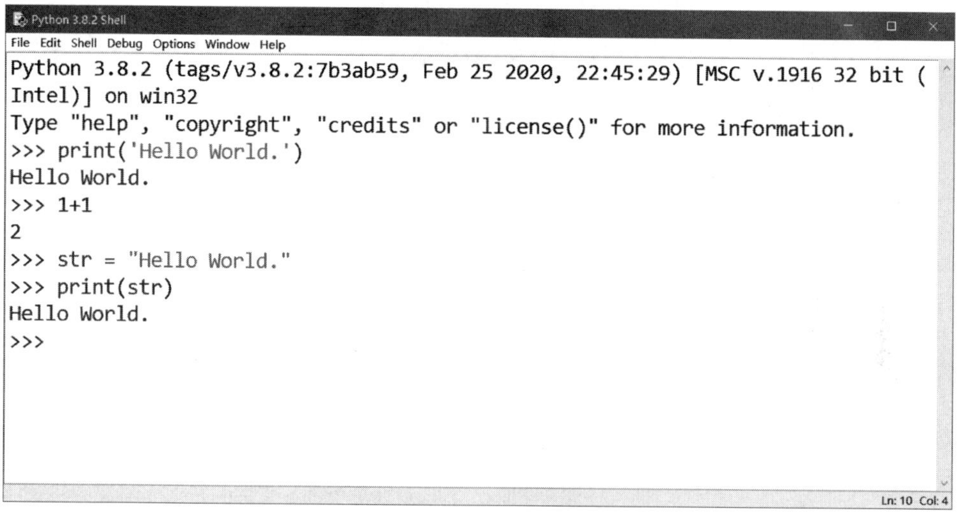

图 3-4　在 Python Shell 中执行 Python 语句

3.2　使用 PyCharm 实现

3.1 节介绍了如何使用 Python Shell 以交互方式运行 Python 代码。交互方式运行不能保存执行的 Python 文件,适合学习 Python 语言的初级阶段,但不适合开发复杂的案例或实际项目。开发复杂的案例或实际项目可以使用 IDE 工具创建项目和 Python 文件,然后再解释运行该文件。

本节将介绍如何使用 PyCharm 创建 Python 项目、编写 Python 文件及运行 Python 文件。

3.2.1　创建项目

在 PyCharm 中需通过项目(Project)管理 Python 代码文件,因此需要先创建一个 Python 项目,然后在项目中创建一个 Python 代码文件。

PyCharm 创建项目步骤如下。打开 PyCharm,在欢迎界面(如图 3-5 所示)单击 Create New Project 按钮或通过选择菜单 File→New Project 打开如图 3-6 所示的对话框,在 Location 文本框中输入项目名称 HelloProj。如果没有设置 Python 解释器或想更换解释器,则可以单击图 3-6 所示的三角按钮展开 Python 解释器设置界面,对于只安装一个版本的 Python 环境读者,笔者推荐选择 Existing interpreter(已经存在解释器),如图 3-7 所示。

图 3-5　PyCharm 欢迎界面

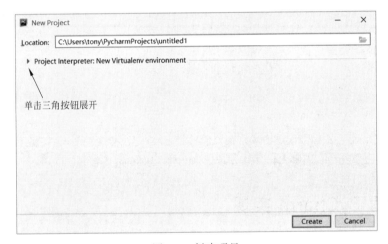

图 3-6　创建项目

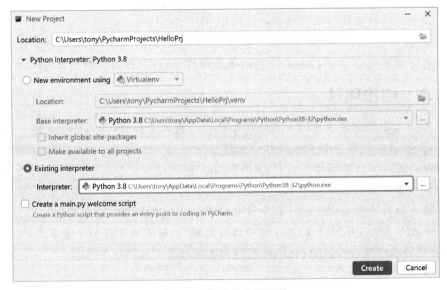

图 3-7　设置项目解释器

根据自己的情况输入项目名称,并选择项目解释器。注意不要选中 Create a main. py welcome script,因为该选项创建项目的同时将创建一个 Python 脚本文件(即代码文件,该过程将在后续介绍)。单击 Create 按钮创建项目,如图 3-8 所示。

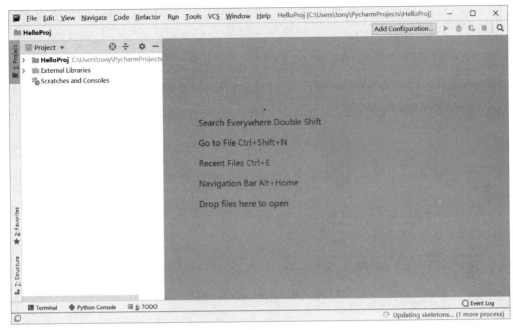

图 3-8 项目创建完成

3.2.2 创建 Python 代码文件

项目创建完成后,需要创建一个 Python 代码文件执行控制台输出操作。打开 3.2.1 节中创建的项目中的 HelloProj 文件夹,然后右击该文件夹,选择菜单 New→ Python File,打开 New Python file(新建 Python 文件)对话框,如图 3-9 所示。在对话框的 Name 文本框中输入 hello,然后按 Enter 键创建文件,如图 3-10 所示,在左侧的项目文件管理窗口中可以看到刚刚创建的 hello. py 代码文件。

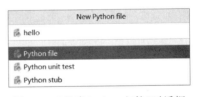

图 3-9 "新建 Python 文件"对话框

3.2.3 编写代码

Python 代码文件不需要 Java 或 C 的 main 主函数,Python 解释器从上到下解释运行代码文件。

编写代码如下:

```
string = "Hello, World."
print(string)
```

3.2.4　运行程序

程序编写完成后,第一次运行前需在图 3-10 所示的窗口左侧的项目文件管理窗口中选择 hello.py 文件,右击菜单并单击 Run 'hello' 运行,下方的控制台窗口将输出 Hello, World. 字符串,如图 3-11 所示。

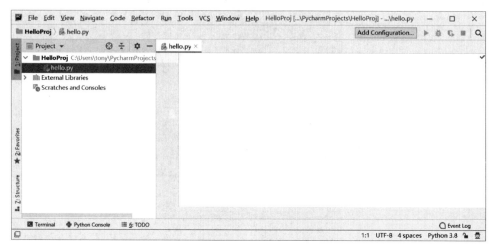

图 3-10　选择 hello.py 文件

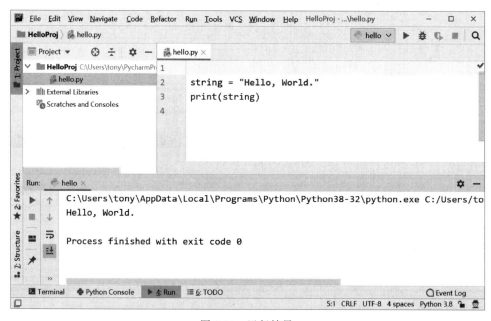

图 3-11　运行结果

注意　如果程序已经运行过,直接单击窗口下方工具栏中的三角按钮,或单击菜单 Run→ Run 'hello',或使用快捷键 Shift+F10,均可运行,无须再次选择文件。

3.3　文本编辑工具+Python 解释器实现

如果不想使用 IDE 工具,文本编辑工具+Python 解释器对于初学者而言是一个不错的选择。通过在编辑器中手动输入所有代码,初学者可以熟悉关键字、函数和类,了解 Python 的运行过程,并快速掌握 Python 语法。

3.3.1　编写代码

首先使用任意文本编辑工具创建一个文件并保存为 hello. py,然后在 hello. py 文件中编写如下代码:

```
"""
Created on 2020 年 9 月 18 日
作者: 关东升
"""

string = "Hello, World."
print(string)
```

3.3.2　运行程序

如需运行之前编写的 hello. py 文件,可以在 Windows 命令提示符(Linux 和 UNIX 终端)中通过 Python 解释器指令实现。具体指令如下:

```
python hello.py
```

运行过程如图 3-12 所示。

图 3-12　Python 解释器运行过程

有的文本编辑器可以直接运行 Python 文件,如 Sublime Text 工具。使用 Sublime Text 工具打开 Python 文件,按快捷键 Ctrl+B 即可运行文件,如图 3-13 所示。

图 3-13   在 Sublime Text 中运行 Python

注意　第一次运行时将弹出如图 3-14 所示的菜单,此时单击 Python 菜单,即可运行当前的
Python 文件。

图 3-14   选择 Python 菜单

3.4   代码解释

至此只是介绍了如何编写和运行 HelloWorld 程序,下面对 HelloWorld 程序代码进行解释。

```
"""                          ①
Created on 2020 年 3 月 18 日
作者：关东升
"""                          ②

string = "Hello, World."     ③
print(string)                ④
```

从代码中可见,Python 实现 Hello World 的方式比 Java、C 和 C++等语言简单得多,而且
没有 main 主函数。下面详细解释一下代码。

代码第①行和第②行之间使用两对三重单引号包裹,这是 Python 文档字符串,起对文
档注释的作用。三重单引号可以换成三重双引号。代码第③行是声明字符串变量 string,并
使用"Hello,World."为它赋值。代码第④行是通过 print 函数将字符串输出到控制台,类似
于 C 语言中的 printf 函数。print 函数语法如下：

```
print(*objects, sep='', end='\n', file=sys.stdout, flush=False)
```

print 函数有 5 个参数：* objects 是可变长度的对象参数；sep 是分隔符参数，默认值是一个空格；end 是输出字符串之后的结束符号，默认值是换号符；file 是输出文件参数，默认值 sys. stdout 是标准输出，即控制台；flush 为是否刷新文件输出流缓冲区，如果刷新字符串则立即打印输出默认值不刷新。

使用 sep 和 end 参数的 print 函数示例如下：

```
>>> print('Hello', end = ',')                    ①
Hello,
>>> print(20, 18, 39, 'Hello', 'World', sep = '|')     ②
20|18|39|Hello|World
>>> print(20, 18, 39, 'Hello', 'World', sep = '|', end = ',')
20|18|39|Hello|World,
```

上述代码中第①行用逗号作为输出字符串之后的结束符号，第②行用竖线作为分隔符。

3.5 本章小结

本章通过一个 HelloWorld 示例，帮助读者了解什么是 Python Shell，以及 Python 如何启动 Python Shell 环境；然后介绍如何使用 PyCharm 工具实现该示例具体过程；还介绍了使用文本编辑器+Python 解释器的实现过程。

## 第 4 章

Python 语法基础

本章主要介绍 Python 中一些最基础的语法,包括标识符、关键字、常量、变量、表达式、语句、注释、模块和包等内容。

4.1 标识符和关键字

任何一种计算机语言都离不开标识符和关键字,下面将详细介绍 Python 标识符和关键字。

4.1.1 标识符

标识符就是变量、常量、函数、属性、类、模块和包等由程序员指定的名字。构成标识符的字符均有一定的规范,Python 语言中标识符的命名规则如下:

(1) 区分大小写,Myname 与 myname 是两个不同的标识符;

(2) 首字符可以是下画线"_"或字母,但不能是数字;

(3) 除首字符外的其他字符,可以是下画线"_"、字母和数字;

(4) 关键字不能作为标识符;

(5) 不能使用 Python 内置函数作为自身的标识符。

"身高"、identifier、userName、User_Name、_sys_val 等均为合法的标识符。注意:中文"身高"命名的变量是合法的,而 2mail、room#、$Name 和 class 为非法的标识符,注意#和 $不能构成标识符。

4.1.2 关键字

关键字是类似于标识符的保留字符序列,由语言本身定义。Python 语言中有 33 个关键字,其中只有 False、None 和 True 首字母大写,其余全部小写,具体见表 4-1。

表 4-1　Python 关键字

False	def	if	raise
None	del	import	return
True	elif	in	try
and	else	is	while
as	except	lambda	with
assert	finally	nonlocal	yield
break	for	not	
class	from	or	
continue	global	pass	

4.2 变量和常量

第3章介绍了如何编写一个 Python 小程序,其中用到了变量。常量和变量是构成表达式的重要组成部分。

4.2.1 变量

在 Python 中声明变量时不需要指定其数据类型,只要是给一个标识符赋值就声明了变量,示例代码如下:

```
# 代码文件:chapter4/4.2/hello.py

_hello = "HelloWorld"      ①
score_for_student = 0.0    ②
y = 20                     ③
y = True                   ④
```

代码第①行、第②行和第③行分别声明了三个变量。这些变量声明不需要指定数据类型。注意代码第④行是为 y 变量赋布尔值 True,虽然 y 已经保存了整数类型 20,但它也可以接收其他类型数据。

提示 Python 是动态类型语言①,它不会检查数据类型,在变量声明时不需要指定数据类型。这一点与 Swift 和 Kotlin 语言不同,Swift 和 Kotlin 虽然在声明变量时也可以不指定数据类型,但是它们的编译器会自动推导出该变量的数据类型,一旦该变量确定了数据类型,就不能再接收其他类型数据了;而 Python 的变量可以接收其他类型数据。

4.2.2 常量

在很多语言中常量的定义是一旦初始化后就不能再被修改的。而 Python 不能从语法层面定义常量,Python 没有提供一个关键字使变量不能被修改。所以在 Python 中只能将变量当成常量使用,不能修改它,变量可能会在无意中被修改将引发程序错误。解决此问题可依靠程序员自律和自查,也可通过一些技术手段使变量不能修改。

提示 Python 作为解释性动态语言,很多情况下代码安全需要靠程序员自查;而 Java 和 C 等静态类型语言的这些问题可在编译期检查出来。

4.3 注释

Python 程序注释使用井号(#)放在注释行的开头,后面接一个空格,接着是注释内容。

---

① 动态类型语言会在运行期检查变量或表达式数据类型,主要有 Python、PHP 和 Objective-C 等。与动态语言对应的是静态类型语言,静态类型语言会在编译期检查变量或表达式数据类型,如 Java 和 C++等。

另外,在第 3 章还介绍过文档字符串,这也是一种注释,用来注释文档,文档注释将在第 5 章详细介绍。

使用注释示例代码如下:

```
# coding=utf-8                          ①

# 代码文件:chapter4/4.3/hello.py         ②

# _hello = "HelloWorld"                  ③
# score_for_student = 0.0                ④
y = 20
y = "大家好"

print(y)        # 打印 y 变量                ⑤
```

代码第①行和第②行中的#号是进行单行注释,#号也可连续注释多行,见代码第③行和第④行,还可以在一条语句的尾端进行注释,见代码第⑤行。注意代码第①行#coding=utf-8 的注释作用很特殊,用于设置 Python 代码文件的编码集,该注释语句必须放在文件的第 1 行或第 2 行才能有效。它还有替代写法:

```
#! /usr/bin/python
# -*- coding: utf-8 -*-
```

其中注释#! /usr/bin/python 用于在 UNIX、Linux 和 macOS 等平台上安装多个 Python 版本时,指定 Python 解释器版本。

提示 在 PyCharm 和 Sublime Text 工具中注释可以使用快捷键,在 Windows 系统下的步骤是:选择一行或多行代码然后按 Ctrl+/组合键进行注释;删除注释也是选中代码后按 Ctrl+/组合键。

注意 在程序代码中,对容易引起误解的代码进行注释是必要的,但应避免对已清晰表达信息的代码进行注释。频繁地注释有时反映出代码的低质量。认为必须频繁注释时,不妨考虑重写代码使其更清晰。

4.4 语句

Python 代码由关键字、标识符、表达式和语句等内容构成,语句是代码的重要组成部分。语句关注代码的执行过程,如 if、for 和 while 等。在 Python 语言中,一行代码表示一条语句,语句结束可以加分号,也可以省略分号。示例代码如下:

```
# coding=utf-8
# 代码文件:chapter4/4.4/hello.py

_hello = "HelloWorld"
score_for_student = 0.0;          # 没有错误发生
```

```
y = 20

name1 = "Tom"; name2 = "Tony"   ①
```

提示　从编程规范的角度讲,语句结束不需要加分号,且每行至多包含一条语句。代码第①
行的写法不规范,推荐使用:

```
name1 = "Tom"
name2 = "Tony"
```

Python 还支持链式赋值语句,如果需要为多个变量赋相同的数值,可以表示为:

```
a = b = c = 10
```

这条语句是把整数 10 赋值给 a、b、c 三个变量。

另外,在 if、for 和 while 代码块的语句中,代码块不是通过大括号来界定的,而是通过缩进,缩进在一个级别的代码即在相同的代码块中。示例代码如下:

```
# coding=utf-8
# 代码文件:chapter4/4.4/hello.py

_hello = "HelloWorld"
score_for_student = 10.0;        # 没有错误发生
y = 20

name1 = "Tom"; name2 = "Tony"

# 链式赋值语句
a = b = c = 10

if y > 10:
    print(y)                     ①
    print(score_for_student)     ②
else:
    print(y * 10)                ③
print(_hello)                    ④
```

代码第①行和第②行是同一个缩进级别,它们在相同的代码块中;而代码第③行和第④行不在同一个缩进级别中,它们在不同的代码块中。

提示　一个缩进级别一般是一个制表符(Tab)或 4 个空格,考虑到不同的编辑器制表符显示的宽度不同,大部分编程语言规范推荐使用 4 个空格作为一个缩进级别。

4.5　模块

Python 中一个模块就是一个文件。模块是保存代码的最小单位,模块中可以声明变量、常量、函数、属性和类等 Python 程序元素。一个模块可以访问另外一个模块中的元素。

下面通过示例介绍模块的使用。现有两个模块 module1 和 hello,其中 module1 模块代码如下：

```
# coding=utf-8
# 代码文件:chapter4/4.5/module1.py

y = True
z = 10.10

print('进入 module1 模块')
```

hello 模块会访问 module1 模块的变量，hello 模块代码如下：

```
# coding=utf-8
# 代码文件:chapter4/4.5/hello.py

import module1                                    ①
from module1 import z                             ②

y = 20

print(y)            # 访问当前模块变量 y           ③
print(module1.y)    # 访问 module1 模块变量 y      ④
print(z)            # 访问 module1 模块变量 z      ⑤
```

上述代码中 hello 模块要访问 module1 模块的变量 y 和 z。为了实现这个目的，可以通过两种 import 语句导入模块 module1 中的代码元素。

- import<模块名>，见代码第①行。这种方式会导入模块所有代码元素，访问时需要加"模块名."，见代码第④行 module1. y，module1 是模块名，y 是模块 module1 中的变量。而代码第③行的 y 是访问当前模块变量。

- from<模块名>import<代码元素>，见代码第②行。这种方式只是导入特定的代码元素，访问时不需要加"模块名."，见代码第⑤行 z 变量。注意：z 变量已经存在于当前模块中时，z 不能导入，即 z 是当前模块中的变量。

运行 hello. py 代码输出结果如下：

```
进入 module1 模块
20
True
10.1
```

由运行结果可见，import 语句会运行导入的模块。注意示例中使用了两次 import 语句，但只执行一次模块内容。

模块提供一种命名空间（namespace）①。同一个模块内部不能有两个或两个以上相同名称的代码元素，但是不同模块中可以。上述示例中两个模块中就都有 y 命名的变量。

---

① 命名空间，也称名字空间、名称空间等，表示一个标识符（identifier）的可见范围。一个标识符可在多个命名空间中定义，在不同命名空间中的含义互不相干。在一个新的命名空间中可定义任何标识符，它们不会与任何已有的标识符发生冲突，因为已有的定义都处于其他命名空间中。——引自维基百科 https://zh. wikipedia. org/wiki/命名空间

4.6 包

如果两个模块名称相同,如何防止命名冲突呢?此时需要使用包(package)。很多语言都提供了包,如 Java、Kotlin 等,包的作用是提供一种命名空间。

4.6.1 创建包

重构 4.5 节示例,现有两个 hello 模块,分别放在包 com.pkg1 和 com.pkg2 中,如图 4-1 所示。从图中可见包是按照文件夹的层次结构管理的,且每个包下都有一个_init_.py 文件,它告诉解释器这是一个包。_init_.py 文件一般是空的,但可以编写代码。

既然包是一个文件夹加上一个空的_init_.py 文件,那么开发人员就可以自行在资源管理器中创建包。笔者推荐使用 PyCharm 工具创建,它在创建文件夹的同时还会创建一个空的_init_.py 文件。

具体步骤:使用 PyCharm 打开创建的项目,右击项目选择菜单命令 New→Python Package,如图 4-2 所示,在弹出对话框中输入包名 com.pkg1,其中 com 是一个包,pkg1 是下一个层次的包,中间以"."分隔。确定后按 Enter 键创建包。

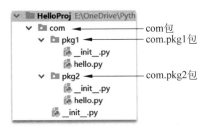

图 4-1 包层次

图 4-2 在 PyCharm 项目中创建包

4.6.2 包导入

包创建完成后,将两个 hello 模块分别放在包 com.pkg1 和 com.pkg2 中。com.pkg1 中的 hello 模块需要访问 com.pkg2 中 hello 模块内的元素,应如何导入?需要通过 import 语句在模块前面加上包名。

重构 4.5 节示例,com.pkg2 的 hello 模块代码如下:

```
# coding=utf-8
# 代码文件:chapter4/4.5/com/pkg2/hello.py

y = True
z = 10.10

print('进入 com.pkg2.hello模块')
```

com.pkg1 的 hello 模块代码:

```
# coding=utf-8
# 代码文件:chapter4/4.5/com/pkg1/hello.py
```

```
import com.pkg2.hello as module1      ①
from com.pkg2.hello import z          ②

y = 20

print(y)          # 访问当前模块变量 y
print(module1.y)  # 访问 com.pkg2.hello 模块变量 y
print(z)          # 访问 com.pkg2.hello 模块变量 z
```

代码第①行使用 import 语句导入 com. pkg2. hello 模块中的所有代码元素。由于 com. pkg2. hello 的模块名 hello 与当前模块名冲突,因此需要用 as module1 语句为 com. pkg2. hello 模块提供一个别名 module1,访问时需要使用"module1. "作为前缀。

代码第②行导入 com. pkg2. hello 模块中的 z 变量。from com. pkg2. hello import z 语句也可以带有别名,该语句修改为如下代码:

```
from com.pkg2.hello import z as x
print(x)          # 访问 com.pkg2.hello 模块变量 z
```

使用别名的目的是防止发生命名冲突,也就是说要导入的命名为 z 的变量在当前模块中已经存在了,所以给 z 一个别名 x。

4.7 本章小结

本章主要介绍了 Python 语言中最基本的语法。首先介绍了标识符和关键字,读者需要掌握标识符构成,了解 Python 关键字;然后介绍了 Python 中的变量、常量、注释和语句;最后介绍了模块和包,读者需要理解模块和包的作用,熟悉模块和包导入方式。

4.8 同步练习

1. 下面(   )是 Python 合法标识符。
   A. 2variable   B. variable2   C. _whatavariable   D. _3_
   E. $anothervar   F. 体重
2. 下面(   )不是 Python 关键字。
   A. if   B. then   C. goto   D. while
3. 判断对错。
   在 Python 语言中,一行代码表示一条语句,语句结束可以加分号,也可以省略分号。
(   )
4. 判断对错。
   包与文件夹的区别是:包下面会有一个__init__. py 文件。(   )

第 5 章

数 据 类 型

在声明变量时会用到数据类型，前面已经用到过一些数据类型，例如整数和字符串等。在 Python 中所有的数据类型都是类，每一个变量都是类的"实例"。没有基本数据类型的概念，所以整数、浮点和字符串也都是类。

Python 有 6 种标准数据类型：数字、字符串、列表、元组、集合和字典，其中列表、元组、集合和字典可以保存多项数据，它们每一个都是一种数据结构，本书中把它们统称为"数据结构"类型。

本章先介绍数字和字符串，列表、元组、集合和字典数据类型将在后续章节详细介绍。

5.1 数字类型

Python 数字类型有 4 种：整数类型、浮点类型、复数类型和布尔类型。注意：布尔类型也是数字类型，是整数类型的一种。

5.1.1 整数类型

Python 整数类型为 int。整数类型的范围可以很大，可以表示很大的整数，只受所在计算机硬件的限制。

提示 Python3 不再区分整数和长整数，所有需要的整数都可以是长整数。

默认情况下一个整数值表示的是十进制数，如 16 表示的是十进制整数。其他进制整数表示方式如下：

（1）二进制数：以 0b 或 0B 为前缀。注意 0 是阿拉伯数字，不是英文字母 o。

（2）八进制数：以 0o 或 0O 为前缀。第 1 个字符是阿拉伯数字 0，第 2 个字符是英文字母 o 或 O。

（3）十六进制数：以 0x 或 0X 为前缀。注意 0 是阿拉伯数字。

整数值 28、0b11100、0B11100、0o34、0O34、0x1C 和 0X1C 都表示同一个数字。在 Python Shell 输出结果如下：

```
>>> 28
28
>>> 0b11100
```

```
28
>>> 0O34
28
>>> 0o34
28
>>> 0x1C
28
>>> 0X1C
28
```

5.1.2　浮点类型

浮点类型主要用来储存小数数值。Python 浮点类型为 float，Python 只支持双精度浮点类型，且与本机相关。

浮点类型可以用小数表示，也可以用科学计数法表示，科学计数法中用大写或小写的 e 表示 10 的指数，如 e2 表示 10^2。

在 Python Shell 中运行示例如下：

```
>>> 1.0
1.0
>>> 0.0
0.0
>>> 3.36e2
336.0
>>> 1.56e-2
0.0156
```

其中 3.36e2 表示的是 3.36×10^2，1.56e-2 表示的是 1.56×10^{-2}。

5.1.3　复数类型

复数在数学中是非常重要的概念，无论在理论物理学，还是在电气工程实践中都经常使用。但是很多计算机语言都不支持复数，而 Python 是支持复数的，这使得 Python 能够很好地用来进行科学计算。

Python 中复数类型为 complex，如 1+2j 表示实部为 1、虚部为 2 的复数。在 Python Shell 中运行示例如下：

```
>>> 1+2j
(1+2j)
>>> (1+2j) + (1+2j)
(2+4j)
```

上述代码实现了两个复数(1+2j)的相加。

5.1.4　布尔类型

Python 中布尔类型为 bool。bool 是 int 的子类，它只有两个值：True 和 False。

注意　任何类型数据都可以通过 bool( )函数转换为布尔值，那些被认为"没有的""空的"值将转换为 False，反之转换为 True。如 None(空对象)、False、0、0.0、0j(复数)、"(空字符串)、[](空列表)、()(空元组)和¦¦(空字典)等将转换为 False,其他将转换为 True。

示例如下:

```
>>> bool(0)
False
>>> bool(2)
True
>>> bool(1)
True
>>> bool('')
False
>>> bool('')
True
>>> bool([])
False
>>> bool({})
False
```

上述代码中 bool(2)和 bool(1)表达式输出的是 True,说明 2 和 1 都能转换为 True,在整数中只有 0 是转换为 False 的。

5.2 数字类型相互转换

学习了前面的数据类型后,大家会思考一个问题,数据类型之间是否可以转换呢? Python 通过一些函数可以实现不同数据类型之间的转换,如数字类型之间及整数与字符串之间的转换。本节先讨论数字类型的互相转换。

除复数外,其他 3 种数据类型(整数类型、浮点类型和布尔类型)都可以互相转换,转换分为隐式类型转换和显式类型转换。

5.2.1 隐式类型转换

多个类型数据之间可以进行数学计算。参与计算的数据类型不同时,将发生隐式类型转换。计算过程中隐式类型转换规则如表 5-1 所示。

表 5-1 隐式类型转换规则

操作数 1 类型	操作数 2 类型	转换后的类型
布尔	整数	整数
布尔、整数	浮点	浮点

布尔类型数值可以隐式转换为整数类型,布尔类型数值 True 转换为整数 1,布尔类型数值 False 转换为整数 0。在 Python Shell 中运行示例如下:

```
>>> a = 1 + True
>>> print(a)
2
>>> a = 1.0 + 1
```

```
>>> type(a)        ①
<class 'float'>
>>> print(a)
2.0
>>> a = 1.0 + True
>>> print(a)
2.0
>>> a = 1.0 + 1 + False
>>> print(a)
2.0
```

另外,上述代码第①行使用了 type( )函数,该函数可以返回传入数据的类型,<class 'float'>
代表浮点类型。

5.2.2 显式类型转换

在不能进行隐式转换情况下,可以使用转换函数进行显式转换。除复数外,3 种数据类
型(整数类型、浮点类型和布尔类型)都有各自的转换函数,分别是 int( )、float( )和 bool( )
函数。bool( )函数在 5.1.4 节已经介绍过了,这里不再赘述。

int( )函数可以将布尔类型、浮点类型和字符串转换为整数。布尔类型数值 True 使用
int( )函数返回 1,False 使用 int( )函数返回 0;浮点类型数值使用 int( )函数会截掉小数部
分。int( )函数转换字符串将在 5.3 节介绍。

float( )函数可以将布尔类型、整数类型和字符串转换为浮点类型。布尔类型数值 True
使用 float( )函数返回 1.0,False 使用 float( )函数返回 0.0;整数类型数值使用 float( )函数
会加上小数部分".0"。float( )函数转换字符串将在 5.3 节介绍。

在 Python Shell 中运行示例如下:

```
>>> int(False)
0
>>> int(True)
1
>>> int(19.6)
19
>>> float(5)
5.0
>>> float(False)
0.0
>>> float(True)
1.0
```

5.3 字符串类型

由字符组成的一串字符序列称为字符串。字符串是有顺序的,从左到右,索引从 0 开始
依次递增。Python 中字符串类型是 str。

5.3.1 字符串表示方式

Python 中字符串的表示方式有如下 3 种。

1）普通字符串

普通字符串：采用单引号“'”或双引号“"”包裹起来的字符串。

很多程序员习惯使用单引号“'”表示字符串。下面示例表示的都是 Hello World 字符串。

```
'Hello World'
"Hello World"
'\u0048\u0065\u006c\u006c\u006f\u0020\u0057\u006f\u0072\u006c\u0064'  ①
"\u0048\u0065\u006c\u006c\u006f\u0020\u0057\u006f\u0072\u006c\u0064"  ②
```

Python 中的字符采用 Unicode 编码，所以字符串可以包含中文等亚洲字符。代码第①行和第②行的字符串用 Unicode 编码表示的 Hello World 字符串，可通过 print 函数将其输出到控制台，将显示为 Hello World 字符串。在 Python Shell 中运行示例如下：

```
>>> s = 'Hello World'
>>> print(s)
Hello World
>>> s = "Hello World"
>>> print(s)
Hello World
>>> s = '\u0048\u0065\u006c\u006c\u006f\u0020\u0057\u006f\u0072\u006c\u0064'
>>> print(s)
Hello World
>>> s = "\u0048\u0065\u006c\u006c\u006f\u0020\u0057\u006f\u0072\u006c\u0064"
>>> print(s)
Hello World
```

如果字符串中包含一些特殊的字符，如换行符、制表符等，在普通字符串中则需要转义，在前面加上反斜杠“\”，称为字符转义。表 5-2 所示是常用的转义符。

表 5-2　常用的转义符

字 符 表 示	Unicode 编码	说　　明
\t	\u0009	水平制表符
\n	\u000a	换行
\r	\u000d	回车
\"	\u0022	双引号
\'	\u0027	单引号
\\	\u005c	反斜线

在 Python Shell 中运行示例如下：

```
>>> s = 'Hello\n World'
>>> print(s)
Hello
 World
>>> s = 'Hello\t World'
>>> print(s)
Hello World
>>> s = 'Hello\'World'
```

```
>>> print(s)
Hello'World
>>> s = "Hello'World"          ①
>>> print(s)
Hello'World
>>> s = 'Hello" World'          ②
>>> print(s)
Hello" World
>>> s = 'Hello\\ World'         ③
>>> print(s)
Hello\ World
>>> s = 'Hello\u005c World'  ④
>>> print(s)
Hello\ World
```

字符串中的单引号"'"和双引号"""也可以不用转义符。在包含单引号的字符串中应使用双引号包裹字符串,见代码第①行;在包含双引号的字符串中应使用单引号包裹字符串,见代码第②行。另外,可以使用 Unicode 编码替代需要转义的特殊字符,代码第④行与代码第③行是等价的。

2) 原始字符串

原始字符串(raw string):在普通字符串前加 r,字符串中的特殊字符不需要转义,按照字符串的本来面目呈现。

原始字符串可以直接按照字符串的字面意思来使用,没有转义字符。在 Python Shell 中运行示例代码如下:

```
>>> s = 'Hello\tWorld'          ①
>>> print(s)
Hello	World
>>> s = r'Hello\tWorld'         ②
>>> print(s)
Hello\tWorld
```

代码第①行是普通字符串,代码第②行是原始字符串,它们的区别只是在字符串前面加字母 r。从输出结果可见,原始字符串中的\t 没有被当成制表符使用。

3) 长字符串

长字符串:字符串中包含了换行缩进等排版字符,可以使用三重单引号"'''"或三重双引号""""包裹起来。

在 Python Shell 中运行示例代码如下:

```
>>> s ='''Hello
World'''
>>> print(s)
Hello
World
>>> s = """ Hello \t          ①
        World"""
>>> print(s)
Hello
        World
```

长字符串中如果包含特殊字符也需要转义,见代码第①行。

5.3.2 字符串格式化

在实际编程过程中,经常遇到将其他类型变量与字符串拼接到一起并进行格式化输出的情况,如计算的金额需要保留小数点后 4 位,数字需要右对齐等,这些都需要格式化。

在字符串格式化时可以使用字符串的 format( )方法及占位符。在 Python Shell 中运行示例如下:

```
>>> name = 'Mary'
>>> age = 18
>>> s = '她的年龄是{0}岁。'.format(age)          ①
>>> print(s)
她的年龄是 18 岁。
>>> s = '{0}年龄是{1}岁。'.format(name, age)       ②
>>> print(s)
Mary 年龄是 18 岁。
>>> s = '{1}年龄是{0}岁。'.format(age, name)       ③
>>> print(s)
Mary 年龄是 18 岁。
>>> s = '{n}年龄是{a}岁。'.format(n=name, a=age)   ④
>>> print(s)
Mary 年龄是 18 岁。
```

字符串中可以有占位符({}表示的内容),配合 format( )方法使用,将用 format( )方法中的参数替换占位符内容。占位符可以用参数索引表示,见代码第①行、第②行和第③行,代码中 0 表示第 1 个参数,1 表示第 2 个参数,以此类推。占位符也可以使用参数名表示占位符,见代码第④行,n 和 a 都是参数名。

占位符中还可以有格式化控制符,对字符串的格式进行更加精准控制。不同的数据类型在格式化时需要不同的控制符,如表 5-3 所示。

表 5-3　字符串格式化控制符

控　　制　　符	说　　　　明
s	字符串格式化
d	十进制整数
f、F	十进制浮点类型数据
g、G	十进制整数或浮点类型数据
e、E	科学计算法表示浮点类型数据
o	八进制整数,符号是小写英文字母 o
x、X	十六进制整数

格式控制符位于占位符索引或占位符名字的后面,之间用冒号分隔,如{1:d}表示索引为 1 的占位符格式参数是十进制整数。在 Python Shell 中运行示例如下:

```
>>> name = 'Mary'
>>> age = 18
>>> money = 1234.5678
>>> "{0}年龄是{1:d}岁。".format(name, age)       ①
```

```
'Mary 年龄是 18 岁。'
>>> "{1}年龄是{0:5d}岁。".format(age, name)               ②
'Mary 年龄是 18 岁。'
>>> "{0}今天收入是{1:f}元。".format(name, money)            ③
'Mary 今天收入是 1234.567800 元。'
>>> "{0}今天收入是{1:.2f}元。".format(name, money)          ④
'Mary 今天收入是 1234.57 元。'
>>> "{0}今天收入是{1:10.2f}元。".format(name, money)        ⑤
'Mary 今天收入是    1234.57 元。'
>>> "{0}今天收入是{1:g}元。".format(name, money)
'Mary 今天收入是 1234.57 元。'
>>> "{0}今天收入是{1:G}元。".format(name, money)
'Mary 今天收入是 1234.57 元。'
>>> "{0}今天收入是{1:e}元。".format(name, money)
'Mary 今天收入是 1.234568e+03 元。'
>>> "{0}今天收入是{1:E}元。".format(name, money)
'Mary 今天收入是 1.234568E+03 元。'
>>> '十进制数{0:d}的八进制表示为{0:o},十六进制表示为{0:x}'.format(28)
'十进制数 28 的八进制表示为 34,十六进制表示为 1c'
```

上述代码第①行中{1:d}是格式化十进制整数,代码第②行中{0:5d}指定输出长度为 5 的字符串,不足时用空格补齐。代码第③行中{1:f}是格式化十进制浮点数,从输出的结果可见,小数部分太长了。如果想控制小数部分可以使用代码第④行的{1:.2f}占位符,其中 2 表示保留小数两位(四舍五入)。如果想设置长度可以使用代码第⑤行的{1:10.2f}占位符,其中 10 表示总长度,包括小数点和小数部分,不足时用空格补位。

5.3.3　字符串查找

在给定的字符串中查找子字符串是比较常见的操作。字符串类(str)中提供了 find 和 rfind 方法用于查找子字符串,返回值是查找到的子字符串所在位置,未找到则返回 -1。下面具体说明 find 和 rfind 方法。

(1) str.find(sub[,start[,end]]):在索引 start 到 end 查找子字符串 sub,找到则返回最左端位置的索引,未找到则返回 -1。start 是开始索引,end 是结束索引,这两个参数都可以省略,省略 start 说明查找从字符串头开始;省略 end 说明查找到字符串尾结束;全部省略即查找全部字符串。

(2) str.rfind(sub[,start[,end]]):与 find 方法类似,区别是如果找到则返回最右端位置的索引。如果在查找的范围内只找到一处子字符串,则 find 和 rfind 方法返回值相同。

提示　在 Python 文档中[ ]表示可以省略部分,find 和 rfind 方法参数[,start[,end]]表示 start 和 end 都可以省略。

在 Python Shell 中运行示例代码如下:

```
>>> source_str = "There is a string accessing example."
>>> len(source_str)         ①
36
>>> source_str[16]          ②
'g'
```

```
>>> source_str.find('r')
3
>>> source_str.rfind('r')
13
>>> source_str.find('ing')
14
>>> source_str.rfind('ing')
24
>>> source_str.find('e', 15)
21
>>> source_str.rfind('e', 15)
34
>>> source_str.find('ing', 5)
14
>>> source_str.rfind('ing', 5)
24
>>> source_str.find('ing', 18, 28)
24
>>> source_str.rfind('ingg', 5)
-1
```

上述代码第①行 len(source_str)返回字符串长度。注意 len 是函数,不是字符串的一个方法,它的参数是字符串。代码第②行 source_str[16]访问字符串中索引 16 的字符。

上述字符串查找方法比较类似,这里重点解释一下 source_str.find('ing',5)和 source_str.rfind('ing',5)表达式。从图 5-1 可见,ing 字符串出现过两次,索引分别是 14 和 24。source_str.find('ing',5)返回最左端索引 14,返回值为 14; source_str.rfind('ing',5)返回最右端索引 24。

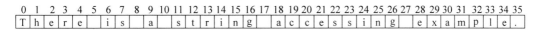

图 5-1　source_str 字符串索引

提示　函数与方法的区别是,方法是定义在类中的函数,在类的外部调用时需要通过类或对象调用,如上述代码中的 source_str.find('r')就是调用字符串对象 source_str 的 find方法,find 方法是在 str 类中定义的;而通常的函数也称为顶层函数,不是类中定义的,它们不属于任何一个类,调用时可以直接使用,如上述代码中的 len(source_str)就调用了 len 函数,只不过它的参数是字符串对象 source_str。

5.3.4　字符串与数字相互转换

在实际编程过程中,经常用到字符串与数字相互转换。下面从两方面介绍字符串与数字相互转换。

1) 字符串转换为数字

字符串转换为数字可以使用 int()和 float()函数实现。5.2.2 节介绍了这两个函数实现数字类型之间的转换,事实上这两个函数也可以接收字符串参数,如果字符串能成功转换为数字,则返回数字,否则将引发异常。

在 Python Shell 中运行示例代码如下:

```
>>> int('9')
9
>>> int('9.6')
Traceback (most recent call last):
  File "<pyshell#2>", line 1, in <module>
    int('9.6')
ValueError: invalid literal for int() with base 10: '9.6'
>>> float('9.6')
9.6
>>> int('AB')
Traceback (most recent call last):
  File "<pyshell#4>", line 1, in <module>
    int('AB')
ValueError: invalid literal for int() with base 10: 'AB'
>>>
```

默认情况下 int( )函数都将字符串参数当成十进制数字进行转换,所以函数 int('AB')将转换失败。int( )函数也可以指定基数(进制),在 Python Shell 中运行示例如下:

```
>>> int('AB', 16)
171
```

2) 数字转换为字符串

数字转换为字符串有很多种方法,5.3.2 节介绍的字符串格式化即可将数字转换为字符串。另外,Python 中还可以使用 str( )函数将任何类型的数字转换为字符串。在 Python Shell 中运行示例代码如下:

```
>>> str(3.24)
'3.24'
>>> str(True)
'True'
>>> str([])
'[]'
>>> str([1,2,3])
'[1, 2, 3]'
>>> str(34)
'34'
```

从上述代码可以看到 str( )函数很强大,可以转换任意类型的数字。但缺点是不能格式化,格式化字符串需要使用 format 函数。在 Python Shell 中运行示例代码如下:

```
>>> '{0:.2f}'.format(3.24)
'3.24'
>>> '{:.1f}'.format(3.24)
'3.2'
>>> '{:10.1f}'.format(3.24)
'3.2'
```

提示 在格式化字符串时,如果只有一个参数,占位符索引可以省略。

5.4 本章小结

本章主要介绍了 Python 中的数据类型,读者需要重点掌握数字类型与字符串类型,熟悉数字类型的互相转换,以及数字类型与字符串之间的转换。

5.5 同步练习

1. 在 Python 中字符串的表示方式是(　　　)。

　A. 采用单引号(')包裹起来 　　　　　　　B. 采用双引号(")包裹起来

　C. 采用三重单引号(''')包裹起来 　　　　　D. 以上都可以

2. 下列表示数字正确的是(　　)。

　A. 29 　　　　　　B. 0X1C 　　　　　C. 0x1A 　　　　　D. 1.96e-2

3. 判断对错。

Python 中布尔类型只有两个值:True 和 False。(　　　)

4. 判断对错。

bool( )函数可以将 None、0、0.0、0j(复数)、''(空字符串)、[ ](空列表)、( )(空元组)和{ }(空字典)这些数值转换为 False。(　　　)

第6章

运　算　符

本章为大家介绍 Python 语言中的一些主要运算符(也称操作符),包括算术运算符、关系运算符、逻辑运算符、位运算符和其他运算符。

6.1　算术运算符

Python 中的算术运算符用来组织整型和浮点型数据的算术运算,按照参加运算的操作数的不同可以分为一元运算符和二元运算符。

6.1.1　一元运算符

Python 中一元运算符有多个,但是算术一元运算符只有一个,即-。-是取反运算符,如-a 是对 a 取反运算。

在 Python Shell 中运行示例代码如下:

```
>>> a = 12
>>> -a
-12
>>>
```

上述代码对 a 变量取反,输出结果是-12。

6.1.2　二元运算符

二元运算符包括+、-、*、/、%、** 和//,这些运算符主要是对数字类型数据进行操作,而+和 * 可以用于字符串、元组和列表等类型的数据操作,具体见表 6-1。

表 6-1　二元运算符

运　算　符	名　称	例　子	说　明
+	加	a+b	可用于数字、序列等类型数据操作,对于数字类型是求和;其他类型是连接操作
-	减	a-b	求 a 减 b 的差
*	乘	a * b	可用于数字、序列等类型数据操作,对于数字类型是求和;其他类型是连接操作
/	除	a/b	求 a 除以 b 的商

续表

运 算 符	名 称	例 子	说 明
%	取余	a%b	求 a 除以 b 的余数
**	幂	a ** b	求 a 的 b 次幂
//	地板除法	a//b	求比 a 除以 b 的商小的最大整数

在 Python Shell 中运行示例代码如下：

```
>>>1 + 2
3
>>> 2 - 1
1
>>> 2 * 3
6
>>> 3 / 2
1.5
>>> 3 % 2
1
>>> 3 // 2
1
>>> -3 // 2
-2
>>> 10 ** 2
100
>>> 10.22 + 10
20.22
>>> 10.0 + True + 2
13.0
```

上述例子中分别对数字类型数据进行了二元运算，其中 True 被当作整数 1 参与运算，操作数中有浮点类型数值，表达式计算结果也是浮点类型。其他代码比较简单，不再赘述。

字符串属于序列的一种，所以字符串可以使用"+"和"*"运算符，在 Python Shell 中运行示例代码如下：

```
>>> 'Hello'+ 'World'
'HelloWorld'
>>> 'Hello'+ 2
Traceback (most recent call last):
  File "<pyshell#35>", line 1, in <module>
    'Hello'+ 2
TypeError: must be str, not int
>>>
>>> 'Hello'* 2
'HelloHello'
>>> 'Hello'* 2.2
Traceback (most recent call last):
  File "<pyshell#36>", line 1, in <module>
    'Hello'* 2.2
TypeError: can't multiply sequence by non-int of type 'float'
```

"+"运算符可将两个字符串连接起来，但不能将字符串与其他类型数据连接起来。"*"运算符第一操作数是字符串,第二操作数是整数,表示重复字符串多次。因此'Hello'＊2结果是'HelloHello',注意第二操作数只能是整数。

6.2　关系运算符

关系运算是比较两个表达式大小关系的运算,其结果是布尔类型数据,即 True 或 False。关系运算符有 6 种： ＝＝、!＝、>、<、>＝和<＝,具体见表 6-2。

表 6-2　关系运算符

运　算　符	名　　称	例　子	说　　明
＝＝	等于	a＝＝b	a 等于 b 时返回 True,否则返回 False。可用于基本数据类型和引用类型,引用类型比较引用的是否同一个对象,这种比较往往没有实际意义
!＝	不等于	a!＝b	与＝＝相反
>	大于	a>b	a 大于 b 时返回 True,否则返回 False
<	小于	a<b	a 小于 b 时返回 True,否则返回 False
>＝	大于或等于	a>＝b	a 大于或等于 b 时返回 True,否则返回 False
<＝	小于或等于	a<＝b	a 小于或等于 b 时返回 True,否则返回 False

在 Python Shell 中运行示例代码如下：

```
>>> a = 1
>>> b = 2
>>> a > b
False
>>> a < b
True
>>> a >= b
False
>>> a <= b
True
>>> 1.0 == 1
True
>>> 1.0 != 1
False
```

Python 中关系运算可用于比较序列或数字。整数、浮点数都是对象,可以使用关系运算符进行比较；字符串、列表和元组属于序列,也可以使用关系运算符进行比较。在 Python Shell 中运行示例代码如下：

```
>>> a = 'Hello'
>>> b = 'Hello'
>>> a == b
True
>>> a = 'World'
>>> a > b
True
>>> a < b
False
```

```
>>> a = []        ①
>>> b = [1, 2]    ②
>>> a == b
False
>>> a < b
True
>>> a = [1, 2]
>>> a == b
True
```

代码第①行创建一个空列表,代码第②行创建一个包含两个元素的列表,这两个元素也可以进行比较。

6.3　逻辑运算符

利用逻辑运算符对布尔类型变量进行运算,其结果也是布尔型,具体见表6-3。

表 6-3　逻辑运算符

运　算　符	名　　称	例　子	说　　明
not	逻辑非	not a	a 为 True 时,值为 False,a 为 False 时,值为 True
and	逻辑与	a and b	a、b 全为 True 时,计算结果为 True,否则为 False
or	逻辑或	a or b	a、b 全为 False 时,计算结果为 False,否则为 True

Python 中的"逻辑与"和"逻辑或"都采用"短路"设计。例如 a and b,如 a 为 False,则不计算 b(因为不论 b 为何值,"与"操作的结果都为 False);而对于 a or b,如 a 为 True,则不计算 b(因为不论 b 为何值,"或"操作的结果都为 True)。

这种短路形式的设计,使它们在计算过程中可以像电路短路一样采用最优化的计算方式,从而提高效率。

示例代码如下:

```
# 代码文件:chapter6/6.3/hello.py

i = 0
a = 10
b = 9

if a > b or i == 1:
    print("或运算为 真")
else:
    print("或运算为 假")

if a < b and i == 1:
    print("与运算为 真")
else:
    print("与运算为 假")


def f1():              ①
    return a > b
```

```
def f2():                    ②
    print('--f2--')
    return a == b


print(f1() or f2()) ③
```

输出结果如下：

```
或运算为 真
与运算为 假
True
```

上述代码第①行和第②行定义的两个函数返回的是布尔值。代码第③行进行"或"运算，由于短路计算，f1 函数返回 True 后，不再调用 f2 函数。

6.4 位运算符

位运算是以二进位（bit）为单位进行运算的，操作数和结果都是整型数据。位运算符有如下几个：~、&、|、^、>>和<<，详见表 6-4。

表 6-4　位运算符

运　算　符	名　称	例　子	说　明
~	位反	~x	将 x 的值按位取反
&	位与	x&y	x 与 y 位进行位与运算
|	位或	x|y	x 与 y 位进行位或运算
^	位异或	x^y	x 与 y 位进行位异或运算
>>	右移	x>>a	x 右移 a 位，高位采用符号位补位
<<	左移	x<<a	x 左移 a 位，低位用 0 补位

位运算示例代码：

```
# 代码文件:chapter6/6.4/hello.py

a = 0b10110010                                    ①
b = 0b01011110                                    ②

print("a | b = {0}".format(a | b))    # 0b11111110   ③
print("a & b = {0}".format(a & b))    # 0b00010010   ④
print("a ^ b = {0}".format(a ^ b))    # 0b11101100   ⑤
print("~a = {0}".format(~a))          # -179          ⑥
print("a >> 2 = {0}".format(a >> 2))  # 0b00101100    ⑦
print("a << 2 = {0}".format(a << 2))  # 0b11001000    ⑧

c = -0b1100                                        ⑨
print("c >> 2 = {0}".format(c >> 2))  # -0b00000011   ⑩
print("c << 2 = {0}".format(c << 2))  # -0b00110000   ⑪
```

输出结果如下：

```
a | b = 254
a & b = 18
a ^ b = 236
~a = -179
a >> 2 = 44
a << 2 = 712
c >> 2 = -3
c << 2 = -48
```

上述代码中，第①行和第②行分别声明了整数变量 a 和 b，采用二进制表示。第⑨行声明变量 c，是采用二进制表示的负整数。

注意 a 和 b 位数是与本机相关的，虽然只写出了 8 位，但笔者计算机是 64 位的，所以 a 和 b 都是 64 位数字，只是在本例中省略了前 56 个零。位数多少并不影响位反和位移运算。

代码第③行(a|b)表达式是进行位或运算，结果是二进制的 0b11111110(十进制是 254)，运算过程如图 6-1 所示。

从图 6-1 中可见，a 和 b 按位进行或计算，只要有一个为 1，对应的结果就为 1，否则为 0。

代码第④行(a & b)进行位与运算，结果是二进制的 0b00010010(十进制是 18)，运算过程如图 6-2 所示。

从图 6-2 中可见，a 和 b 按位进行与计算，只有两位全部为 1，对应的结果才为 1，否则为 0。

代码第⑤行(a^b)进行位异或运算，结果是二进制的 0b11101100(十进制是 236)，运算过程如图 6-3 所示。

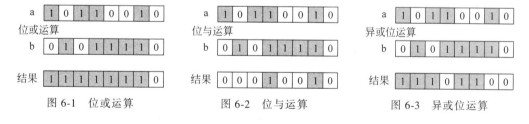

图 6-1 位或运算　　　　图 6-2 位与运算　　　　图 6-3 异或位运算

从图 6-3 中可见，a 和 b 按位进行异或计算，只有两位相反时对应的结果才为 1，否则为 0。

提示 代码第⑥行(~a)是按位取反运算，在这个过程中涉及原码、补码、反码运算，比较麻烦。笔者归纳总结了一个公式：~a=-1*(a+1)，如果 a 为十进制数 178，则 ~a 为十进制数 -179。

代码第⑦行(a>>2)进行右位移 2 位运算，结果是二进制的 0b00101100(十进制是 44)，运算过程如图 6-4 所示。

从图 6-4 中可见，a 的低位被移除，高位用 0 补位(注意最高位不是 1，而是 0，在 1 前面还有 56 个 0)。

代码第⑧行(a<<2)进行左位移2位运算,结果是二进制的0b1011001000(十进制是712),运算过程如图6-5所示。

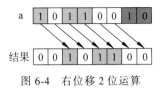

图6-4　右位移2位运算

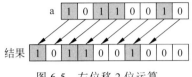

图6-5　左位移2位运算

从图6-5中可见,由于本机是64位,所以高位未被移除,低位用0补位。但是需要注意,如果本机是8位的,高位将被移除,结果将是二进制的0b11001000(十进制为310)。

提示　代码第⑩行和第⑪行对负数进行位运算。负数也涉及补码运算,如果不理解负数位移运算,可以先忽略负号当成正整数运行,算出结果后再加上负号。

提示　右移n位,相当于操作数除以2^n,如代码第⑦行(a>>2)表达式相当于($a/2^2$),178/4所以结果等于44;左位移n位,相当于操作数乘以2^n,如代码第⑩行(a<<2)表达式相当于($a*2^2$),178×4所以结果等于712。

6.5　赋值运算符

赋值运算符只是一种简写,一般用于变量自身的变化,如a与其操作数进行运算结果再赋值给a。算术运算符和位运算符中的二元运算符均有对应的赋值运算符,详见表6-5。

表6-5　赋值运算符

运　算　符	名　　称	例　　子	说　　明
+ =	加赋值	a+=b	等价于 a=a+b
− =	减赋值	a−=b	等价于 a=a−b
* =	乘赋值	a*=b	等价于 a=a*b
/ =	除赋值	a/=b	等价于 a=a/b
% =	取余赋值	a%=b	等价于 a=a%b
** =	幂赋值	a**=b	等价于 a=a**b
// =	地板除法赋值	a//=b	等价于 a=a//b
& =	位与赋值	a&=b	等价于 a=a&b
	=	位或赋值	a|=b	等价于 a=a|b
^ =	位异或赋值	a^=b	等价于 a=a^b
<< =	左移赋值	a <<= b	等价于 a = a<<b
>> =	右移赋值	a >>= b	等价于 a = a>>b

示例代码如下:

```
# 代码文件:chapter6/6.5/hello.py

a = 1
```

```
b = 2

a += b                               # 相当于 a = a + b
print("a + b = {0}".format(a))       # 输出结果 3

a += b + 3                           # 相当于 a = a + b + 3
print("a + b + 3 = {0}".format(a))   # 输出结果 7
a -= b                               # 相当于 a = a - b
print("a - b = {0}".format(a))       # 输出结果 6

a *= b                               # 相当于 a = a * b
print("a * b = {0}".format(a))       # 输出结果 12

a /= b                               # 相当于 a = a / b
print("a / b = {0}".format(a))       # 输出结果 6

a %= b                               # 相当于 a = a % b
print("a % b = {0}".format(a))       # 输出结果 0

a = 0b10110010
b = 0b01011110

a |= b
print("a | b = {0}".format(a))
a ^= b
print("a ^ b = {0}".format(a))
```

输出结果如下：

```
a + b = 3
a + b + 3 = 8
a - b = 6
a * b = 12
a / b = 6.0
a % b = 0.0
a | b = 254
a ^ b = 160
```

上述例子分别对整型进行了赋值运算，具体语句不再赘述。

6.6　其他运算符

除了前面介绍的主要运算符，Python 还有一些其他运算符。本节先介绍其中两个重要的测试运算符——同一性测试运算符和成员测试运算符，其他运算符后续涉及相关内容时再详细介绍。所谓"测试"即判断之意，因此这两个测试运算符的运算结果是布尔值。它们也属于关系运算符。

6.6.1　同一性测试运算符

同一性测试运算符用于测试两个对象是否同一个对象，类似于相等运算符(==)，不同之处在于，==用于测试两个对象的内容是否相同(当然如果是同一对象==也返回 True)。

同一性测试运算符有两个：is 和 is not，is 判断是同一对象，is not 判断不是同一对象。
示例代码如下：

```
# coding=utf-8
# 代码文件:chapter6/6.6/ch6.6.1.py

class Person:              ①
    def __init__(self, name, age):
        self.name = name
        self.age = age

p1 = Person('Tony', 18)
p2 = Person('Tony', 18)

print(p1 == p2)      # False
print(p1 is p2)      # False

print(p1 != p2)      # True
print(p1 is not p2)  # True
```

上述代码第①行自定义类 Person，它有两个实例变量 name 和 age，然后创建了两个
Person 对象 p1 和 p2，它们具有相同的 name 和 age 实例变量。那么是否可以说 p1 与 p2 是
同一个对象（p1 is p2 为 True）？程序运行结果不是，因为这里实例化了两个 Person 对象
（Person('Tony', 18)语句是创建对象）。

那么 p1==p2 为什么会返回 False 呢？因为==虽然是比较两个对象的内容是否相当，
但是也需要指定对象比较的规则（如比较 name 还是 age），这需要在定义 Person 类时重写
__eq__方法，指定比较规则。修改代码如下：

```
class Person:
    def __init__(self, name, age):
        self.name = name
        self.age = age

    def __eq__(self, other):
        if self.name == other.name and self.age == other.age:
            return True
        else:
            return False

p1 = Person('Tony', 18)
p2 = Person('Tony', 18)

print(p1 == p2)      # True
print(p1 is p2)      # False

print(p1 != p2)      # False
print(p1 is not p2)  # True
```

上述代码重写__eq__方法，其中定义了只有在 name 和 age 均相等时，两个 Person 对象
p1 和 p2 才相等，即 p1==p2 为 True。注意，p1 is p2 还是为 False 的。有关类和对象等细节
问题，读者只需要知道 is 和==两种运算符的不同即可。

6.6.2　成员测试运算符

成员测试运算符可以测试在一个序列(sequence)对象中是否包含某一个元素。成员测试运算符有两个：in 和 not in，in 测试是否包含某一个元素，not in 测试是否不包含某一个元素。

示例代码如下：

```
# coding=utf-8
# 代码文件:chapter6/6.6/ch6.6.2.py

string_a = 'Hello'
print('e'in string_a)        # True        ①
print('ell'not in string_a)  # False       ②

list_a = [1, 2]
print(2 in list_a)           # True         ③
print(1 not in list_a)       # False        ④
```

上述代码中第①行判断字符串 Hello 中是否包含字符 e，第②行判断字符串 Hello 中是否不包含含有 e 的字符串 ell。需要注意的是，字符串本质属于序列，此外列表和元组都属于序列。有关序列的知识将在第 8 章详细介绍。

代码第③行判断 list_a 列表中是否包含元素 2，代码第④行判断 list_a 列表中是否不包含元素 1。

6.7　运算符优先级

在一个表达式计算过程中，运算符的优先级非常重要。运算符的优先级见表 6-6。

表 6-6　运算符的优先级

优　先　级	运　算　符	说　　明
1	( )	小括号
2	f(参数)	函数调用
3	[start：end]，[start：end：step]	分片
4	[index]	下标
5	.	引用类成员
6	**	幂
7	~	位反
8	+，-	正负号
9	*，/，%	乘法、除法、取余
10	+，-	加法、减法
11	<<, >>	位移
12	&	位与
13	^	位异或
14	|	位或
15	in, not in, is, is not, <, <=,>,>=,<>,!=,==	比较

续表

优 先 级	运 算 符	说 明
16	not	逻辑非
17	and	逻辑与
18	or	逻辑或
19	lambda	lambda 表达式

运算符优先级大体顺序从高到低依次为：算术运算符、位运算符、关系运算符、逻辑运算符、赋值运算符。其他运算符后续将逐一介绍。

6.8　本章小结

通过对本章内容的学习，读者可以了解 Python 语言运算符，包括算术运算符、关系运算符、逻辑运算符、位运算符和其他运算符。本章最后介绍了 Python 运算符优先级。

6.9　同步练习

1. 设有变量赋值 x = 3.5；y = 4.6；z = 5.7，则以下表达式中值为 True 的是(　　　)。

   A．x>y or x>z 　　　B．x! = y 　　　C．z>(y+x) 　　　D．x<y and not(x>z)

2. 下列关于使用"<<"和">>"操作符的结果正确的是(　　　)。

   A．0b1010000000000000 >> 4 的结果是 2560

   B．0b1010000000000000 >> 4 的结果是 256

   C．0b0000101000000000 << 2 的结果是 10240

   D．0b0000101000000000 << 2 的结果是 1024

3. 下列表达式中哪两个相等？(　　　)

   A．16>>2 　　　B．16/2 ** 2 　　　C．16 * 4 　　　D．16<<2

4. 判断对错。

   同一性测试运算符有两个：is 和 is not，is 判断是同一对象，is not 判断不是同一对象。(　　　)

第 7 章

控 制 语 句

程序设计中的控制语句有 3 种,即跳转语句、分支语句和循环语句。Python 程序通过控制语句来管理程序流,完成一定的任务。程序流由若干个语句组成,语句既可以是一条单一的语句,也可以是复合语句。Python 中的控制语句有以下几类。

(1) 分支语句:if。

(2) 循环语句:while 和 for。

(3) 跳转语句:break、continue 和 return。

7.1　分支语句

分支语句提供了一种控制机制,使程序具有了"判断能力"。分支语句又称条件语句,可使部分程序根据某些表达式的值被有选择地执行。

Python 中的分支语句只有 if 语句。if 语句有 if 结构、if-else 结构和 elif 结构 3 种。

7.1.1　if 结构

如果条件计算为 True 就执行语句组,否则就执行 if 结构后面的语句。语法结构如下:

```
if 条件 :
    语句组
```

if 结构示例代码如下:

```
# coding=utf-8
# 代码文件:chapter7/ch7.1.1.py

score = int(input())     ①

if score >= 85:
    print("您真优秀!")

if score < 60:
    print("您需要加倍努力!")

if (score >= 60) and (score < 85):
    print("您的成绩还可以,仍需继续努力!")
```

为了灵活输入分数(score),使用 input( ) 函数从键盘输入字符串,见代码第①行。由于

input( )函数输入的是字符串,所以还需要使用 int( )函数将字符串转换为 int 类型。

提示 可以通过 PyCharm 或命令提示符运行 ch7.1.1.py 文件(此时程序会被挂起),输入测试数据 80,如图 7-1(a)或图 7-2(a)所示,然后按 Enter 键。运行结果如图 7-1(b)或图 7-2(b)所示。

(a)   (b)

图 7-1　通过 PyCharm 运行

(a)   (b)

图 7-2　通过命令提示符运行

7.1.2　if-else 结构

几乎所有的计算机语言都有 if-else 结构,且结构的格式基本相同,语句如下:

```
if 条件 :
    语句组 1
else :
    语句组 2
```

当程序执行到 if 语句时,先判断条件,如果值为 True,则执行语句组 1,然后跳过 else 语句及语句组 2,继续执行后面的语句;如果条件为 False,则忽略语句组 1 直接执行语句组 2,然后继续执行后面的语句。

if-else 结构示例代码如下:

```
# coding=utf-8
# 代码文件:chapter7/ch7.1.2.py
```

```
import sys

score = int(input())

if score >= 60:
    print("及格")
else:
    print("不及格")
```

示例执行过程参考 7.1.1 节,这里不再赘述。

7.1.3 elif 结构

elif 结构如下:

```
if 条件 1 :
    语句组 1
elif 条件 2 :
    语句组 2
elif 条件 3 :
    语句组 3
    …
elif 条件 n :
    语句组 n
else :
    语句组 n+1
```

可以看出,elif 结构实际上是 if-else 结构的多层嵌套,特点是在多个分支中只执行一个语句组,其他分支均不执行,可用于有多种判断结果的分支中。

elif 结构示例代码如下:

```
# coding=utf-8
# 代码文件:chapter7/ch7.1.3.py

import sys

score = int(input())

if score >= 90:
    grade = 'A'
elif score >= 80:
    grade = 'B'
elif score >= 70:
    grade = 'C'
elif score >= 60:
    grade = 'D'
else:
    grade = 'F'

print("Grade = " + grade)
```

示例执行过程参考 7.1.1 节,这里不再赘述。

7.1.4 三元运算符替代品——条件表达式

在前面学习运算符时,并没有提到类似 Java 语言的三元运算符[①]。为提供类似的功能,Python 提供了条件表达式,语法如下:

表达式 1 if 条件 else 表达式 2

当条件计算为 True 时,返回表达式 1 的运算结果,否则返回表达式 2 的运算结果。

条件表达式示例代码如下:

```
# coding=utf-8
# 代码文件:chapter7/ch7.1.4.py

import sys

score = int(input())

result = '及格'if score >= 60 else '不及格'
print(result)
```

示例执行过程参考 7.1.1 节,这里不再赘述。

从示例可见,条件表达式事实上就是 if-else 结构,不但进行条件判断,还会有返回值。

7.2 循环语句

循环语句能够使程序代码重复执行。Python 支持 while 和 for 两种循环语句。

7.2.1 while 语句

while 语句是一种先判断的循环结构,格式如下:

```
while 循环条件 :
    语句组
[else:
    语句组]
```

while 循环没有初始化语句,循环次数是不可知的,只要循环条件满足,就会一直执行循环体。while 循环中可以带有 else 语句,else 语句将在 7.3 节详细介绍。

示例代码如下:

```
# coding=utf-8
# 代码文件:chapter7/ch7.2.1.py

i = 0
```

[①] 三元运算符的语法形式为"条件? 表达式 1：表达式 2",当条件为真时返回表达式 1 运算结果,否则返回表达式 2 的运算结果。

```
while i * i < 100_000:
    i += 1

print("i = {0}".format(i))
print("i * i = {0}".format(i * i))
```

输出结果如下：

```
i = 317
i * i = 100489
```

上述程序代码的目的是找到平方数大于 100 000 的最小整数。使用 while 循环时需要注意，while 循环条件语句中只能写一个表达式（一个布尔型表达式），如果循环体中需要循环变量，就必须在 while 语句之前对循环变量进行初始化。本例中先给 *i* 赋值为 0，然后必须在循环体内部通过语句更改循环变量的值，否则将会发生死循环。

提示 为阅读方便，整数和浮点数均可添加多个 0 或下画线以提高可读性，如 000.01563 和 _360_000，两种格式均不会影响实际值。一般每三位加一个下画线。

7.2.2 for 语句

for 语句是应用最广泛、功能最强的一种循环语句。Python 语言中没有 C 语言风格的 for 语句，它的 for 语句相等于 Java 中增强 for 循环语句，只用于序列（包括字符串、列表和元组）。

Python 语言中的 for 语句一般格式如下：

```
for 迭代变量 in 序列：
    语句组
[else：
    语句组]
```

其中"序列"表示所有的实现序列的类型都可以使用 for 循环遍历，"迭代变量"是从序列中迭代取出的元素。for 循环中也可以带有 else 语句，else 语句将在 7.3 节详细介绍。

示例代码如下：

```
# coding=utf-8
# 代码文件:chapter7/ch7.2.2.py

print("----范围-------")
for num in range(1, 10):        # 使用范围      ①
    print("{0} x {0} = {1}".format(num, num * num))

print("----字符串-------")
# for 语句
for item in 'Hello':                            ②
    print(item)

# 声明整数列表
numbers = [43, 32, 53, 54, 75, 7, 10]      ③
```

```
    print("----整数列表-------")

# for 语句
for item in numbers:                              ④
    print("Count is : {0}".format(item))
```

输出结果:

```
----范围-------
1 x 1 = 1
2 x 2 = 4
3 x 3 = 9
4 x 4 = 16
5 x 5 = 25
6 x 6 = 36
7 x 7 = 49
8 x 8 = 64
9 x 9 = 81
----字符串-------
H
e
l
l
o
----整数列表-------
Count is : 43
Count is : 32
Count is : 53
Count is : 54
Count is : 75
Count is : 7
Count is : 10
```

上述代码第①行 range(1,10) 函数创建范围(range)对象,取值范围为 $1 \leqslant$ range(1,10) <10,步长为 1,共 9 个整数。范围也是一种整数序列,在 7.4 节将有详细介绍。代码第②行循环遍历字符串 Hello(字符串也是一个序列,故可用 for 循环遍历)。代码第③行定义整数列表,关于列表将在第 8 章详细介绍。代码第④行遍历列表 numbers。

7.3　跳转语句

跳转语句能够改变程序的执行顺序,可以实现程序的跳转。Python 有 3 种跳转语句:break、continue 和 return。本节重点介绍 break 和 continue 语句的使用,return 将在后续章节介绍。

7.3.1　break 语句

break 语句的作用是强行退出循环体,不再执行循环体中剩余的语句,可用于 7.2 节介绍的 while 和 for 循环结构。

示例代码如下:

```
# coding=utf-8
# 代码文件:chapter7/ch7.3.1.py

for item in range(10):
    if item == 3:
        # 跳出循环
        break
    print("Count is : {0}".format(item))
```

在上述程序代码中,当 item==3 时执行 break 语句,终止循环。range(10)函数省略了开始参数,默认从 0 开始。程序运行的结果如下:

```
Count is : 0
Count is : 1
Count is : 2
```

7.3.2 continue 语句

continue 语句用于结束本次循环,跳过循环体中尚未执行的语句,接着进行终止条件的判断,以决定是否继续循环。

示例代码如下:

```
# coding=utf-8
# 代码文件:chapter7/ch7.3.2.py

for item in range(10):
    if item == 3:
        continue
    print("Count is : {0}".format(item))
```

在上述程序代码中,当 item==3 时执行 continue 语句,continue 语句会终止本次循环,循环体中 continue 之后的语句将不再执行,接着进行下次循环,所以输出结果中没有 3。程序运行结果如下:

```
Count is: 0
Count is: 1
Count is: 2
Count is: 4
Count is: 5
Count is: 6
Count is: 7
Count is: 8
Count is: 9
```

7.3.3 while 和 for 中的 else 语句

在 7.2 节介绍 while 和 for 循环时,提到过它们都可以跟 else 语句。不同于 if 语句中的 else 语句。这里的 else 语句是在循环体正常结束时才运行的代码,当循环被中断时不执行,故 break 语句、return 语句和异常抛出都会中断循环。循环中的 else 语句流程如图 7-3 所示。

示例代码如下:

```
# coding=utf-8
# 代码文件:chapter7/ch7.3.3.py

i = 0

while i * i < 10:
    i += 1
    # if i == 3:
    #     break
    print("{0} * {0} = {1}".format(i, i * i))
else:
    print('While Over! ')

print('-------------')

for item in range(10):
    if item == 3:
        break
    print("Count is : {0}".format(item))
else:
    print('For Over! ')
```

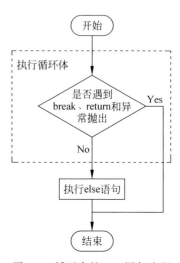

图 7-3   循环中的 else 语句流程

运行结果如下:

```
1 * 1 = 1
2 * 2 = 4
3 * 3 = 9
4 * 4 = 16
While Over!
-------------
Count is : 0
Count is : 1
Count is : 2
```

上述代码中 while 循环中的 break 语句被注释了,因此会进入 else 语句,所以最后输出"While Over!"。而在 for 循环中当条件满足时 break 语句执行,程序不会进入 else 语句,最后没有输出"For Over!"。

7.4   使用范围

在前面的学习过程中多次用到范围,范围在 Python 中类型是 range,表示一个整数序列。创建范围对象需使用 range() 函数,range() 函数语法如下:

```
range([start,] stop[, step])
```

其中的 3 个参数全部是整数类型:start 是开始值,可以省略,表示从 0 开始;stop 是结束值;step 是步长。注意 start≤整数序列取值<stop,步长 step 可以为负数,可以创建递减序列。

示例代码如下：

```
# coding=utf-8
# 代码文件:chapter7/ch7.4.py

for item in range(1, 10, 2):        ①
    print("Count is : {0}".format(item))

print('--------------')

for item in range(0, -10, -3):      ②
    print("Count is : {0}".format(item))
```

输出结果如下：

```
Count is : 1
Count is : 3
Count is : 5
Count is : 7
Count is : 9
--------------
Count is : 0
Count is : -3
Count is : -6
Count is : -9
```

上述代码第①行创建一个范围，步长是 2，有 5 个元素，包含的元素见输出结果。代码第②行创建一个递减范围，步长是-3，有 4 个元素，包含的元素见输出结果。

7.5 本章小结

通过对本章内容的学习，读者可以了解 Python 语言的控制语句，其中包括分支语句 if、循环语句(while 语句和 for 语句)和跳转语句(break 语句和 continue 语句)等。最后还介绍了范围。

7.6 同步练习

1. 能从循环语句的循环体中跳出的语句是(   )。
   A. for 语句   B. break 语句   C. while 语句   D. continue 语句
2. 下列语句执行后，x 的值是(   )。

```
a = 3; b = 4; x = 5

if a < b:
    a += 1
    x += 1
```

   A. 5   B. 3   C. 4   D. 6

7.7　上机实验：计算水仙花数

编程题：水仙花数是一个三位数，三位数中各位的立方之和等于三位数本身。

（1）请使用 while 循环计算水仙花数。

（2）请使用 for 循环计算水仙花数。

第 8 章

序　列

当有很多书时,人们通常会考虑买一个书柜,将书分门别类地摆放进去。使用书柜不仅使房间变得整洁,也便于查找图书。在计算机程序中会有很多数据,这些数据也需要一个容器进行管理,这个容器就是数据结构,常见的有数组(Array)、集合(Set)、列表(List)、队列(Queue)、链表(Linkedlist)、树(Tree)、堆(Heap)、栈(Stack)和字典(Dictionary)等结构。

Python 中数据结构主要有序列、集合和字典。

注意 Python 中并没有数组结构。因为数组要求元素类型是一致的,而 Python 作为动态类型语言,不强制声明变量的数据类型,也不强制检查元素的数据类型,不能保证元素的数据类型一致,所以 Python 中没有数组结构。

8.1　序列概述

序列(sequence)是一种可迭代的[①]、元素有序、可重复出现的数据结构。序列可以通过索引访问元素。图 8-1 中是一个班级序列,其中有一些学生,这些学生是有序的,顺序是他们被放到序列中的顺序,可以通过序号访问他们。这就像老师给进入班级的人分配学号,第 1 个报到的是张三,老师给他分配的是 0,第 2 个报到的是李四,老师给他分配的是 1,以此类推,最后一个序号应该是"学生人数−1"。

序列包括的结构有列表(list)、字符串(str)、元组、范围(range)和字节序列(bytes)。序列可进行的操作有索引、切片、加和乘。

序列	
序号	数值
0	张三
1	李四
2	王五
3	董六
4	张三

图 8-1　序列

8.1.1　索引操作

序列中第 1 个元素的索引是 0,其他元素的索引是第 1 个元素的偏移量。可以有正偏移量,称为正值索引;也可以有负偏移量,称为负值索引。正值索引的最后一个元素索

---

① 可迭代(iterable)是指其成员能返回一次的对象。

引是"序列长度−1",负值索引最后一个元素索引是"−1"。例如 Hello 字符串,其正值索引如图 8-2(a)所示,负值索引如图 8-2(b)所示。

图 8-2　索引

序列中的元素是通过索引([index])访问的。在 Python Shell 中运行示例如下:

```
>>> a = 'Hello'
>>> a[0]
'H'
>>> a[1]
'e'
>>> a[4]
'o'
>>> a[-1]
'o'
>>> a[-2]
'l'
>>> a[5]
Traceback (most recent call last):
  File "<pyshell#2>", line 1, in <module>
    a[5]
IndexError: string index out of range
>>> max(a)
'o'
>>> min(a)
'H'
>>> len(a)
5
>>> ord('o')
111
>>> ord('H')
72
```

a[0]是所访问序列的第 1 个元素,最后一个元素的索引可以是 4 或−1。但是索引超出范围,将发生 IndexError 错误。获取序列的长度需使用函数 len。类似的序列还有 max 函数和 min 函数,max 函数返回 ASCII 码最大字符,min 函数返回 ASCII 码最小字符。ord() 函数则返回字符的 ASCII 码。

8.1.2　序列的加和乘

在前面第 6 章介绍+和 ∗ 运算符时,提到过它们可用于序列。+运算符可以将两个序列连接起来,∗ 运算符可以将序列重复多次。

在 Python Shell 中运行示例如下:

```
>>> a = 'Hello'
>>> a * 3
'HelloHelloHello'
```

```
>>> print(a)
Hello
>>> a += ''
>>> a += 'World'
>>> print(a)
Hello World
```

8.1.3 序列切片

序列的切片(Slicing)就是从序列中切分出的小的子序列。切片使用切片运算符,切片运算符有两种形式。

(1)[start:end]:start 是开始索引,end 是结束索引。

(2)[start:end:step]:start 是开始索引,end 是结束索引,step 是步长(在切片时获取元素的间隔)。步长可以为正整数,也可为负整数。

注意 切下的切片包括 start 位置元素,但不包括 end 位置元素,start 和 end 都可以省略。

在 Python Shell 中运行示例代码如下:

```
>>> a[1:3]
'el'
>>> a[:3]
'Hel'
>>> a[0:3]
'Hel'
>>> a[0:]
'Hello'
>>> a[0:5]
'Hello'
>>> a[:]
'Hello'
>>> a[1:-1]
'ell'
```

上述代码表达式 a[1:3]切出 1~3 的子字符串,注意不包括 3,所以结果是 el。表达式 a[:3]省略了开始索引,默认开始索引是 0,所以 a[:3]与 a[0:3]切片结果相同。表达式 a[0:]省略了结束索引,默认结束索引是序列的长度,即 5。所以 a[0:]与 a[0:5]切片结果相同。表达式 a[:]省略了开始索引和结束索引,a[:]与 a[0:5]结果相同。

另外,表达式 a[1:-1]使用了负值索引,对照图 8-2,不难计算出 a[1:-1]结果是 ell。

切片时使用[start:end:step]可以指定步长(step),步长与当次元素索引、下次元素索引之间的关系如下:

下次元素索引 = 当次元素索引 + 步长

在 Python Shell 中运行示例代码如下:

```
>>> a[1:5]
'ello'
>>> a[1:5:2]
```

```
'el'
>>> a[0:3]
'Hel'
>>> a[0:3:2]
'Hl'
>>> a[0:3:3]
'H'
>>> a[::-1]
'olleH'
```

表达式 a[1:5]省略了步长参数,步长默认值是 1。表达式 a[1:5:2]步长为 2,结果是 el。a[0:3]切片后的字符串是 Hel。而 a[0:3:3]步长为 3,切片结果是 H 字符。当步长为负数时比较复杂,需从右往左获取元素,所以表达式 a[::-1]切片的结果是原始字符串的倒置。

8.2 元组

元组(tuple)是一种序列结构,是一种不可变序列,一旦创建就不能修改。

8.2.1 创建元组

元组可以使用两种方式创建。
(1) 使用逗号",",分隔元素。
(2) 使用 tuple([iterable])函数。
在 Python Shell 中运行示例代码如下:

```
>>> 21,32,43,45                    ①
(21, 32, 43, 45)
>>> (21, 32, 43, 45)               ②
(21, 32, 43, 45)
>>> a = (21,32,43,45)
>>> print(a)
(21, 32, 43, 45)
>>> ('Hello', 'World')            ③
('Hello', 'World')
>>> ('Hello', 'World', 1,2,3)     ④
('Hello', 'World', 1, 2, 3)
>>> tuple([21,32,43,45])          ⑤
(21, 32, 43, 45)
```

代码第①行~第④行均使用逗号分隔元素创建元组对象。其中代码第①行创建了一个有 4 个元素的元组对象,创建元组对象时使用小括号把元素括起来不是必需的;代码第②行使用小括号将元素括起来,这只是为了提高程序的可读性;代码第③行创建了一个字符串元组对象;代码第④行创建了字符串和整数混合的元组对象。Python 中没有强制声明数据类型,因此元组对象中的元素可以是任何数据类型。

代码第⑤行使用了 tuple([iterable])函数创建元组对象,其中的参数 iterable 可以是任何可迭代对象,实参[21,32,43,45]是一个列表,因为列表是可迭代对象,可以作为 tuple() 函数参数创建元组对象。

创建元组还需要注意以下极端情况：

```
>>> a = (21)
>>> type(a)
<class 'int'>
>>> a = (21,)
>>> type(a)
<class 'tuple'>
>>> a = ()
>>> type(a)
<class 'tuple'>
```

从上述代码可见，当一个元组只有一个元素时，后面的逗号不能省略——(21,)表示的是只有一个元素的元组，而(21)表示的是一个整数。另外，( )可以创建空元组。

8.2.2 访问元组

元组作为序列可以通过下标索引访问其中的元素，也可以对其进行切片。在 Python Shell 中运行示例代码如下：

```
>>> a = ('Hello', 'World', 1,2,3)    ①
>>> a[1]
'World'
>>> a[1:3]
('World', 1)
>>> a[2:]
(1, 2, 3)
>>> a[:2]
('Hello', 'World')
```

上述代码第①行是元组 a，a[1]是访问元组第 2 个元素，表达式 a[1:3]、a[2:]和 a[:2]都是切片操作。

元组还可以进行拆包(unpack)操作，即将元组的元素取出赋值给不同变量。在 Python Shell 中运行示例代码如下：

```
>>> a = ('Hello', 'World', 1,2,3)
>>> str1, str2, n1,n2, n3 = a    ①
>>> str1
'Hello'
>>> str2
'World'
>>> n1
1
>>> n2
2
>>> n3
3
>>> str1, str2, *n = a              ②
>>> str1
'Hello'
>>> str2
'World'
```

```
>>> n
[1, 2, 3]
>>> str1,_,n1,n2,_ = a          ③
```

上述代码第①行将元组 a 进行拆包操作,接收拆包元素的变量个数应等于元组个数,接收变量个数可以少于元组个数。代码第②行接收变量个数只有 3 个,最后一个很特殊,变量 n 前面有星号,表示将剩下的元素作为一个列表赋值给变量 n。另外,还可以使用下画线指定不取值哪些元素,代码第③行表示不取第 2 个和第 5 个元素。

8.2.3 遍历元组

遍历元组一般使用 for 循环,示例代码如下:

```
# coding=utf-8
# 代码文件:chapter8/ch8.2.3.py

a = (21, 32, 43, 45)

for item in a:                    ①
    print(item)

print('-----------')
for i, item in enumerate(a):      ②
    print('{0} - {1}'.format(i, item))
```

输出结果如下:

```
21
32
43
45
-----------
0 - 21
1 - 32
2 - 43
3 - 45
```

一般情况下遍历目的只是取出每一个元素值,见代码第①行的 for 循环。但有时需要在遍历过程中同时获取索引,这时可以使用代码第②行的 for 循环,其中 enumerate(a) 函数可以获得元组对象,该元组对象有两个元素,第 1 个元素是索引,第 2 个元素是数值。所以 (i,item)是元组拆包过程,变量 i 是元组 a 的当前索引,item 是元组 a 的当前元素值。

注意 本节介绍的元组遍历方式适用于所有序列,如字符串、范围和列表等。

8.3 列表

列表(list)也是一种序列结构。与元组不同,列表具有可变性,可以追加、插入、删除和替换列表中的元素。

8.3.1　列表创建

列表可以使用两种方式创建。

（1）使用中括号（[ ]）将元素括起来，元素之间用逗号分隔。

（2）使用 list（[iterable]）函数。

在 Python Shell 中运行示例代码如下：

```
>>> [20, 10, 50, 40, 30]          ①
[20, 10, 50, 40, 30]
>>> []
[]
>>> ['Hello', 'World', 1, 2, 3]    ②
['Hello', 'World', 1, 2, 3]
>>> a = [10]                       ③
>>> type(a)
<class 'list'>
>>> a = [10,]                      ④
>>> type(a)
<class 'list'>
>>> list((20, 10, 50, 40, 30))     ⑤
[20, 10, 50, 40, 30]
```

代码第①行～第④行均为使用中括号方式创建列表对象。其中代码第①行创建了一个有 5 个元素的列表对象（注意中括号不能省略，否则将变成创建元组）。创建空列表是用[ ]表达式。列表中可以放入任何对象，代码第②行创建了一个字符串和整数混合的列表。代码第③行创建只有一个元素的列表，中括号不能省略。

无论元组还是列表，每一个元素后面都跟着一个逗号，但最后一个元素后的逗号经常省略。代码第④行最后一个元素后没有省略逗号。

代码第⑤行使用了 list（[iterable]）函数创建列表对象，参数 iterable 可以是任何可迭代对象，实参（20，10，50，40，30）是一个元组，元组是可迭代对象，可以作为 list（ ）函数的参数创建列表对象。

8.3.2　追加元素

列表中追加单个元素可以使用 append（ ）方法。如需追加另一列表，可以使用+运算符或 extend（ ）方法。

append（ ）方法语法如下：

```
list.append(x)
```

其中 x 参数是要追加的单个元素值。

extend（ ）方法语法如下：

```
list.extend(t)
```

其中 t 参数是要追加的另外一个列表。

在 Python Shell 中运行示例代码如下：

```
>>> student_list = ['张三', '李四', '王五']
>>> student_list.append('董六')                    ①
>>> student_list
['张三', '李四', '王五', '董六']
>>> student_list += ['刘备', '关羽']               ②
>>> student_list
['张三', '李四', '王五', '董六', '刘备', '关羽']
>>> student_list.extend(['张飞', '赵云'])          ③
>>> student_list
['张三', '李四', '王五', '董六', '刘备', '关羽', '张飞', '赵云']
```

上述代码中第①行使用了 append 方法,在列表后面追加了一个元素。append( )方法不能同时追加多个元素。代码第②行利用+=运算符追加多个元素(能够支持+=运算是因为列表支持+运算)。代码第③行使用了 extend( )方法追加多个元素。

8.3.3　插入元素

插入元素可以使用列表的 insert( )方法,该方法可以在指定索引位置插入一个元素。insert( )方法语法如下:

```
list.insert(i, x)
```

其中参数 i 是要插入的索引,参数 x 是要插入的元素数值。在 Python Shell 中运行示例代码如下:

```
>>> student_list = ['张三', '李四', '王五']
>>> student_list.insert(2, '刘备')
>>> student_list
['张三', '李四', '刘备', '王五']
```

上述代码中 student_list 调用 insert 方法,在索引 2 位置插入一个元素,新元素的索引为 2。

8.3.4　替换元素

列表具有可变性,其中的元素替换很简单,通过列表下标将索引元素放在赋值符号=左边进行赋值即可替换。在 Python Shell 中运行示例代码如下:

```
>>> student_list = ['张三', '李四', '王五']
>>> student_list[0] = "诸葛亮"
>>> student_list
['诸葛亮', '李四', '王五']
```

其中 student_list[0]="诸葛亮"替换了列表 student_list 的第 1 个元素。

8.3.5　删除元素

列表中删除元素有两种方式,一种是使用列表的 remove( )方法,另一种是使用列表的pop( )方法。

1) remove( )方法

remove( )方法从左到右查找列表中的元素,如果找到匹配元素则删除。注意:如果找到多个匹配元素,只删除第1个,如果没有找到则抛出错误。

remove( )方法语法如下:

```
list.remove(x)
```

其中 x 参数是要找的元素值。

使用 remove( )方法删除元素,示例代码如下:

```
>>> student_list = ['张三', '李四', '王五', '王五']
>> student_list.remove('王五')
>>> student_list
['张三', '李四', '王五']
>>> student_list.remove('王五')
>>> student_list
['张三', '李四']
```

2) pop( )方法

pop( )方法也会删除列表中的元素,但它会将成功删除的元素返回。

pop( )方法语法如下:

```
item = list.pop(i)
```

参数 i 是指定删除元素的索引。i 可以省略,表示删除最后一个元素。返回值 item 是删除的
元素。使用 pop( )方法删除元素示例代码如下:

```
>>> student_list = ['张三', '李四', '王五']
>>> student_list.pop()
'王五'
>>> student_list
['张三', '李四']
>>> student_list.pop(0)
'张三'
>>> student_list
['李四']
```

8.3.6　其他常用方法

前面介绍列表追加、插入和删除时,已经介绍了一些方法。列表操作还有很多方法,本
节再介绍几个常用的方法。

(1) reverse( ):倒置列表。

(2) copy( ):复制列表。

(3) clear( ):清除列表中的所有元素。

(4) index(x[,i[,j]]):返回查找 x 第1次出现的索引。i 是开始查找索引,j 是结束查
找索引。该方法继承自序列,对元组和字符串也可以使用该方法。

(5) count(x):返回 x 出现的次数。该方法继承自序列,对元组和字符串也可以使用该
方法。

在 Python Shell 中运行示例代码如下:

```
>>> a = [21, 32, 43, 45]
>>> a.reverse()
```

①

```
>>> a
[45, 43, 32, 21]
>>> b = a.copy()                              ②
>>> b
[45, 43, 32, 21]
>>> a.clear()                                 ③
>>> a
[]
>>> b
[45, 43, 32, 21]
>>> a = [45, 43, 32, 21, 32]
>>> a.count(32)                               ④
2
>>> student_list = ['张三', '李四', '王五']
>>> student_list.index('王五')                 ⑤
2
>>> student_tuple = ('张三', '李四', '王五')
>>> student_tuple.index('王五')                ⑥
2
>>> student_tuple.index('李四', 1 , 2)
1
```

上述代码中第①行调用了 reverse( )方法将列表 a 倒置。代码第②行调用 copy( )方法复制列表 a，并赋值给列表 b。代码第③行是清除列表 a 中的元素。代码第④行返回列表 a 中 32 元素的个数。代码第⑤行返回'王五'在 student_list 列表中的位置。代码第⑥行返回'王五'在 student_tuple 元组中的位置。

8.3.7　列表推导式

Python 中有一种特殊表达式——推导式，它可以将一种数据结构作为输入，经过过滤、计算等处理，最终输出另一种数据结构。根据数据结构的不同可分为列表推导式、集合推导式和字典推导式。本节先介绍列表推导式。

如需获得 0~9 中偶数的平方数列，可以通过 for 循环实现，代码如下：

```
# coding=utf-8
# 代码文件:chapter8/ch8.3.7.py

n_list = []
for x in range(10):
    if x % 2 == 0:
        n_list.append(x ** 2)
print(n_list)
```

输出结构如下：

```
[0, 4, 16, 36, 64]
```

0~9 中偶数的平方数列也可以通过列表推导式实现，代码如下：

```
n_list = [x ** 2 for x in range(10) if x % 2 == 0]    ①
print(n_list)
```

其中代码第①行即为列表推导式，输出结果与 for 循环相同。图 8-3 所示是列表推导式语法结构,其中 in 后面的表达式是输入序列;for 前面的表达式是输出表达式,运算结果将保存在一个新列表中;if 条件语句用来过滤输入序列,符合条件的才传递给输出表达式。条件语句可以省略,所有元素都传递给输出表达式。

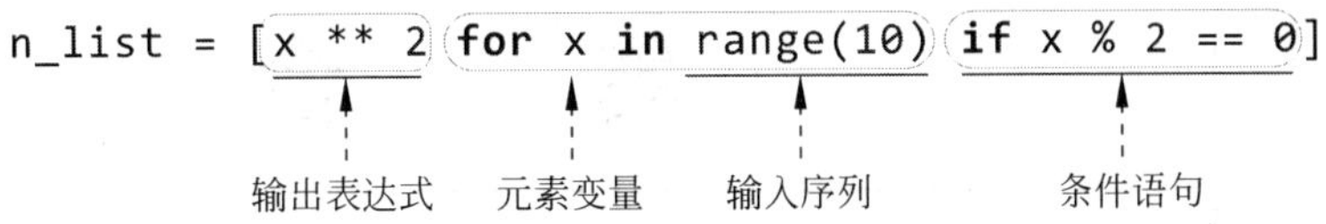

图 8-3　列表推导式

条件语句可以包含多个条件,如找出 0~99 中可以被 5 整除的偶数数列,实现代码如下。

```
n_list = [x for x in range(100) if x % 2 == 0 if x % 5 == 0]
print(n_list)
```

列表推导式的条件语句有两个,即 if x % 2 == 0 和 if x % 5 == 0,可见它们属于"与"的关系。

8.4　本章小结

本章介绍了 Python 中的序列数据结构,然后详细介绍了元组和列表。读者应掌握序列的特点,熟悉序列的遍历和切片等操纵。列表创建、追加、插入、替换和删除操纵也是学习的重点。

8.5　同步练习

1. 下列选项中属于序列的是(　　　)。
   A. (21,32,43,45)　　　　　　　　　　B. 21,32,43,45
   C. [21,32,43,45]　　　　　　　　　　D. 'Hello'
2. 下列选项中属于元组的是(　　　)。
   A. (21,32,43,45)　　　　　　　　　　B. 21,
   C. [21,32,43,45]　　　　　　　　　　D. 21
3. 下列选项中属于列表的是(　　　)。
   A. (21,32,43,45)　　　　　　　　　　B. 21,
   C. [21,32,43,45]　　　　　　　　　　D. [21]
4. 判断对错。
   列表的元素是不能重复的。(　　　)
5. 判断对错。
   序列的切片运算符[start:end]中,start 是开始索引,end 是结束索引。(　　　)

8.6　上机实验:使用列表推导式

1. 编写程序:使用列表推导式,输出 1~100 的所有素数。
2. 编写程序:使用列表推导式,输出 200~300 的所有能被 5 或 6 整除的数。

第9章

集　合

第 8 章介绍了序列结构,本章将介绍集合结构。集合是一种可迭代的、无序的、不能包含重复元素的数据结构。图 9-1 是一个班级的集合,其中包含一些学生,这些学生是无序的,不能通过序号访问,且不能有重复。

图 9-1　集合

提示　序列中的元素是有序的,可重复出现,而集合中的元素是无序的,且不能有重复的元素。序列强调有序,集合则强调不重复。当不考虑顺序,且没有重复的元素时,序列和集合可以互换。

集合又分为可变集合(set)和不可变集合(frozenset)。

9.1　可变集合

可变集合内容可以被修改,可以插入和删除元素。

9.1.1　创建可变集合

可变集合可以使用两种方式创建。

(1) 使用大括号{}将元素括起来,元素之间用逗号分隔。

(2) set([iterable])函数。

在 Python Shell 中运行示例代码如下:

```
>>> a = {'张三', '李四', '王五'}          ①
>>> a
{'张三', '李四', '王五'}
>>> a = {'张三', '李四', '王五', '王五'}   ②
>>> len(a)
3
>>> a
{'张三', '李四', '王五'}
>>> set((20, 10, 50, 40, 30))            ③
{40, 10, 50, 20, 30}
>>> b = {}                               ④
>>> type(b)
<class 'dict'>
>>> b = set()                            ⑤
>>> type(b)
```

```
<class 'set'>
```

代码第①行和第②行均为使用大括号方式的集合。集合中元素如有重复,创建时将剔除重复元素,如代码第②行。

代码第③行是使用 set( ) 函数创建集合。

注意　{}表示的不是一个空的集合,而是一个空的字典,因此代码第④行 b 是字典对象。创建空集合对象需使用空参数的 set( ) 函数,见代码第⑤行。

如需获取集合中元素的个数,可以使用 len( ) 函数(注意 len( ) 是函数不是方法),本例中 len(a)表达式返回了集合 a 的元素个数。

9.1.2　修改可变集合

修改可变集合的常用方法有以下几个。

(1) add(elem):添加元素。如果元素已经存在,则不能添加,不会抛出错误。

(2) remove(elem):删除元素。如果元素不存在,则抛出错误。

(3) discard(elem):删除元素。如果元素不存在,不会抛出错误。

(4) pop( ):删除返回集合中任意一个元素,返回值是删除的元素。

(5) clear( ):清除集合。

在 Python Shell 中运行示例代码如下:

```
>>> student_set = {'张三', '李四', '王五'}
>>> student_set.add('董六')
>>> student_set
{'张三', '董六', '李四', '王五'}
>>> student_set.remove('李四')
>>> student_set
{'张三', '董六', '王五'}
>>> student_set.remove('李四')          ①
Traceback (most recent call last):
  File "<pyshell#144>", line 1, in <module>
    student_set.remove('李四')
KeyError: '李四'
>>> student_set.discard('李四')         ②
>>> student_set
{'张三', '董六', '王五'}
>>> student_set.discard('王五')
>>> student_set
{'张三', '董六'}
>>> student_set.pop()
'张三'
>>> student_set
{'董六'}
>>> student_set.clear()
>>> student_set
set()
```

上述代码第①行使用 remove( ) 方法删除元素时,由于要删除的 '李四' 已经不在集合中,所以会抛出错误。而同样是删除集合中不存在的元素,discard( ) 方法则不会抛出错误,见代码第②行。

9.1.3　遍历集合

集合是无序的,没有索引,不能通过下标访问单个元素。但可以遍历集合,访问集合中的每一个元素。

一般使用 for 循环遍历集合,示例代码如下:

```
# coding = utf-8
# 代码文件:chapter10/ch10.1.3.py

student_set = {'张三', '李四', '王五'}

for item in student_set:
    print(item)

print('-----------')
for i, item in enumerate(student_set):        ①
    print('{0} - {1}'.format(i, item))
```

输出结果如下:

```
张三
王五
李四
-----------
0 - 张三
1 - 王五
2 - 李四
```

代码第①行的 for 循环中使用了 enumerate( ) 函数,该函数在 8.2.3 节遍历元组时已经介绍过了。但需要注意的是,此时变量 i 不是索引,只是遍历集合的次数。

9.2　不可变集合

不可变集合类型是 frozenset,创建不可变集合应使用 frozenset([iterable]) 函数,不能使用大括号{}。

在 Python Shell 中运行示例代码如下:

```
>>> student_set = frozenset({'张三', '李四', '王五'})        ①
>>> student_set
frozenset({'张三', '李四', '王五'})
>>> type(student_set)
<class 'frozenset'>
>>> student_set.add('董六')                                ②
Traceback (most recent call last):
  File "<pyshell#168>", line 1, in <module>
    student_set.add('董六')
```

```
AttributeError: 'frozenset'object has no attribute 'add'
>>> a = (21, 32, 43, 45)
>>> seta = frozenset(a)                                    ③
>>> seta
frozenset({32, 45, 43, 21})
```

上述代码第①行创建不可变集合,frozenset( )的参数{'张三','李四','王五'}是另一
个集合对象——因为集合也是可迭代对象,可以作为 frozenset( )的参数。代码第③行函数
使用了一个元组 a 作为 frozenset( )的参数。

由于创建的是不变集合,不能被修改,所以试图修改将发生错误,见代码第②行,使用
add( )发生了错误。

9.3　集合推导式

集合推导式与列表推导式类似,区别只是输出结果是集合。修改 8.3.7 节代码如下:

```
# coding=utf-8
# 代码文件:chapter10/ch10.3.py

n_list = {x for x in range(100) if x % 2 == 0 if x % 5 == 0}
print(n_list)
```

输出结构如下:

```
{0, 70, 40, 10, 80, 50, 20, 90, 60, 30}
```

由于集合不能有重复元素,集合推导式输出的结果将过滤掉重复的元素,示例代码
如下:

```
input_list = [2, 3, 2, 4, 5, 6, 6, 6]

n_list = [x ** 2 for x in input_list]      ①
print(n_list)

n_set = {x ** 2 for x in input_list}       ②
print(n_set)
```

输出结构如下:

```
[4, 9, 4, 16, 25, 36, 36, 36]
{4, 36, 9, 16, 25}
```

上述代码第①行是列表推导式,代码第②行是集合推导式,从结果可见没有重复的
元素。

9.4　本章小结

本章介绍了 Python 中的集合数据结构,其中包括可变集合和不可变字典两种。读者应
熟悉集合结构的特点,重点掌握可变集合。

9.5　同步练习

1. 下列选项中属于集合的是(　　)。

A. (21,32,43,45)　　　　　　　　　　B. 21,32,43,45

C. {21,32,43,45,45}　　　　　　　　D. {21,32,43,45}

2. 下列选项中属于列表的是(　　)。

A. (21,32,43,45)　　　　　　　　　　B. {21}

C. {}　　　　　　　　　　　　　　　　D. [21]

3. 在一个应用程序中有如下定义：a={1,2,3,4,5,6,7,8,9,10}。为了打印输出 a 的最后一个元素,下列代码中正确的是(　　)。

A. print(a[10])　　　　　　　　　　　B. print(a[9])

C. print(a[len(a)-1])　　　　　　　　D. 以上都不是

4. 判断对错。

集合的元素是不能重复的。(　　)

9.6　上机实验：使用集合推导式

1. 编写程序：使用集合推导式,输出 1~100 的所有素数。
2. 编写程序：使用集合推导式,输出 200~300 的所有能被 5 或 6 整除的数。

第10章

字　　典

前面介绍了序列和集合结构,本章将介绍字典结构。

字典(dict)是可迭代的、可变的数据结构,通过键来访问元素。字典结构比较复杂,由键(key)视图和值(value)视图两部分构成。键视图不能包含重复元素,而值视图可以,键和值是成对出现的。

图10-1所示是字典结构的"国家代号"。键是国家代号,值是国家。

提示　字典更适合通过键快速访问值,就像查英文字典一样,键就是要查的英文单词,而值是英文单词的翻译和解释等内容。有的时候,一个英文单词对应多个翻译和解释,这也是与字典特性相对应的。

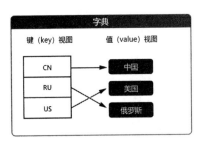

图 10-1　字典结构的国家代号

10.1　创建字典

字典可以使用两种方式创建。

(1) 使用大括号{}包裹键值对创建字典。

(2) 使用 dict( )函数创建字典。

10.1.1　使用大括号创建字典

使用大括号{}将键值包裹起来,键和值之间用冒号分隔,两个键值对之间用逗号分隔。在 Python Shell 中运行示例代码如下:

```
>>> dict1 = {102:'张三', 105:'李四', 109:'王五'}          ①
>>> len(dict1)                                            ②
3
>>> dict1
{102:'张三', 105:'李四', 109:'王五'}
>>> dict1 = {102:'张三', 105:'李四', 109:'王五', 102:'董六',}   ③
>>> dict1
{102:'董六', 105:'李四', 109:'王五'}
>>>
>>> dict1 = {}                                            ④
```

```
>>> type(dict1)
<class 'dict'>
>>>
```

上述代码第①行使用大括号键值对创建字典。这是最简单的创建字典方式,创建一个空字典表达式是{}。获得字典长度(键值对个数)也是使用len()函数,见代码第②行。

代码第③行同样用大括号键值对创建字典,但是需要注意的是,"102:'董六'"键值对替换了之前放入字典中的"102:'张三'"键值对。这是因为字典中的键不能重复。

注意 代码第④行{}是创建一个空的字典对象,而不是创建集合对象。

10.1.2 使用 dict()函数创建字典

使用 dict()函数创建字典时,dict()函数可以有很多参数形式,常用的有以下两种。

(1) dict(d)。参数 d 为其他字典对象。

(2) dict(iterable)。参数 iterable 是可迭代对象,可以是元组或列表等。

使用 dict(d)函数在 Python Shell 中运行示例代码如下:

```
>>> dict({102:'张三', 105:'李四', 109:'王五'})
{102:'张三', 105:'李四', 109:'王五'}
>>> dict({102:'张三', 105:'李四', 109:'王五', 102:'董六'})
{102:'董六', 105:'李四', 109:'王五'}
>>>
```

使用 dict(iterable)函数在 Python Shell 中运行示例代码如下:

```
>>> dict(((102, '张三'), (105, '李四'), (109, '王五')))          ①
{102:'张三', 105:'李四', 109:'王五'}
>>> dict([(102, '张三'), (105, '李四'), (109, '王五')])          ②
{102:'张三', 105:'李四', 109:'王五'}
>>> t1 = (102, '张三')
>>> t2 = (105, '李四')
>>> t3 = (109, '王五')
>>> t = (t1, t2, t3)
>>> dict(t)                                                      ③
{102:'张三', 105:'李四', 109:'王五'}
>>> list1 = [t1, t2, t3]
>>> dict(list1)                                                 ④
{102:'张三', 105:'李四', 109:'王五'}
>>> dict(zip([102, 105, 109], ['张三', '李四', '王五']))         ⑤
{102:'张三', 105:'李四', 109:'王五'}
```

上述代码第①行、第②行、第③行和第④行均用 dict()函数创建字典,使用这种方式不如直接使用大括号键值对简单。

代码第①行和第③行参数都是一个元组,该元组中包含 3 个只有两个元素的元组,创建过程如图 10-2 所示。代码第②行和第④行参数都是一个列表,该列表中包含 3 个只有两个元素的元组。

代码第⑤行使用 zip()函数将两个可迭代对象打包成元组,在创建字典时,可迭代对象元组需要两个可迭代对象,第一个是键([102, 105, 109]),第二个是值(['张三', '李四', '王五']),它们包含的元素个数相同,且一一对应。

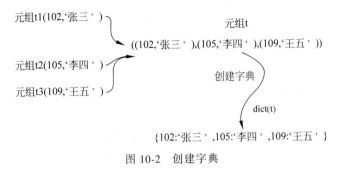

图 10-2 创建字典

10.2 修改字典

字典可以被修改,但需对键和值同时操作,修改字典操作包括添加、替换和删除键值对。在 Python Shell 中运行示例代码如下:

```
>>> dict1 = {102: '张三', 105: '李四', 109: '王五'}
>>> dict1[109]                                            ①
'王五'
>>> dict1[110] = '董六'                                    ②
>>> dict1
{102: '张三', 105: '李四', 109: '王五', 110: '董六'}
>>> dict1[109] = '张三'                                    ③
>>> dict1
{102: '张三', 105: '李四', 109: '张三', 110: '董六'}
>>> del dict1[109]                                        ④
>>> dict1
{102: '张三', 105: '李四', 110: '董六'}
>>> dict1.pop(105)
'李四'
>>> dict1
{102: '张三', 110: '董六'}
>>> dict1.pop(105, '董六')                                 ⑤
'董六'
>>> dict1.popitem()                                        ⑥
(110, '董六')
>>> dict1
{102: '张三'}
```

访问字典中的元素可通过下标实现,下标参数是键,返回对应的值,代码第①行中 dict1[109] 即为取出字典 dict1 中键为 109 的值。字典下标访问的元素也可以在赋值符号 = 左边,代码第②行是为字典 110 键赋值,注意此时字典 dict1 中没有 110 键,该操作将添加"110: '董六'"键值对。如果键存在将替换对应的值,如代码第③行会将键 109 对应的值替换为'张三',虽然此时值视图中已有'张三',但仍然可以添加,这说明值可重复。代码第④行删除 109 键对应的值,注意 del 是语句不是函数。使用 del 语句删除键值对时,如果键不存在将抛出错误。

如果喜欢使用一种方法删除元素,可以使用字典的 pop(key[,default]) 和 popitem() 方法。pop(key[,default]) 方法删除键值对时,如果键不存在则返回默认值(default),见代码第⑤行,105 键不存在时返回默认值'董六'。popitem() 方法可以删除任意键值对,返回删除的键值对构成元组,上述代码第⑥行删除了一个键值对,返回一个元组对象(110, '董六')。

10.3　访问字典

字典还需要一些方法用来访问其键或值,这些方法如下。

(1) get(key[, default])。通过键返回值,如果键不存在则返回默认值。

(2) items()。返回字典的所有键值对。

(3) keys()。返回字典键视图。

(4) values()。返回字典值视图。

在 Python Shell 中运行示例代码如下:

```
>>> dict1 = {102: '张三', 105: '李四', 109: '王五'}
>>> dict1.get(105)                          ①
'李四'
>>> dict1.get(101)                          ②
>>> dict1.get(101, '董六')                   ③
'董六'
>>> dict1.items()
dict_items([(102, '张三'), (105, '李四'), (109, '王五')])
>>> dict1.keys()
dict_keys([102, 105, 109])
>>> dict1.values()
dict_values(['张三', '李四', '王五'])
```

上述代码第①行通过 get() 方法返回 105 键对应的值,如果没有键对应的值,且没有为 get() 方法提供默认值,则不会有返回值,见代码第②行。代码第③行提供了返回值。

在访问字典时,也可以使用 in 和 not in 运算符,但需要注意的是,in 和 not in 运算符用于测试键视图中是否包含特定元素。

在 Python Shell 中运行示例代码如下:

```
>>> student_dict = {'102': '张三', '105': '李四', '109': '王五'}
>>> 102 in dict1
True
>>> '李四' in dict1
False
```

10.4　遍历字典

字典遍历也是字典的重要操作。与集合不同,字典有两个视图,因此遍历过程可以只遍历值视图,也可以只遍历键视图,也可以同时遍历。这些遍历过程都是通过 for 循环实现的。

示例代码如下:

```
# coding=utf-8
# 代码文件:chapter10/ch10.4.py

student_dict = {102: '张三', 105: '李四', 109: '王五'}

print('---遍历键---')
for student_id in student_dict.keys():                                    ①
    print('学号:'+ str(student_id))

print('---遍历值---')
for student_name in student_dict.values():                               ②
    print('学生:'+ student_name)

print('---遍历键:值---')
for student_id, student_name in student_dict.items():                    ③
    print('学号:{0} - 学生:{1}'.format(student_id, student_name))
```

输出结果如下:

```
---遍历键---
学号:102
学号:105
学号:109
---遍历值---
学生:张三
学生:李四
学生:王五
---遍历键:值---
学号:102 - 学生:张三
学号:105 - 学生:李四
学号:109 - 学生:王五
```

上述代码第①行遍历字典的键视图,代码第②行遍历字典的值视图,代码第③行遍历字典的键值对,items()方法返回键值对元组序列,student_id 和 student_name 是从元组拆包出来的两个变量。

10.5　字典推导式

字典包含了键和值两个不同的结构,因此字典推导式结果可以非常灵活。字典语法结构如图 10-3 所示。

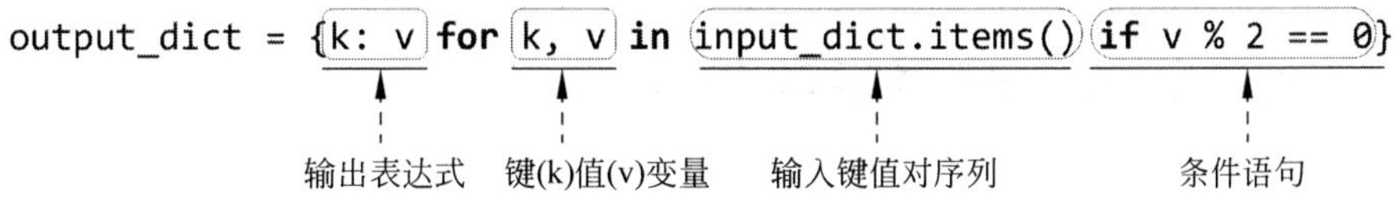

output_dict = {k: v for k, v in input_dict.items() if v % 2 == 0}

　　　　　输出表达式　键(k)值(v)变量　输入键值对序列　　　　条件语句

图 10-3　字典推导式

字典推导示例代码如下:

```
# coding=utf-8
# 代码文件:chapter10/ch10.5.py

input_dict = {'one': 1, 'two': 2, 'three': 3, 'four': 4}

output_dict = {k: v for k, v in input_dict.items() if v % 2 == 0}        ①
print(output_dict)

keys = [k for k, v in input_dict.items() if v % 2 == 0]                  ②
print(keys)
```

输出结构如下:

```
{'two': 2, 'four': 4}
['two', 'four']
```

上述代码第①行是字典推导式。注意输入结构不能直接使用字典,因为字典不是序列,可以通过字典的 item( )方法返回字典中的键值对序列。代码第②行是字典推导式,但只返回键部分。

10.6 本章小结

本章介绍了 Python 中的字典数据结构,读者应熟悉字典结构的特点和字典的创建、修改、访问和遍历过程。另外,字典推导式也非常重要。

10.7 同步练习

1. ```
ages = {"张三": 23, "李四": 35, "王五": 65, "董六": 19}
copiedAges = ages
copiedAges["张三"] = 24
print(ages["张三"])
```

上述语句执行后,打印输出结果将是(      )。

    A. 65               B. 35               C. 24               D. 23

2. 下列选项中属于字典的是(      )。

    A. (21, 32, 43, 45)    B. {21}          C. {}          D. 以上都不是

3. 判断对错。

字典由键和值两个视图构成,键视图中的元素不能重复,值视图中的元素可以重复。
(      )

## 10.8  上机实验:使用字典推导式

编写程序:使用字典推导式将 dict1 = {'a': 1, 'b': 2, 'c': 3, 'd': 4} 键转换为大写字母。
```

第 11 章　函数与函数式编程

程序中反复执行的代码可以封装到一个代码块中，该代码块模仿了数学中的函数，具有函数名、参数和返回值，这就是程序中的函数。

Python 中的函数很灵活，它可以在模块中、类之外定义，即函数，其作用域是当前模块；也可以在别的函数中定义，即嵌套函数；还可以在类中定义，即方法。

函数式编程是近几年发展的编程范式，Python 支持函数式编程。本章将介绍函数式编程知识：函数式编程基本、函数式编程的三大基础函数和装饰器等内容。

11.1　定义函数

在前面的学习过程中用到了一些函数，如 len( )、min( ) 和 max( )，这些函数都是由 Python 官方提供的，称为内置函数(Built-in Functions，BIF)。

注意　Python 作为解释性语言，其函数必须先定义后调用，即必须在调用函数之前定义函数，否则将出现错误。

本节将介绍自定义函数。自定义函数的语法格式如下：

```
def 函数名(参数列表):
    函数体
    return 返回值
```

在 Python 中定义函数时，关键字是 def，函数名需要符合标识符命名规范。多个参数列表间可以用逗号分隔(当然函数也可以没有参数)。如果函数有返回数据，就需要在函数体最后使用 return 语句将数据返回；如果没有返回数据，则函数体中可以使用 return None 或省略 return 语句。

函数定义示例代码如下：

```
# coding=utf-8
# 代码文件:chapter11/ch11.1.py


def rectangle_area(width, height):        ①
    area = width * height
    return area                            ②
```

```
r_area = rectangle_area(320.0, 480.0)        ③

print("320x480 的长方形的面积:{0:.2f}".format(r_area))
```

上述代码第①行是定义计算长方形面积的函数 rectangle_area,它有两个参数,分别是长方形的宽和高,width 和 height 是参数名。代码第②行代码通过 return 返回函数计算结果。代码第③行调用了 rectangle_area 函数。

11.2 函数参数

Python 中的函数参数很灵活,具体体现在传递参数有多种形式上。本节将介绍几种不同形式的参数和调用方式。

11.2.1 使用关键字参数调用函数

为了提高函数调用的可读性,在函数调用时可以使用关键字参数调用。采用关键字参数调用函数,在函数定义时无须做额外的工作。

示例代码如下:

```
# coding=utf-8
# 代码文件:chapter11/ch11.2.1.py

def print_area(width, height):
    area = width * height
    print("{0} x {1} 长方形的面积:{2}".format(width, height, area))

print_area(320.0, 480.0)                      # 没有采用关键字参数函数调用    ①
print_area(width=320.0, height=480.0) # 采用关键字参数函数调用             ②
print_area(320.0, height=480.0)        # 采用关键字参数函数调用             ③
# print_area(width=320.0, height)       # 发生错误                          ④
print_area(height=480.0, width=320.0) # 采用关键字参数函数调用             ⑤
```

print_area 函数有两个参数,在调用时没有采用关键字参数函数调用的情形见代码第①行;也可以使用关键字参数调用函数,见代码第②行、第③行和第⑤行,其中 width 和 height 是参数名。从上述代码可见,采用关键字参数调用函数,调用者能够清晰地看出传递参数的含义,关键字参数对于有多个参数的函数调用非常有用。另外,采用关键字参数函数调用时,参数顺序可以不同于函数定义时的参数顺序。

注意 调用函数时,一旦其中一个参数采用了关键字参数形式传递,其后的所有参数都必须采用关键字参数形式传递。代码第④行的函数调用中,第 1 个参数 width 采用了关键字参数形式,其后的参数 height 没有采用关键字参数形式,因此会有错误发生。

11.2.2 参数默认值

在定义函数的时候可以为参数设置一个默认值,调用函数时可以忽略该参数。示例如下：

```
# coding=utf-8
# 代码文件:chapter11/ch11.2.2.py

def make_coffee(name="卡布奇诺"):
    return "制作一杯{0}咖啡。".format(name)
```

上述代码定义了 makeCoffee 函数，将卡布奇诺设置为了默认值。在参数列表中，默认值可以跟在参数类型后，通过等号提供给参数。调用时，如果调用者未传递参数，则使用默认值。调用代码如下：

```
coffee1 = make_coffee("拿铁")      ①
coffee2 = make_coffee()            ②

print(coffee1)        # 制作一杯拿铁咖啡。
print(coffee2)        # 制作一杯卡布奇诺咖啡。
```

其中第①行代码传递参数"拿铁"，没有使用默认值。第②行代码没有传递参数，故使用默认值。

提示　在 Java 语言中 make_coffee 函数可以采用重载实现多个版本。Python 不支持函数重载，而是使用参数默认值的方式提供类似函数重载的功能。因为参数默认值只需定义一个函数即可，而重载则需要定义多个函数，这会增加代码量。

11.2.3　单星号(＊)可变参数

Python 中函数的参数个数可以变化，可以接受不确定数量的参数，这种参数称为可变参数。Python 中可变参数有两种，即参数前加单星号(＊)或双星号(＊＊)形式。

单星号(＊)可变参数在函数中被组装成为一个元组，示例如下：

```
def sum(*numbers, multiple=1):
    total = 0.0
    for number in numbers:
        total += number
    return total * multiple
```

上述代码定义了一个 sum() 函数，用来计算传递给它的所有参数之和。＊numbers 是可变参数。在函数体中参数 numbers 被组装成为一个元组，可以使用 for 循环遍历 numbers 元组，计算它们的总和，然后返回给调用者。

下面是 3 次调用 sum() 函数的代码：

```
print(sum(100.0, 20.0, 30.0))          # 输出 150.0
print(sum(30.0, 80.0))                 # 输出 110.0
print(sum(30.0, 80.0, multiple=2))     # 输出 220.0        ①

double_tuple = (50.0, 60.0, 0.0)       # 元组或列表        ②
print(sum(30.0, 80.0, *double_tuple))  # 输出 220.0        ③
```

可以看到，每次所传递参数的个数是不同的，前两次调用时都省略了 multiple 参数，第 3

次调用时传递了 multiple 参数(此时 multiple 应该使用关键字参数传递,否则将出现错误)。

如果已有一个元组变量(见代码第②行),能否传递给可变参数?这需要对元组进行拆包,见代码第③行,在元组 double_tuple 前面加上单星号(*),表示将 double_tuple 拆包为 50.0,60.0,0.0 形式。另外,double_tuple 也可以是列表对象。

注意 单星号(*)可变参数不是最后一个参数时,其后的参数需要采用关键字参数形式传递。代码第①行 30.0,80.0 是可变参数,其后的 multiple 参数需要关键字参数形式传递。

11.2.4 双星号(**)可变参数

双星号(**)可变参数在函数中被组装成为一个字典。

示例如下:

```
def show_info(sep = ':', **info):
    print('-----info------')
    for key, value in info.items():
        print('{0} {2} {1}'.format(key, value, sep))
```

上述代码定义了一个 show_info() 函数,用来输出一些信息,其中参数 sep 为信息分隔符号,默认值是冒号“:”。 ** info 是可变参数,在函数体中参数 info 被组装成一个字典。

注意 双星号(**)可变参数必须在正规参数之后,如果将本例函数定义改为 show_info(** info,sep = ':')形式,将发生错误。

下面是 3 次调用 show_info() 函数的代码:

```
show_info('->', name = 'Tony', age = 18, sex = True)                    ①
show_info(student_name = 'Tony', student_no = '1000', sep = '-')        ②

stu_dict = {'name': 'Tony', 'age': 18}              # 创建字典对象
show_info(**stu_dict, sex = True, sep = '=')        # 传递字典 stu_dict  ③
```

上述代码第①行是调用函数 show_info(),第 1 个参数 '->' 传递给 sep,其后的参数 name = 'Tony',age = 18,sex = True 传递给 info,这种参数形式事实上就是关键字参数,注意键不要用引号括起来。

代码第②行是调用函数 show_info(),sep 也采用关键字参数传递,这种方式下 sep 参数可以放置在参数列表的任意位置,其中的关键字参数被收集到 info 字典中。

代码第③行是调用函数 show_info(),其中字典对象为 stu_dict,传递时 stu_dict 前面加上双星号“ ** ”,表示将 stu_dict 拆包为 key = value 对的形式。

11.3 函数返回值

Python 函数的返回值也比较灵活,主要有 3 种形式:无返回值、单一返回值和多返回值。前面使用的函数基本都是单一返回值,本节重点介绍无返回值和多返回值两种形式。

11.3.1　无返回值函数

有的函数只是为了处理某个过程,此时可以将函数设计为无返回值的。所谓无返回值,事实上是返回 None,表示没有实际意义的数据。

无返回值函数示例代码如下:

```
# coding=utf-8
# 代码文件:chapter11/ch11.3.1.py

def show_info(sep=':', **info):                    ①
    """定义**可变参数函数"""
    print('-----info------')
    for key, value in info.items():
        print('{0} {2} {1}'.format(key, value, sep))
    return                 # return None 或省略      ②


result = show_info('->', name='Tony', age=18, sex=True)
print(result)            # 输出 None

def sum(*numbers, multiple=1):                     ③
    """定义*可变参数函数"""
    if len(numbers) == 0:
        return               # return None 或省略    ④
    total = 0.0
    for number in numbers:
        total += number
    return total * multiple

print(sum(30.0, 80.0))    # 输出 110.0
print(sum(multiple=2))    # 输出 None
```

上述代码定义了两个函数,其中代码第①行的 show_info( )只是输出一些信息,不需要返回数据,因此可以省略 return 语句。如果一定要使用 return 语句,见代码第②行在函数结束前使用 return 或 return None 的方式。

对于本例中的 show_info( )函数强加 return 语句显然是多此一举,但有时使用 return 或 return None 则是必需的。代码第③行定义了 sum( )函数。如果 numbers 中数据是空的,后面的求和计算也就没有意义了,可以在函数的开始判断 numbers 中是否有数据,如果没有则使用 return 或 return None 跳出函数,见代码第④行。

11.3.2　多返回值函数

有时需要函数返回多个值。实现返回多个值的方式有很多,简单的方式是使用元组,因为元组作为数据结构可以容纳多个数据,且不可变,使用比较安全。

示例如下:

```
# coding=utf-8
# 代码文件:chapter11/ch11.3.2.py
```

```
def position(dt, speed):                          ①
    posx = speed[0] * dt                          ②
    posy = speed[1] * dt                          ③
    return (posx, posy)                           ④

move = position(60.0, (10, -5))                   ⑤

print("物体位移:({0}, {1})".format(move[0], move[1]))  ⑥
```

上述示例是计算物体在指定时间和速度时的位移。第①行代码定义 position 函数,其中 dt 参数是时间,speed 参数是元组类型,speed 第 1 个元素是 X 轴上的速度,speed 第 2 个元素是 Y 轴上的速度。position 函数的返回值也是元组类型。

函数体中的第②行代码计算 X 方向的位移,第③行代码计算 Y 方向的位移。最后,第④行代码将计算后的数据返回,(posx, posy)是元组类型实例。

第⑤行代码调用函数,传递的时间是 60.0s,速度是(10,-5)。第⑥行代码打印输出结果,结果如下:

```
物体位移:(600.0, -300.0)
```

11.4 函数变量作用域

变量可以在模块中创建,其作用域是整个模块,称为全局变量。变量也可以在函数中创建,默认其作用域是整个函数,称为局部变量。

示例代码如下:

```
# coding=utf-8
# 代码文件:chapter11/ch11.4.py

# 创建全局变量 x
x = 20                                            ①

def print_value():
    print("函数中 x = {0}".format(x))              ②

print_value()
print("全局变量 x = {0}".format(x))
```

输出结果:

```
函数中 x = 20
全局变量 x = 20
```

上述代码第①行创建全局变量 x,全局变量作用域是整个模块,所以在 print_value() 函数中也可以访问变量 x,见代码第②行。

修改上述示例代码如下:

```
# 创建全局变量 x
x = 20
```

```
def print_value():
    # 创建局部变量 x
    x = 10                                        ①
    print("函数中 x = {0}".format(x))

print_value()
print("全局变量 x = {0}".format(x))
```

输出结果如下：

```
函数中 x = 10
全局变量 x = 20
```

上述代码在 print_value( ) 函数中添加了 x = 10 语句，见代码第①行，函数中的 x 变量与全局变量 x 命名相同，在函数作用域内会屏蔽全局 x 变量。

提示 在 Python 函数中创建的变量默认作用域是当前函数，这可以让程序员少犯错误，因为函数中创建的变量，如果作用域是整个模块，那么在其他函数中也可以访问该变量，所以在其他函数中可能会由于误操作修改了变量，这样一来很容易导致程序出现错误。

但 Python 提供了一个 global 关键字，可将函数的局部变量作用域变成全局的。修改上述示例代码如下：

```
# 创建全局变量 x
x = 20

def print_value():
    global x                ①
    x = 10                  ②
    print("函数中 x = {0}".format(x))

print_value()
print("全局变量 x = {0}".format(x))
```

输出结果如下：

```
函数中 x = 10
全局变量 x = 10
```

代码第①行在函数中声明 x 变量的作用域为全局变量，所以代码第②行修改 x 值就是修改全局变量 x 的数值。

11.5 生成器

在一个函数中经常使用 return 关键字返回数据，但有时也会使用 yield 关键字返回数据。使用 yield 关键字的函数返回的是一个生成器（generator）对象，是一种可迭代对象。

以计算平方数列为例，通常的实现代码如下：

```
# coding=utf-8
# 代码文件:chapter11/ch11.5.py
```

```python
def square(num):                    ①
    n_list = []

    for i in range(1, num + 1):
        n_list.append(i * i)        ②

    return n_list                   ③

for i in square(5):                 ④
    print(i, end='')
```

返回结果如下：

```
1 4 9 16 25
```

首先定义一个函数，见代码第①行。代码第②行通过循环计算一个数的平方，并将结果保存到一个列表对象 n_list 中。最后返回列表对象，见代码第③行。代码第④行遍历返回的列表对象。

在 Python 中还可以有更好的解决方案，实现代码如下：

```python
def square(num):

    for i in range(1, num + 1):
        yield i * i         ①

for i in square(5):         ②
    print(i, end='')
```

返回结果如下：

```
1 4 9 16 25
```

代码第①行使用了 yield 关键字返回平方数，不再需要 return 关键字。代码第②行调用函数 square() 返回的是生成器对象。生成器对象是一种可迭代对象，可迭代对象通过 __next__() 方法获得元素，代码第②行的 for 循环能够遍历可迭代对象，就是隐式调用生成器的 __next__() 方法获得元素的。

显式调用生成器的 __next__() 方法，在 Python Shell 中运行示例代码如下：

```python
>>> def square(num):
    for i in range(1, num + 1):
        yield i * i

>>> n_seq = square(5)
>>> n_seq.__next__()        ①
1
>>> n_seq.__next__()
4
>>> n_seq.__next__()
9
>>> n_seq.__next__()
16
```

```
>>> n_seq.__next__()
25
>>> n_seq.__next__()      ②
Traceback (most recent call last):
  File "<pyshell#24>", line 1, in <module>
    n_seq.__next__()
StopIteration
>>>
```

上述代码第①行和第②行共调用了 6 次__next__( )方法,但第 6 次调用会抛出 StopIteration 异常,这是因为已经没有元素可迭代了。

生成器函数通过 yield 返回数据。与 return 不同的是,return 语句一次返回所有数据,函数调用结束;而 yield 语句只返回一个元素数据,函数调用不会结束,只是暂停,直到__next__( )方法被调用,程序继续执行 yield 语句之后的语句代码。该过程如图 11-1 所示。

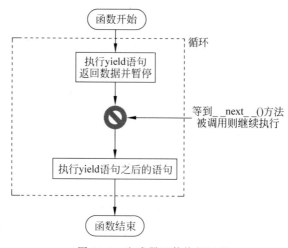

图 11-1　生成器函数执行过程

注意　生成器特别适合用于遍历一些大序列对象,它无须将对象的所有元素都载入内存后才开始进行操作,仅在迭代至某个元素时才会将该元素载入内存。

11.6　嵌套函数

在本节之前定义的函数均为全局函数,并将其定义在全局作用域中。函数还可定义在另外的函数体中,称为嵌套函数。

示例代码如下:

```
# coding=utf-8
# 代码文件:chapter11/ch11.6.py

def calculate(n1, n2, opr):
    multiple = 2
```

```
# 定义相加函数
def add(a, b):                    ①
    return (a + b) * multiple

# 定义相减函数
def sub(a, b):                    ②
    return (a - b) * multiple

if opr == '+':
    return add(n1, n2)
else:
    return sub(n1, n2)
print(calculate(10, 5, '+'))  # 输出结果是 30
# add(10, 5) 发生错误            ③
# sub(10, 5) 发生错误            ④
```

上述代码中定义了两个嵌套函数 add( ) 和 sub( )，见代码第①行和第②行。嵌套函数可以访问所在外部函数 calculate( ) 中的变量 multiple，而外部函数不能访问嵌套函数局部变量。另外，嵌套函数的作用域在外部函数体内，因此在外部函数体之外直接访问嵌套函数将发生错误，见代码第③行和第④行。

11.7   函数式编程基础

函数式编程(functional programming)又称为面向函数的编程，与面向对象编程一样都是一种编程范式。

Python 虽然不是彻底的函数式编程语言，但还是提供了一些支持函数式编程的基本技术，主要有高阶函数、函数类型和 lambda 表达式，它们是实现函数式编程的基础。

11.7.1   高阶函数与函数类型

函数式编程的关键是高阶函数的支持。高阶函数指可以作为其他函数的参数，或其他函数的返回值的函数。

Python 支持高阶函数，为了支持高阶函数 Python 提供了一种函数类型 function。任何一个函数的数据类型都是 function 类型，即函数类型。

为了理解函数类型，先修改 11.6 节中嵌套函数的示例。示例代码如下：

```
# coding=utf-8
# 代码文件:chapter11/ch11.7.1.py

def calculate_fun():                    ①

    # 定义相加函数
    def add(a, b):
        return a + b

    return add                          ②

f = calculate_fun()                     ③
```

```
print(type(f))                        ④

print("10 + 5 = {0}".format(f(10, 5)))    ⑤
```

输出结果如下：

```
<class 'function'>
10 + 5 = 15
```

上述代码第①行重构了 calculate_fun( ) 函数的定义，代码第②行结束该函数并返回，可见其返回值是嵌套函数 add，也可以说 calculate_fun( ) 函数返回值数据类型是函数类型。

代码第③行的变量 f 指向 add 函数。变量 f 与函数一样可以被调用，代码第⑤行 f(10,5) 表达式即为调用函数，即调用 add(10,5) 函数。

另外，代码第④行 type(f) 表达式可以获得 f 变量数据类型，从输出结果可见其数据类型是 function，即函数类型。

11.7.2　函数作为其他函数返回值使用

可以把函数作为其他函数的返回值使用，此时该函数即属于高阶函数。11.7.1 节的 calculate_fun( ) 函数的返回类型即为函数类型，说明 calculate_fun( ) 是高阶函数。下面进一步完善 11.7.1 的示例：

```
# coding=utf-8
# 代码文件:chapter11/ch11.7.2.py

def calculate_fun(opr):
    # 定义相加函数
    def add(a, b):                    ①
        return a + b

    # 定义相减函数
    def sub(a, b):                    ②
        return a - b

    if opr == '+':                    ③
        return add
    else:
        return sub                    ④

f1 = calculate_fun('+')               ⑤
f2 = calculate_fun('-')               ⑥

print("10 + 5 = {0}".format(f1(10, 5)))   ⑦
print("10 - 5 = {0}".format(f2(10, 5)))   ⑧
```

输出结果如下：

```
10 + 5 = 15
10 - 5 = 5
10 的平方 = 100
```

上述代码第①行~第②行定义两个嵌套函数 add( ) 和 sub( )，代码第③行~第④行根据 opr 参数返回不同的函数。

代码第⑤行~第⑥行调用 calculate_fun( ) 函数返回函数变量 f1 和 f2。代码第⑦行~第⑧行调用函数变量 f1 和 f2 对应的函数。

11.7.3　函数作为其他函数参数使用

高阶函数还可以作为其他函数的参数使用。函数作为参数使用的示例如下：

```python
# coding=utf-8
# 代码文件:chapter11/ch11.7.3.py

def calc(value, op):      # op 参数是一个函数          ①
  return op(value)

def square(n):                                          ②
  return n * n

def abs(n):                                             ③
  return n if n > 0 else -n

print("3 的平方 = {}".format(calc(3, square)))          ④
print("-20 的绝对值 = {}".format(calc(-20, abs)))        ⑤
```

输出结果如下：

```
3 的平方 = 9
-20 的绝对值 = 20
```

上述代码第①行定义 calc(value，op) 函数，其中 value 参数计算操作数，op 参数是一个函数，可见该函数是一个高阶函数。

代码第②行和第③行定义了两个函数 square(n) 和 abs(n)，他们具有相同的参数列表和返回值类型，因此 square( ) 和 abs( ) 函数类型相同。

代码第④行调用 calc(value，op) 函数，其中实参为 3 和 square，square 是一个函数。

代码第⑤行调用 calc(value，op) 函数，其中实参为-20 和 abs，abs 是一个函数。

11.7.4　匿名函数与 lambda 表达式

有时使用函数时不需要给函数分配一个名字，这就是匿名函数。匿名函数也是函数，有函数类型。

在 Python 语言中使用 lambda 表达式表示匿名函数，声明 lambda 表达式语法如下：

```
lambda 参数列表 : lambda 体
```

lambda 是关键字声明，这是一个 lambda 表达式。参数列表与函数的参数列表相同，但不需要小括号括起来。冒号后面是 lambda 体，lambda 表达式的主要代码在此处编写，类似于函数体。

注意　lambda 体部分不能是一个代码块，不能包含多条语句，只能有一条语句，语句会计算

一个结果返回给 lambda 表达式,但与函数不同的是,不需要使用 return 语句返回。
与其他语言中的 lambda 表达式相比,Python 中提供的 lambda 表达式只能进行一些
简单的计算。

重构 11.7.2 节示例,代码如下:

```
# coding=utf-8
# 代码文件:chapter11/ch11.7.4.py

def calculate_fun(opr):
    if opr == '+':
        return lambda a, b: (a + b)      ①
    else:
        return lambda a, b: (a - b)      ②

f1 = calculate_fun('+')
f2 = calculate_fun('-')

print(type(f1))

print("10 + 5 = {0}".format(f1(10, 5)))
print("10 - 5 = {0}".format(f2(10, 5)))
```

输出结果如下:

```
<class 'function'>
10 + 5 = 15
10 - 5 = 5
```

上述代码第①行替代了 add( ) 函数,第②行替代了 sub( ) 函数,代码变得非常简单。

11.8 函数式编程的三大基础函数

函数式编程的本质是通过函数处理数据,过滤、映射和聚合是处理数据的三大基本操
作。针对这三大基本操作,Python 提供了 3 个基础的函数:filter( )、map( ) 和 reduce( )。

11.8.1 过滤函数 filter( )

过滤操作使用 filter( ) 函数,它可以对可迭代对象的元素进行过滤。filter( ) 函数语法
如下:

```
filter(function, iterable)
```

其中参数 function 是一个函数,参数 iterable 是可迭代对象。filter( ) 函数调用时 iterable 会被
遍历,其元素被逐一传入 function 函数,function 函数返回布尔值。在 function 函数中编写过
滤条件,保留为 True 的元素,过滤为 False 的元素。

下面通过一个示例介绍 filter( ) 函数的使用,示例代码如下:

```
# coding=utf-8
# 代码文件:chapter11/ch11.8.1.py
```

```
users = ['Tony', 'Tom', 'Ben', 'Alex']
users_filter = filter(lambda u: u.startswith('T'), users)      ①
print(list(users_filter))
```

输出结果如下：

```
['Tony', 'Tom']
```

代码第①行调用了 filter() 函数过滤 users 列表，过滤条件是 T 开头的元素，lambda u:u. startswith('T')是一个 lambda 表达式，提供过滤条件。filter() 函数还不是一个列表，需要使用 list() 函数将过滤之后的数据转换为列表。

示例如下：

```
number_list = range(1, 11)
number_filter = filter(lambda it: it % 2 == 0, number_list)
print(list(number_filter))
```

该示例实现了获取 1~10 中的偶数，输出结果如下：

```
[2, 4, 6, 8, 10]
```

11.8.2　映射函数 map( )

映射操作使用 map() 函数，它可以对可迭代对象的元素进行变换，map() 函数语法如下：

```
map(function, iterable)
```

其中参数 function 是一个函数，参数 iterable 是可迭代对象。map() 函数调用时 iterable 会被遍历，其元素被逐一传入 function 函数，在 function 函数中对元素进行变换。

下面通过一个示例介绍 map() 函数的使用，示例代码如下：

```
# coding=utf-8
# 代码文件:chapter11/ch11.8.2.py

users = ['Tony', 'Tom', 'Ben', 'Alex']
users_map = map(lambda u: u.lower(), users)      ①
print(list(users_map))
```

输出结果如下：

```
['tony', 'tom', 'ben', 'alex']
```

上述代码第①行调用 map() 函数将 users 列表元素转换为小写字母，变换使用 lambda 表达式 lambda u: u. lower()。map() 函数返回的还不是一个列表，需要使用 list() 函数将变换之后的数据转换为列表。

函数式编程时数据可以从一个函数"流"入另外一个函数，但遗憾的是 Python 并不支持链式 API。例如，要获取 users 列表中 T 开头的名字，再将其转换为小写字母，这样的需求需要使用 filter() 函数进行过滤，再使用 map() 函数进行映射变换。实现代码如下：

```
users = ['Tony', 'Tom', 'Ben', 'Alex']

users_filter = filter(lambda u: u.startswith('T'), users)

# users_map = map(lambda u: u.lower(), users_filter)                    ①
users_map = map(lambda u: u.lower(), filter(lambda u: u.startswith('T'),
users))                                                                  ②

print(list(users_map))
```

上述代码第①行和第②行实现相同的功能。

11.8.3 聚合函数 reduce( )

聚合操作将多个数据聚合起来输出单个数据。聚合操作中最基础的是归纳函数 reduce( )，reduce( )函数将多个数据按照指定的算法积累叠加起来，最后输出一个数据。

reduce( )函数语法如下：

```
reduce(function, iterable[, initializer])
```

其中参数 function 是聚合操作函数，该函数有两个参数，参数 iterable 是可迭代对象，参数 initializer 为初始值。

下面通过一个示例介绍 reduce( )函数的使用。以下示例实现了对一个数列的求和运算，代码如下：

```
# coding=utf-8
# 代码文件:chapter11/ch11.8.3.py

from functools import reduce                                ①

a = (1, 2, 3, 4)
a_reduce = reduce(lambda acc, i: acc + i, a)     #10      ②
print(a_reduce)
a_reduce = reduce(lambda acc, i: acc + i, a, 2)  #12      ③
print(a_reduce)
```

reduce( )函数是在 functools 模块中定义的，所以使用 reduce( )函数需要导入 functools 模块，见代码第①行。代码第②行调用了 reduce( )函数，其中 lambda acc, i:acc+i 是进行聚合操作的 lambda 表达式，该 lambda 表达式有两个参数，其中 acc 参数是上次累积计算结果，i 是当前元素，acc+i 表达式是进行累加。reduce( )函数最后的计算结果是一个数值，可以直接通过 reduce( )函数返回。代码第③行传入了初始值 2，计算的结果是 12。

11.9 装饰器

装饰器是一种设计模式，顾名思义是起到装饰作用，即在不修改函数代码的情况下，为函数增加一些功能。

11.9.1 一个没有使用装饰器的示例

现有一个返回字符串的函数，在不修改该函数情况下，将返回的字符串转换为大写字符串。

示例代码如下：

```
# coding=utf-8
# 代码文件:chapter11/ch11.9.1.py

def uppercase_decorator(func):          ①
    def inner():                        ②
        s = func()                      ③
        make_uppercase = s.upper()      ④
        return make_uppercase           ⑤

    return inner                        ⑥

def say_hello():                        ⑦
    return 'hello world.'

say_hello2 = uppercase_decorator(say_hello)  ⑧

print(say_hello2())                     ⑨
```

输出结果如下：

```
HELLO WORLD.
```

上述代码第①行定义一个函数，其参数 func 是函数类型参数。代码第②行定义嵌套函数 inner( )，代码第③行调用 func( ) 函数并将返回值赋值给变量 s。代码第④行 s. upper( ) 表达式将字符串转换为大写并赋值给 make_uppercase 变量。代码第⑤行结束嵌套函数 inner 调用，返回转换之后的字符串。代码第⑥行结束函数 uppercase_decorator 调用，返回嵌套函数 inner。可见 uppercase_decorator 是高阶函数，不仅其参数是函数，返回值也是函数。

代码第⑦行定义返回字符串的函数 say_hello( )。代码第⑧行 uppercase_decorator 函数，实参是 say_hello 函数，返回值 say_hello2 变量也是一个函数。代码第⑨行调用 say_hello2 函数。

11.9.2 使用装饰器

11.9.1 节代码使用起来比较麻烦，Python 提供了装饰器注释功能。修改 11.9.1 节示例代码如下：

```
# coding=utf-8
# 代码文件:chapter11/ch11.9.2.py

def uppercase_decorator(func):
    def inner():
        s = func()
        make_uppercase = s.upper()
        return make_uppercase

    return inner

@ uppercase_decorator                   ①
```

```
def say_hello():
    return 'hello world.'

# say_hello2 = uppercase_decorator(say_hello)②

print(say_hello())                              ③
```

上述代码第①行使用@ uppercase_decorator 装饰器声明 say_hello 函数,可见装饰器本质上是一个函数。使用装饰器不需要显式调用 uppercase_decorator 函数(见代码第②行),直接调用 say_hello 函数即可(见代码第③行)。

11.9.3 同时使用多个装饰器

比较 11.9.1 节和 11.9.2 节示例代码,不难发现使用装饰器后调用函数很简单。一个函数可以有多个装饰器声明。

示例代码如下:

```
# coding=utf-8
# 代码文件:chapter11/ch11.9.3.py

def uppercase_decorator(func):
    def inner():
        s = func()
        make_uppercase = s.upper()
        return make_uppercase

    return inner

def bracket_decorator(func):                     ①
    def inner():
        s = func()
        make_bracket = '[' + s + ']'
        return make_bracket

    return inner

@ bracket_decorator                              ②
@ uppercase_decorator                            ③
def say_hello():
    return 'hello world.'

print(say_hello())
```

上述代码第①行定义函数 bracket_decorator( ),它可以给字符串添加括号。定义 say_hello( )函数时使用了两个装饰器声明,见代码第②行和第③行。

11.9.4 给装饰器传递参数

装饰器本质上是一个函数,可以给装饰器传递参数。示例代码如下:

```
# coding=utf-8
# 代码文件:chapter11/ch11.9.4.py
```

```
def calc(func):                                    ①
def wrapper(arg1):                                 ②
    print('参数',arg1)
        return func(arg1)

    return wrapper

@ calc
def square(n):
  return n * n

@ calc
def abs(n):
  return n if n > 0 else -n

print("3 的平方 = {}".format(square(3)))
print("-20 的绝对值 = {}".format(abs(-20)))
```

输出结果如下：

```
参数 3
3 的平方 = 9
参数 -20
-20 的绝对值 = 20
```

上述代码第①行定义装饰器函数 calc(func)，其参数还是一个函数。代码第②行定义嵌套函数 wrapper(arg1)，该函数参数列表与装饰器要注释的函数(如：square(n)和 abs(n))参数列表一致。

11.10　本章小结

通过对本章内容的学习，读者可以熟悉如何在 Python 中定义函数、函数参数和函数返回值，了解函数变量作用域和嵌套函数。最后还介绍了 Python 函数式编程基本、函数式编程的三大基础函数和装饰器内容。

11.11　同步练习

1.
```
def sum(*numbers):
    total = 0.0
    for number in numbers:
        total += number
return total
```
上述函数 sum 定义代码，调用语句正确的是(　　　)。
   A.　print(sum(100.0,20.0,30.0))
   B.　print(sum(30.0,80.0))
   C.　print(sum(30.0,'80'))
   D.　print(sum(30.0,80.0, * (50.0,60.0,0.0)))

2.
```
def area(width, height):
    return width * height
```

上述函数 area 定义代码,调用语句正确的是(　　　)。

    A. area(320.0,480.0)

    B. area(width=320.0,height=480.0)

    C. area(320.0,height=480.0)

    D. area(height=480.0,320.0)

3. 判断对错。

Python 支持函数重载。(　　　)

4. 填空题。请在下列代码横线处填写一些代码使之能够正确运行。

```
x = 200

def print_value():
    ____ x
    x = 100
    print("函数中 x = {0}".format(x))

print_value()
print("全局变量 x = {0}".format(x))
```

输出结果如下:

```
函数中 x = 100
全局变量 x = 100
```

5. 判断对错。

函数式编程本质是通过函数处理数据,过滤、映射和聚合是处理数据的三大基本操作。针对这三大基本操作 Python 提供了 3 个基础的函数:filter( )、map( )和 reduce( )。(　　　)

11.12　上机实验:找出素数

编写程序:使用 filter( )函数输出 1~100 的所有素数。

第 12 章

面向对象编程

面向对象是 Python 最重要的特性,在 Python 中一切数据类型都是面向对象的。本章将介绍面向对象的基础知识。

12.1 面向对象概述

面向对象的编程思想是:按照真实世界客观事物的自然规律进行分析,客观世界中存在什么样的实体,构建的软件系统就存在什么样的实体。

例如,在真实世界的学校中有学生和老师等实体,学生有学号、姓名、所在班级等属性(数据),还有学习、提问、吃饭和走路等操作。学生只是抽象的描述,这种抽象的描述称为类。在学校里活动的是学生个体,即张同学、李同学等,这些具体的个体称为对象,又称实例。

在现实世界有类和对象,软件世界也有面向对象,只不过它们会以某种计算机语言编写的程序代码形式存在,这就是面向对象编程(Object Oriented Programming,OOP)。

12.2 面向对象三个基本特性

面向对象思想有 3 个基本特性:封装性、继承性和多态性。

12.2.1 封装性

在现实世界中封装的例子比比皆是。例如,一台计算机内部结构极其复杂,有主板、CPU、硬盘和内存,而一般用户不需要了解其内部细节,如主板型号、CPU 主频、硬盘和内存的大小等,于是计算机制造商用机箱把计算机封装起来,对外提供一些接口,如鼠标、键盘和显示器等,这样用户使用计算机时就变得非常方便。

面向对象的封装与真实世界的目的是一样的。封装使外部访问者不能随意存取对象的内部数据,隐藏了对象的内部细节,只保留有限的对外接口。外部访问者不用关心对象的内部细节,操作对象变得简单。

12.2.2 继承性

在现实世界中继承也是无处不在。例如轮船与客轮之间的关系——客轮是一种特殊的轮船,拥有轮船的全部特征和行为,即数据和操作。在面向对象中,轮船是一般类,客轮是特殊类,特殊类拥有一般类的全部数据和操作,称为特殊类继承一般类。一般类称为父类或超类,特殊类称为子类或派生类。为了统一,本书中将一般类统称为父类,特殊类统称为子类。

12.2.3　多态性

多态性指在父类中成员被子类继承之后,可以具有不同的状态或表现行为。

12.3　类和对象

Python 中的数据类型均为类,类是组成 Python 程序的基本要素,它封装了一类对象的数据和操作。

12.3.1　定义类

Python 语言中一个类的实现包括类定义和类体。类定义语法格式如下:

```
class 类名[(父类)]:
    类体
```

其中 class 是声明类的关键字,"类名"是自定义的类名。自定义类名首先应是合法的标识符(具体要求参考 4.1.1 节),且应该遵守 Python 命名规范,采用大驼峰法命名法(具体规范参考 5.1 节)。"父类"声明当前类继承的父类,父类可以省略声明,表示直接继承 object 类。

定义动物(Animal)类代码如下:

```
class Animal(object):
    # 类体
    pass
```

上述代码声明了动物类,它继承了 object 类,object 是所有类的根类,在 Python 中任何一个动物类都直接或间接继承 object,所以(object)部分代码可以省略。

提示　代码的 pass 语句不执行任何操作,用来维持程序结构的完整。省略某些代码时,为避免语法错误,可以使用 pass 语句占位。

12.3.2　创建和使用对象

前面章节已经多次用到对象。类实例化可生成对象,故对象又称实例。一个对象的生命周期包括 3 个阶段:创建、使用和销毁。销毁对象时 Python 的垃圾回收机制释放不再使用对象的内存,不需要程序员负责,程序员只需关心创建和使用对象。本节将介绍创建和使用对象。

创建只需在类后面加上一对小括号,表示调用类的构造方法。示例代码如下:

```
animal = Animal()
```

Animal 是上一节定义的动物类，Animal( ) 表达式创建了一个动物对象，并把创建的对象赋值给 animal 变量。animal 是指向动物对象的一个引用，通过 animal 变量可以使用刚刚创建的动物对象。以下代码打印输出动物对象：

```
print(animal)
```

输出结果如下：

```
<__main__.Animal object at 0x0000024A18CB90F0>
```

print 函数打印对象会输出一些很难懂的信息。事实上，print 函数调用了对象的__str__( ) 方法输出字符串信息，__str__( ) 是 object 类的一个方法，它会返回有关该对象的描述信息。由于本例中 Animal 类的__str__( ) 方法是默认实现的，所以会返回这些难懂的信息。如需打印出友好的信息，需要重写__str__( ) 方法。

提示 __str__( ) 这种双下画线开始和结尾的方法是 Python 保留的，具有特殊含义，称为魔法方法。

12.3.3 实例变量

在类体中可以包含类的成员。类成员如图 12-1 所示，其中包括成员变量、成员方法和属性。成员变量又可分为实例变量和类变量，成员方法又可分为实例方法、类方法和静态方法。

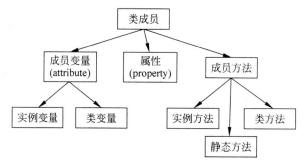

图 12-1 类成员

提示 在 Python 类成员中有 attribute 和 property，见图 12-1。attribute 是类中保存数据的变量，如需对 attribute 进行封装，为了在类的外部访问这些 attribute，常提供一些 setter 和 getter 访问器。setter 访问器是对 attribute 赋值的方法，getter 访问器是取 attribute 值的方法，这些方法在创建和调用时都比较麻烦，于是 Python 又提供了 property。property 本质上就是 setter 和 getter 访问器，是一种方法。一般情况下 attribute 和 property 都翻译为属性，这样很难区分两者的含义，也有很多书将 attribute 翻译为特性。属性和特性在中文中区别也不大。其实很多语言都有 attribute 和 property 的概念，如 Objective-C 中 attribute 称为成员变量（或字段），property 称为属性。本书采用 Objective-C 提法将 attribute 翻译为成员变量，将 property 翻译为属性。

实例变量即某个实例(或对象)个体特有的数据,例如你家狗狗的名字、年龄和性别与邻居家狗狗的名字、年龄和性别是不同的。本节先介绍实例变量。

Python 中定义实例变量的示例代码如下:

```
class Animal(object):                                    ①
    """定义动物类"""

    def __init__(self, age, sex, weight):                ②
        self.age = age              # 定义年龄实例变量     ③
        self.sex = sex              # 定义性别实例变量
        self.weight = weight        # 定义体重实例变量

animal = Animal(2, 1, 10.0)

print('年龄:{0}'.format(animal.age))                     ④
print('性别:{0}'.format('雌性'if animal.sex == 0 else '雄性'))
print('体重:{0}'.format(animal.weight))
```

上述代码第①行定义 Animal 动物类,代码第②行构造方法。构造方法是用来创建和初始化实例变量,有关构造方法将在 12.3.5 节详细介绍。构造方法中的 self 指向当前对象实例的引用。代码第③行创建和初始化实例变量 age,其中 self.age 表示对象的 age 实例变量。代码第④行访问 age 实例变量,实例变量需要通过"实例名.实例变量"的形式访问。

12.3.4 类变量

类变量是所有实例(或对象)共有的变量。例如有一个 Account(银行账户)类,它有 3 个成员变量:amount(账户金额)、interest_rate(利率)和 owner(账户名)。在这 3 个成员变量中,amount 和 owner 因人而异,对于不同的账户这些内容是不同的,而所有账户的 interest_rate 都是相同的。amount 和 owner 成员变量与账户个体实例有关,称实例变量,interest_rate 成员变量与个体实例无关,或者说是所有账户实例共享的,这种变量称类变量。

类变量示例代码如下:

```
class Account:
    """定义银行账户类"""

    interest_rate = 0.0668          # 类变量利率              ①

    def __init__(self, owner, amount):
        self.owner = owner          # 定义实例变量账户名
        self.amount = amount        # 定义实例变量账户金额

account = Account('Tony', 1800000.0)

print('账户名:{0}'.format(account.owner))                  ②
print('账户金额:{0}'.format(account.amount))
print('利率:{0}'.format(Account.interest_rate))           ③
```

输出结果如下:

```
账户名:Tony
账户金额:1800000.0
利率:0.0668
```

代码第①行创建并初始化类变量。创建类变量与实例变量不同,类变量要在方法之外定义。代码第②行访问实例变量,通过"实例名.实例变量"的形式访问。代码第③行访问类变量,通过"类名.类变量"的形式访问。"类名.类变量"事实上是有别于包和模块的另外一种形式的命名空间。

12.3.5　构造方法

在 12.3.3 节和 12.3.4 节中都使用了 __init__( ) 方法,该方法用来创建和初始化实例变量,这种方法就是"构造方法"。__init__( ) 方法也属于魔法方法。定义时它的第 1 个参数应该是 self,其后的参数才是用来初始化实例变量的。调用构造方法时不需要传入 self。

构造方法示例代码如下:

```
class Animal(object):
    """定义动物类"""

    def __init__(self, age, sex =1, weight =0.0):     ①
        self.age = age              # 定义年龄实例变量
        self.sex = sex              # 定义性别实例变量
        self.weight = weight        # 定义体重实例变量


a1 = Animal(2, 0, 10.0)                              ②
a2 = Animal(1, weight=5.0)
a3 = Animal(1, sex=0)                                ③

print('a1 年龄:{0}'.format(a1.age))
print('a2 体重:{0}'.format(a2.weight))
print('a3 性别:{0}'.format('雌性'if a3.sex == 0 else '雄性'))
```

上述代码第①行定义构造方法,其中除了第 1 个 self 外,其他参数可以有默认值,这也提供了默认值的构造方法,能够为调用者提供多个不同形式的构造方法。代码第②行和第③行调用构造方法创建 Animal 对象,其中不需要传入 self,只需提供后面的 3 个实际参数。

12.3.6　实例方法

实例方法与实例变量一样都是某个实例(或对象)个体特有的。本节先介绍实例方法。

方法是在类中定义的函数。而定义实例方法时它的第 1 个参数也应该是 self,该过程将当前实例与该方法绑定起来,使该方法成为实例方法。

定义实例方法示例如下:

```
class Animal(object):
    """定义动物类"""

    def __init__(self, age, sex=1, weight=0.0):
        self.age = age          # 定义年龄实例变量
        self.sex = sex          # 定义性别实例变量
        self.weight = weight# 定义体重实例变量

    def eat(self):              ①
        self.weight += 0.05
```

```
            print('eat...')

        def run(self):                    ②
            self.weight -= 0.01
            print('run...')

a1 = Animal(2, 0, 10.0)
print('a1 体重:{0:0.2f}'.format(a1.weight))
a1.eat()                                  ③
print('a1 体重:{0:0.2f}'.format(a1.weight))
a1.run()                                  ④
print('a1 体重:{0:0.2f}'.format(a1.weight))
```

运行结果如下:

```
a1 体重:10.00
eat...
a1 体重:10.05
run...
a1 体重:10.04
```

上述代码第①行和第②行声明了两个方法,其中第 1 个参数是 self。代码第③行和第④行调用这些实例方法,注意其中不需要传入 self 参数。

12.3.7　类方法

"类方法"与"类变量"类似,属于类,不属于个体实例的方法。类方法不需要与实例绑定,但需要与类绑定,定义时其第 1 个参数不是 self,而是类的 type 实例。type 是描述 Python 数据类型的类,Python 中所有数据类型都是 type 的一个实例。

定义类方法示例代码如下:

```
class Account:
    """定义银行账户类"""

    interest_rate = 0.0668                        # 类变量利率

    def __init__(self, owner, amount):
        self.owner = owner                        # 定义实例变量账户名
        self.amount = amount                      # 定义实例变量账户金额

    # 类方法
    @ classmethod
    def interest_by(cls, amt):                    ①
        return cls.interest_rate * amt            ②

interest = Account.interest_by(12000.0)     ③
print('计算利息:{0:.4f}'.format(interest))
```

运行结果如下:

```
计算利息:801.6000
```

定义类方法有两个关键:第一,方法第 1 个参数 cls(见代码①行)是 type 类型的一个实例；第二，方法使用装饰器@classmethod声明该方法是类方法。

代码第②行是方法体，在类方法中可以访问其他类变量和类方法，cls.interest_rate 是访问类变量 interest_rate。

注意 类方法可以访问类变量和其他类方法，但不能访问其他实例方法和实例变量。

代码第③行调用类方法 interest_by( )，采用"类名.类方法"形式调用。从语法角度可以通过实例调用类方法，但这不符合规范。

12.3.8　静态方法

如果定义的方法既不希望与实例绑定，也不希望与类绑定，只是把类作为其命名空间，可以定义静态方法。

定义静态方法示例代码如下：

```
class Account:
    """定义银行账户类"""

    interest_rate = 0.0668                         # 类变量利率

    def __init__(self, owner, amount):
        self.owner = owner                         # 定义实例变量账户名
        self.amount = amount                       # 定义实例变量账户金额

    # 类方法
    @classmethod
    def interest_by(cls, amt):
        return cls.interest_rate * amt

    # 静态方法
    @staticmethod
    def interest_with(amt):                        ①
        return Account.interest_by(amt)            ②

interest1 = Account.interest_by(12000.0)
print('计算利息:{0:.4f}'.format(interest1))
interest2 = Account.interest_with(12000.0)
print('计算利息:{0:.4f}'.format(interest2))
```

上述代码第①行是定义静态方法，使用了@staticmethod 装饰器，声明方法是静态方法，方法参数不指定 self 和 cls。代码第②行调用了类方法。

类方法与静态方法在很多场景是类似的，只是在定义时有一些区别。类方法需要绑定类，静态方法不需要绑定类，静态方法与类的耦合度更加松散。在一个类中定义静态方法只是为了提供一个基于类名的命名空间。

12.4　封装性

封装性是面向对象的三大特性之一，Python 语言没有与封装性相关的关键字，它通过特定的名称实现对变量和方法的封装。

12.4.1　私有变量

默认情况下 Python 中的变量是公有的,可以在类的外部访问它们。如果希望它们成为私有变量,可以在变量前加上双下画线(__)。

示例代码如下:

```
class Animal(object):
    """定义动物类"""

    def __init__(self, age, sex=1, weight=0.0):
        self.age = age          # 定义年龄实例变量
        self.sex = sex          # 定义性别实例变量
        self.__weight = weight  # 定义体重实例变量        ①

    def eat(self):
        self.__weight += 0.05
        print('eat...')

    def run(self):
        self.__weight -= 0.01
        print('run...')


a1 = Animal(2, 0, 10.0)

print('a1 体重:{0:0.2f}'.format(a1.weight))                ②
a1.eat()
a1.run()
```

运行结果如下:

```
Traceback (most recent call last):
  File "C:/Users/tony/PycharmProjects/HelloProj/ch12.4.1.py", line 24, in <module>
    print('a1 体重:{0:0.2f}'.format(a1.weight))
AttributeError: 'Animal'object has no attribute 'weight'
```

上述代码第①行在 weight 变量前加上双下画线,这将定义私有变量__weight。__weight 变量可以在类内部访问,但在外部访问将发生错误,见代码第②行。

提示　Python 中并没有严格意义上的封装,所谓私有变量只是形式上的限制。如果希望在类的外部访问这些私有变量,这些双下画线"__"开头的私有变量只是换了一个名字,其命名规律为"_类名__变量",将上述代码 a1.weight 改成 a1._Animal__weight 即可,但这种访问方式并不符合规范,会破坏封装。可见 Python 的封装性靠的是程序员的自律,而非强制性的语法。

12.4.2　私有方法

私有方法与私有变量的封装是类似的,只需在方法前加上双下画线(__)即可。示例代码如下:

```
class Animal(object):
    """定义动物类"""

    def __init__(self, age, sex=1, weight=0.0):
        self.age = age            # 定义年龄实例变量
        self.sex = sex            # 定义性别实例变量
        self.__weight = weight    # 定义体重实例变量

    def eat(self):
        self.__weight += 0.05
        self.__run()
        print('eat...')

    def __run(self):                     ①
        self.__weight -= 0.01
        print('run...')

a1 = Animal(2, 0, 10.0)

a1.eat()
a1.run()                                 ②
```

运行结果如下:

```
eat...
Traceback (most recent call last):
  File "C:/Users/tony/PycharmProjects/HelloProj/ch12.4.2.py", line 25, in <module>
    a1.run()
AttributeError: 'Animal'object has no attribute 'run'
```

上述代码第①行中__run()方法是私有方法,该方法可以在类的内部访问,不能在类的外部访问,否则将发生错误,见代码第②行。

提示　如果希望在类的外部访问私有方法也是可以的,与私有变量访问类似,命名规律为"_类名__方法"。但这也不符合规范,也会破坏封装。

12.4.3　定义属性

封装通常是对成员变量进行的。在严格意义上的面向对象设计中,一个类不应该有公有的实例成员变量,这些实例成员变量应该被设计为私有的,然后通过公有的 setter 和 getter 访问器访问。

使用 setter 和 getter 访问器的示例代码如下:

```
class Animal(object):
    """定义动物类"""

    def __init__(self, age, sex=1, weight=0.0):
        self.age = age                          # 定义年龄实例成员变量
        self.sex = sex                          # 定义性别实例成员变量
        self.__weight = weight                  # 定义体重实例成员变量
```

```
    def set_weight(self, weight):                    ①
        self.__weight = weight

    def get_weight(self):                            ②
        return self.__weight


a1 = Animal(2, 0, 10.0)
print('a1 体重:{0:0.2f}'.format(a1.get_weight()))    ③
a1.set_weight(123.45)                                ④
print('a1 体重:{0:0.2f}'.format(a1.get_weight()))
```

运行结果如下：

```
a1 体重:10.00
a1 体重:123.45
```

上述代码第①行中 set_weight( ) 方法是 setter 访问器，它有一个参数，用来替换现有成员变量。代码第②行的 get_weight( ) 方法是 getter 访问器。代码第③行调用 getter 访问器。代码第④行调用 setter 访问器。

访问器形式的封装需要一个私有变量，需要提供 getter 访问器和一个 setter 访问器，只读变量不用提供 setter 访问器。总之，访问器形式的封装在编写代码时比较麻烦。为了解决这个问题，Python 中提供了属性（property），定义属性可以使用 @property 和 @属性名.setter 装饰器，@property 用来修饰 getter 访问器，@属性名.setter 用来修饰 setter 访问器。

使用属性修改之前的示例代码如下：

```
class Animal(object):
    """定义动物类"""

    def __init__(self, age, sex=1, weight=0.0):
        self.age = age            # 定义年龄实例成员变量
        self.sex = sex            # 定义性别实例成员变量
        self.__weight = weight    # 定义体重实例成员变量

    @property
    def weight(self):             # 替代 get_weight(self):        ①
        return self.__weight

    @weight.setter
    def weight(self, weight):     # 替代 set_weight(self, weight): ②
        self.__weight = weight

a1 = Animal(2, 0, 10.0)
print('a1 体重:{0:0.2f}'.format(a1.weight))                         ③
a1.weight = 123.45 # a1.set_weight(123.45)                          ④
print('a1 体重:{0:0.2f}'.format(a1.weight))
```

上述代码第①行定义属性 getter 访问器，使用了 @property 装饰器进行修饰，方法名即属性名，这样就可以通过属性取值了，见代码第③行。

代码第②行定义属性 setter 访问器，使用了 @weight.setter 装饰器进行修饰，weight 是属性名,与 getter 和 setter 访问器方法名保持一致,可以通过 a1. weight = 123. 45 赋值,见代码第 ④行。

从上述示例可见,属性本质上就是两个方法,在方法前加上装饰器使方法成为属性。属性使用起来类似于公有变量,可以在赋值符"="左边或右边,左边是被赋值,右边是取值。

提示　定义属性时应该先定义 getter 访问器,再定义 setter 访问器,即代码第①行和第②行不能颠倒,否则将出现错误。这是因为@ property 修饰 getter 访问器时,定义了 weight 属性,这样在后面使用@ weight. setter 装饰器才是合法的。

12.5　继承性

类的继承性是面向对象语言的基本特性,多态性的前提是继承性。

12.5.1　继承概念

为了解继承性,先看这样一个场景:一位面向对象的程序员小赵,在编程过程中需要描述和处理个人信息,于是定义了类 Person,代码如下:

```
class Person:

    def __init__(self, name, age):
        self.name = name        # 名字
        self.age = age          # 年龄

    def info(self):
        template = 'Person [name={0}, age={1}]'
        s = template.format(self.name, self.age)
        return s
```

一周后小赵又遇到了新的需求,需要描述和处理学生信息,于是他又定义了一个新的类 Student,代码如下:

```
class Student:

    def __init__(self, name, age, school)
        self.name = name        # 名字
        self.age = age          # 年龄
        self.school = school    # 所在学校

    def info(self):
        template = 'Student [name={0}, age={1}, school={2}]'
        s = template.format(self.name, self.age, self.school)
        return s
```

虽然小赵的做法能够被理解并可行,但 Student 和 Person 两个类的结构太接近了,后者只比前者多了一个 school 实例变量,却要重复定义其他所有内容。Python 提供了解决类似问题的机制,即类的继承,代码如下:

```
class Student(Person):                          ①

    def __init__(self, name, age, school):      ②
        super().__init__(name, age)             ③
        self.school = school      # 所在学校      ④
```

上述代码第①行是声明 Student 类继承 Person 类,其中小括号中的是父类,如果没有指明父类(一对空的小括号或省略小括号),则默认父类为 object,object 类是 Python 的根类。代码第②行定义构造方法,子类中定义构造方法时首先需调用父类的构造方法,初始化父类实例变量。代码第③行 super().__init__(name, age)语句是调用父类的构造方法,super()函数是返回父类引用,通过它可以调用父类中的实例变量和方法。代码第④行是定义 school 实例变量。

提示 子类继承父类时只是继承父类中公有的成员变量和方法,不能继承私有的成员变量和方法。

12.5.2 重写方法

如果子类方法名与父类方法名相同,且参数列表也相同,只是方法体不同,则子类重写(Override)了父类的方法。

示例代码如下:

```
class Animal(object):
    """定义动物类"""
    def __init__(self, age, sex=1, weight=0.0):
        self.age = age
        self.sex = sex
        self.weight = weight

    def eat(self):        ①
        self.weight += 0.05
        print('动物吃...')


class Dog(Animal):
    def eat(self):        ②
        self.weight += 0.1
        print('狗狗吃...')


a1 = Dog(2, 0, 10.0)
a1.eat()
```

输出结果如下:

狗狗吃...

上述代码第①行是父类中定义 eat()方法,子类继承父类并重写了 eat()方法,见代码第②行。通过子类实例调用 eat()方法时,将调用子类重写的 eat()。

12.5.3 多继承

多继承即一个子类有多个父类。大部分计算语言(如 Java、Swift 等)只支持单继承,不支持多继承,主要是因为多继承会发生方法冲突。例如,客轮是轮船也是交通工具,客轮的父类是轮船和交通工具,如果两个父类都定义了 run()方法,子类客轮继承哪一个 run()方法呢?

Python 支持多继承,但 Python 给出了解决方法名字冲突的方案:当子类实例调用一个方法时,先从子类中查找,如果没有找到则查找父类。父类的查找顺序是按照子类声明的父类列表从左到右查找,如果没有找到再找父类的父类,以此类推。

多继承示例代码如下:

```python
class ParentClass1:
    def run(self):
        print('ParentClass1 run...')


class ParentClass2:
    def run(self):
        print('ParentClass2 run...')


class SubClass1(ParentClass1, ParentClass2):
    pass


class SubClass2(ParentClass2, ParentClass1):
    pass


class SubClass3(ParentClass1, ParentClass2):
    def run(self):
        print('SubClass3 run...')


sub1 = SubClass1()
sub1.run()
sub2 = SubClass2()
sub2.run()
sub3 = SubClass3()
sub3.run()
```

输出结果如下:

```
ParentClass1 run...
ParentClass2 run...
SubClass3 run...
```

上述代码中定义了两个父类 ParentClass1 和 ParentClass2,以及 3 个子类 SubClass1、SubClass2 和 SubClass3,这 3 个子类都继承了 ParentClass1 和 ParentClass2 两个父类。当子类 SubClass1 的实例 sub1 调用 run()方法时,解释器将先查找当前子类是否有 run()方法,如果没有则到父类中查找,按照父类列表从左到右的顺序,找到 ParentClass1 中的 run()方法,所以最后调用的是 ParentClass1 中的 run()方法。按照这个规律,其他的两个实例 sub2 和 sub3 调用哪一个 run()方法就很容易知道了。

12.6　多态性

在面向对象程序设计中,多态是一个非常重要的特性,理解多态有利于进行面向对象的分析与设计。

12.6.1　多态概念

发生多态要有两个前提条件。

(1) 继承。多态一定发生于子类和父类之间。

(2) 重写。子类重写了父类的方法。

下面通过一个示例解释什么是多态。如图 12-2 所示,父类 Figure(几何图形)有一个 draw(绘图)函数,Figure(几何图形)有两个子类 Ellipse(椭圆形)和 Triangle(三角形),Ellipse 和 Triangle 重写 draw()方法。Ellipse 和 Triangle 都有 draw()方法,但具体实现方式不同。

具体代码如下:

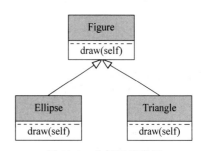

图 12-2　几何图形类图

```
# 几何图形
class Figure:
    def draw(self):
        print('绘制 Figure...')

# 椭圆形
class Ellipse(Figure):
    def draw(self):
        print('绘制 Ellipse...')

# 三角形
class Triangle(Figure):
    def draw(self):
        print('绘制 Triangle...')

f1 = Figure()        ①
f1.draw()

f2 = Ellipse()       ②
f2.draw()

f3 = Triangle()      ③
f3.draw()
```

输出结果如下:

```
绘制 Figure...
绘制 Ellipse...
绘制 Triangle...
```

上述代码第②行和第③行符合多态的两个前提,因此会发生多态。而代码第①行不符合,没有发生多态。多态发生时,Python 解释器根据引用指向的实例调用其方法。

提示　与 Java 等静态语言相比,多态性对于动态语言 Python 意义不大。多态性优势在于运行期动态特性。例如在 Java 中,多态性指,编译期声明变量是父类的类型,在运行期确定变量所引用的实例。而 Python 不需要声明变量的类型,没有编译,直接由解释器运行,运行期确定变量所引用的实例。

12.6.2　类型检查

无论多态性对 Python 影响多大,Python 作为面向对象的语言多态性是存在的,这一点可以通过运行期类型检查证实。运行期类型检查使用 isinstance(object,classinfo)函数,它可以检查 object 实例是否为由 classinfo 类或 classinfo 子类所创建的实例。

在 12.6.1 节示例基础上修改代码如下:

```
# 几何图形
class Figure:
    def draw(self):
        print('绘制 Figure...')

# 椭圆形
class Ellipse(Figure):
    def draw(self):
        print('绘制 Ellipse...')

# 三角形
class Triangle(Figure):
    def draw(self):
        print('绘制 Triangle...')

f1 = Figure()                       # 没有发生多态
f1.draw()

f2 = Ellipse()                      # 发生多态
f2.draw()

f3 = Triangle()                     # 发生多态
f3.draw()

print(isinstance(f1, Triangle))     # False       ①
print(isinstance(f2, Triangle))     # False
print(isinstance(f3, Triangle))     # True
print(isinstance(f2, Figure))       # True        ②
```

上述代码第①行和第②行为添加的代码。注意代码第②行的 isinstance(f2,Figure)表达式是 True,f2 是 Ellipse 类创建的实例,Ellipse 是 Figure 类的子类,故该表达式返回 True,通过这样的表达式可以判断是否发生了多态。另外还有一个类似于 isinstance(object,classinfo)的 issubclass(class,classinfo)函数,用来检查 class 是否是 classinfo 的子类。示例代码如下:

```
print(issubclass(Ellipse, Triangle))    # False
```

```
print(issubclass(Ellipse, Figure))        # True
print(issubclass(Triangle, Ellipse))      # False
```

12.6.3　鸭子类型

不关注变量的类型,而是关注变量具有的方法。鸭子类型像多态一样工作,但没有继承,只需像鸭子一样的行为(方法)即可。

鸭子类型示例代码如下:

```
class Animal(object):
    def run(self):
        print('动物跑...')

class Dog(Animal):
    def run(self):
        print('狗狗跑...')

class Car:
    def run(self):
        print('汽车跑...')

def go(animal):          # 接收参数是 Animal     ①
    animal.run()

go(Animal())
go(Dog())
go(Car())                                          ②
```

运行结果如下:

```
动物跑...
狗狗跑...
汽车跑...
```

上述代码定义了 3 个类:Animal、Dog 和 Car。从代码和图 12-3 所示可见,Dog 继承了 Animal,而 Car 与 Animal 和 Dog 没有任何关系,只是它们都有 run( )方法。代码第①行定义的 go( )函数设计时考虑接收 Animal 类型参数,但是由于 Python 解释器不做任何类型检查,故可以传入任何实际参数。当代码第②行给 go( )函数传入 Car 实例时,它可以正常执行。这就是鸭子类型。

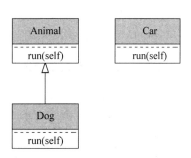

图 12-3　鸭子类型类图

在 Python 这样的动态语言中使用鸭子类型替代多态性设计,可以充分发挥 Python 动态语言特点,但是也给软件设计者带来了困难,对程序员的要求也非常高。

12.7　Python 根类——object

Python 所有类都直接或间接继承自 object 类,object 类是所有类的"祖先"。object 类有很多方法,本节重点介绍以下两个方法。

（1）＿＿str＿＿（）。返回该对象的字符串表示。

（2）＿＿eq＿＿（other）。指示其他某个对象是否与此对象相等。

这些方法均需在子类中重写，下面就详细解释一下它们的用法。

12.7.1　＿＿str＿＿（）方法

为了日志输出等处理方便，所有对象都可以输出自己的描述信息。为此，可以重写＿＿str＿＿（）方法。如果没有重写＿＿str＿＿（）方法，则默认返回对象的类名及内存地址等信息，如下面的信息：

```
<__main__.Person object at 0x000001FE0F349AC8>
```

下面看一个示例。在 12.5 节介绍过 Person 类，重写其＿＿str＿＿（）方法代码如下：

```
class Person:
    def __init__(self, name, age):
        self.name = name        # 名字
        self.age = age          # 年龄

    def __str__(self):          ①
        template = 'Person[name={0}, age={1}]'
        s = template.format(self.name, self.age)
        return s

person = Person('Tony', 18)
print(person)                   ②
```

运行输出结果如下：

```
Person[name=Tony, age=18]
```

上述代码第①行覆盖＿＿str＿＿（）方法，返回字符串完全是自定义的，只要能够表示当前类和当前对象即可。本例将 Person 成员变量拼接成为一个字符串。代码第②行打印 person 对象，print（）函数会将对象的＿＿str＿＿（）方法返回字符串，并打印输出。

12.7.2　对象比较方法

在 7.6.1 节介绍同一性测试运算符时，曾经介绍过内容相等比较运算符＝＝，用来比较两个对象的内容是否相等。当使用运算符＝＝比较两个对象时，在对象的内部是通过＿＿eq＿＿（）方法进行比较的。

两个人（Person 对象）相等是指什么？是名字相同还是年龄相等？所以需要指定相等的规则，即指定比较哪些实例变量相等。为了比较两个 Person 对象是否相等，需要重写＿＿eq＿＿（）方法，在该方法中指定比较规则。

修改 Person 代码如下：

```
class Person:
    def __init__(self, name, age):
        self.name = name     # 名字
        self.age = age       # 年龄
```

```
    def __str__(self):
        template = 'Person [name={0}, age={1}]'
        s = template.format(self.name, self.age)
        return s

    def __eq__(self, other):                              ①
        if self.name == other.name and self.age == other.age:  ②
            return True
        else:
            return False

p1 = Person('Tony', 18)
p2 = Person('Tony', 18)

print(p1 == p2)              # True
```

上述代码第①行重写了 Person 类 __eq__() 方法,代码第②行提供比较规则,即只有 name 和 age 都相等才认为两个对象相等。代码中创建了两个 Person 对象 p1 和 p2,它们具有相同的 name 和 age,所以 p1 == p2 为 True。如果不重写 __eq__() 方法,则 p1 == p2 为 False。

12.8   本章小结

本章主要介绍了面向对象编程知识。首先介绍了面向对象的一些基本概念和面向对象的 3 个基本特性,然后介绍了类、对象、封装、继承和多态,最后介绍了 object 类和枚举类。

12.9   同步练习

1. 判断对错。
在 Python 中,类具有面向对象的基本特征,即封装性、继承性和多态性。(   )
2. 判断对错。
__str__() 这种双下划线开始和结尾的方法,是 Python 保留的,有特殊含义,称为魔法方法。(   )
3. 下列哪些选项是类的成员?(   )
  A. 成员变量   B. 成员方法   C. 属性   D. 实例变量
4. 判断对错。
__init__() 方法用来创建和初始化实例变量,这种方法就是"构造方法"。__init__() 方法也属于"魔法方法"。(   )
5. 判断对错。
类方法不需要与实例绑定,需要与类绑定,定义时其第 1 个参数不是 self,而是类的 type 实例。type 是描述 Python 数据类型的类,Python 中所有数据类型都是 type 的一个实例。(   )
6. 判断对错。
实例方法是在类中定义的,其第 1 个参数也应该是 self,该过程将当前实例与该方法绑

定起来。(   )

    7. 判断对错。

静态方法不与实例绑定,也不与类绑定,只是把类作为其命名空间。(   )

    8. 判断对错。

公有成员变量就是在变量前加上两个下画线(__)。(   )

    9. 判断对错。

私有方法就是在方法前加上两个下画线(__)。(   )

    10. 判断对错。

属性是为了替代 getter 访问器和 setter 访问器。(   )

    11. 判断对错。

子类继承父类是继承父类中所有的成员变量和方法。(   )

    12. 判断对错。

Python 语言的继承是单继承。(   )

    13. 请介绍什么是"鸭子类型"。

12.10　上机实验：设计多继承骡子类

请设计两个类——驴和马,然后再设计一个它们的子类——骡子。

第13章

异常处理

很多事件并非总是按照人们设计的意愿顺利发展,而是经常出现各种异常情况。例如,计划周末郊游时,计划可能是这样的:从家里出发→到达目的地→游泳→烧烤→回家。但天有不测风云,若准备烧烤时天降大雨,这时只能终止郊游提前回家。"天降大雨"是一种异常情况,计划应该考虑到这种情况,并有处理这种异常的预案。

为增强程序的健壮性,计算机程序的编写也需要考虑如何处理这些异常情况。Python语言提供了异常处理功能,本章将介绍 Python 异常处理机制。

13.1　一个异常示例

为了学习 Python 异常处理机制,首先看下面进行除法运算的示例。在 Python Shell 中代码如下:

```
>>> i = input('请输入数字:')      ①

请输入数字:0
>>> print(i)
0
>>> print(5 / int(i))
Traceback (most recent call last):
  File "<pyshell#2>", line 1, in <module>
    print(5 / int(i))
ZeroDivisionError: division by zero
```

上述代码第①行通过 input( ) 函数从控制台读取字符串,该函数语法如下:

```
input([prompt])
```

其中 prompt 参数是提示字符串,可以省略。

从控制台读取字符串 0 赋值给变量 i,执行 print(5/int(i))语句时将抛出 ZeroDivisionError 异常。ZeroDivisionError 是除 0 异常,这是因为在数学上除数不能为 0,所以执行表达式(5/a)将出现异常。

重新输入如下字符串:

```
>>> i = input('请输入数字:')
请输入数字:QWE
>>> print(i)
```

```
QWE
>>> print(5 / int(i))
Traceback (most recent call last):
  File "<pyshell#5>", line 1, in <module>
    print(5 / int(i))
ValueError: invalid literal for int() with base 10: 'QWE'
```

这次输入的是字符串 QWE，它不能转换为整数类型，因此会抛出 ValueError 异常。程序运行过程中难免发生异常，编程时应处理这些异常，不让程序因此终止，这才是健壮的程序。

13.2　异常类继承层次

Python 中异常根类是 BaseException，异常类继承层次如下：

```
BaseException
+-- SystemExit
+-- KeyboardInterrupt
+-- GeneratorExit
+-- Exception
     +-- StopIteration
     +-- StopAsyncIteration
     +-- ArithmeticError
     |    +-- FloatingPointError
     |    +-- OverflowError
     |    +-- ZeroDivisionError
     +-- AssertionError
     +-- AttributeError
     +-- BufferError
     +-- EOFError
     +-- ImportError
          +-- ModuleNotFoundError
     +-- LookupError
     |    +-- IndexError
     |    +-- KeyError
     +-- MemoryError
     +-- NameError
     |    +-- UnboundLocalError
     +-- OSError
     |    +-- BlockingIOError
     |    +-- ChildProcessError
     |    +-- ConnectionError
     |    |    +-- BrokenPipeError
     |    |    +-- ConnectionAbortedError
     |    |    +-- ConnectionRefusedError
     |    |    +-- ConnectionResetError
     |    +-- FileExistsError
     |    +-- FileNotFoundError
     |    +-- InterruptedError
     |    +-- IsADirectoryError
     |    +-- NotADirectoryError
     |    +-- PermissionError
```

```
|    +-- ProcessLookupError
|    +-- TimeoutError
+-- ReferenceError
+-- RuntimeError
|    +-- NotImplementedError
|    +-- RecursionError
+-- SyntaxError
|    +-- IndentationError
|        +-- TabError
+-- SystemError
+-- TypeError
+-- ValueError
|    +-- UnicodeError
|        +-- UnicodeDecodeError
|        +-- UnicodeEncodeError
|        +-- UnicodeTranslateError
+-- Warning
    +-- DeprecationWarning
    +-- PendingDeprecationWarning
    +-- RuntimeWarning
    +-- SyntaxWarning
    +-- UserWarning
    +-- FutureWarning
    +-- ImportWarning
    +-- UnicodeWarning
    +-- BytesWarning
    +-- ResourceWarning
```

从异常类的继承层次可见,BaseException 的子类很多,其中 Exception 是非系统退出的异常,它包含了很多常用异常。如果自定义异常需要继承 Exception 及其子类,不要直接继承 BaseException。另外,还有一类异常是 Warning,Warning 是警告,提示程序潜在问题。

提示　从异常类继承的层次可见,Python 中的异常类命名的后缀主要有 Exception、Error 和 Warning,也有少数几个未采用这几个后缀命名。但是有些中文资料根据异常类后缀名有时翻译为"异常",有时翻译为"错误",为了不引起误会,本书将它们统一为"异常",特殊情况将另行说明。

13.3　常见异常

Python 有很多异常,本节将介绍几个常见异常。

13.3.1　AttributeError 异常

AttributeError 异常为试图访问一个类中不存在的成员(包括成员变量、属性和成员方法)引发的异常。

在 Python Shell 执行如下代码:

```
>>> class Animal(object):    ①
```

```
        pass
>>> a1 = Animal()
>>> a1.run()                    ②
Traceback (most recent call last):
  File "<pyshell#3>", line 1, in <module>
    a1.run()
AttributeError: 'Animal'object has no attribute 'run'
>>>
>>> print(a1.age)               ③
Traceback (most recent call last):
  File "<pyshell#4>", line 1, in <module>
    print(a1.age)
AttributeError: 'Animal'object has no attribute 'age'
>>>
>>> print(Animal.weight)        ④
Traceback (most recent call last):
  File "<pyshell#5>", line 1, in <module>
    print(Animal.weight)
AttributeError: type object 'Animal'has no attribute 'weight'
```

上述代码第①行是定义 Animal 类。代码第②行是试图访问 Animal 类的 run( )方法,由于 Animal 类中没有定义 run( )方法,结果抛出 AttributeError 异常。代码第③行试图访问 Animal 类的实例变量(或属性) age,结果抛出 AttributeError 异常。代码第④行试图访问 Animal 类的类变量 weight,结果抛出 AttributeError 异常。

13.3.2 OSError 异常

OSError 是操作系统相关异常。Python 3.3 版本后 IOError(输入输出异常,如未找到文件或磁盘已满异常)也并入 OSError 异常,所以输入输出异常也属于 OSError 异常。在 Python Shell 中执行以下代码:

```
>>> f = open('abc.txt')
Traceback (most recent call last):
  File "<pyshell#10>", line 1, in <module>
    f = open('abc.txt')
FileNotFoundError: [Errno 2] No such file or directory: 'abc.txt'
```

上述代码中 f=open('abc.txt')打开当前目录下的 abc.txt 文件,由于不存在该文件,故抛出 FileNotFoundError 异常。FileNotFoundError 属于 OSError 异常。

13.3.3 IndexError 异常

IndexError 异常是访问序列元素时,下标索引超出取值范围所引发的异常。在 Python Shell 中执行以下代码:

```
>>> code_list = [125, 56, 89, 36]
>>> code_list[4]
Traceback (most recent call last):
  File "<pyshell#12>", line 1, in <module>
    code_list[4]
```

```
IndexError: list index out of range
```

上述代码 code_list[4] 试图访问 code_list 列表的第 5 个元素,由于 code_list 列表最多只有 4 个元素,所以会引发 IndexError 异常。

13.3.4 KeyError 异常

KeyError 异常是试图访问字典里不存在的键时引发的异常。在 Python Shell 中执行以下代码:

```
>>> dict1[104]
Traceback (most recent call last):
  File "<pyshell#14>", line 1, in <module>
    dict1[104]
KeyError: 104
```

上述代码 dict1[104] 试图访问字典 dict1 中键为 104 的值,104 键在字典 dict1 中不存在,所以会引发 KeyError 异常。

13.3.5 NameError 异常

NameError 是试图使用一个不存在的变量而引发的异常。在 Python Shell 中执行以下代码:

```
>>> value1          ①
Traceback (most recent call last):
  File "<pyshell#16>", line 1, in <module>
    value1
NameError: name 'value1'is not defined
>>> a = value1      ②
Traceback (most recent call last):
  File "<pyshell#17>", line 1, in <module>
    a = value1
NameError: name 'value1'is not defined
>>> value1 = 10     ③
```

上述代码第①行和第②行都是读取 value1 变量值,由于之前没有创建过 value1,所以会引发 NameError。但代码第③行 value1 = 10 语句却不会引发异常,因为赋值时如果变量不存在就会创建它。

13.3.6 TypeError 异常

TypeError 是试图传入变量类型与要求不符合时引发的异常。在 Python Shell 中执行以下代码:

```
>>> i = '2'
>>> print(5 / i)    ①
Traceback (most recent call last):
  File "<pyshell#20>", line 1, in <module>
    print(5 / i)
TypeError: unsupported operand type(s) for /: 'int'and 'str'
```

上述代码第①行(5/i)表达式进行除法计算,需要变量 i 是一个数字类型但传入的是一个字符串,所以引发 TypeError 异常。

13.3.7 ValueError 异常

ValueError 异常为传入一个无效的参数值而引发的异常。ValueError 异常在 13.1 节已经遇到了。在 Python Shell 中执行以下代码:

```
>>> i = 'QWE'
>>> print(5 / int(i))      ①
Traceback (most recent call last):
  File "<pyshell#22>", line 1, in <module>
    print(5 / int(i))
ValueError: invalid literal for int() with base 10: 'QWE'
```

上述代码第①行(5/int(i))表达式进行除法计算,需要传入的变量 i 是能够使用 int( ) 函数转换为数字的参数。但传入的字符串'QWE'不能转换为数字,所以引发了 ValueError 异常。

13.4　捕获异常

在学习本内容之前,可以先思考一下,现实生活中如何对待领导布置的任务? 答案无非是两种,自己有能力解决的自己处理;自己无力解决的反馈给领导,让领导自己处理。对待异常亦如此。当前函数有能力解决,则捕获异常进行处理;没有能力解决,则抛给上层调用者(函数)处理。如果上层调用者也无力解决,则继续抛给它的上层调用者。如此向上传递直到有函数处理异常。如果所有的函数都没有处理该异常,Python 解释器将终止程序运行。这就是异常的传播过程。

13.4.1　try-except 语句

捕获异常通过 try-except 语句实现,最基本的 try-except 语句语法如下:

```
try :
    <可能抛出异常的语句>
except [异常类型] :
    <处理异常>
```

1. try 代码块

try 代码块中包含执行过程中可能会抛出异常的语句。

2. except 代码块

每个 try 代码块可以伴随一个或多个 except 代码块,用于处理 try 代码块中所有可能抛出的异常。except 语句中如果省略异常类型,即不指定具体异常,将捕获所有类型的异常;如果指定具体类型异常,则将捕获该类型异常及其子类型异常。

try-except 示例如下:

```
# coding=utf-8
# 代码文件:chapter13/ch13.4.1.py
```

```
import datetime as dt                                    ①

def read_date(in_date):                                  ②
    try:
        date = dt.datetime.strptime(in_date, '%Y-%m-%d')   ③
        return date
    except ValueError:                                     ④
        print('处理 ValueError 异常')

str_date = '2020-B-18'    # '2020-8-18'
print('日期 = {0}'.format(read_date(str_date)))
```

上述代码第①行导入了 datetime 模块,datetime 是 Python 内置的日期时间模块。代码第②行定义了一个函数,在函数中将传入的字符串转换为日期,并进行格式化。但并非所有的字符串都是有效的日期字符串,因此调用代码第③行的 strptime( ) 方法有可能抛出 ValueError 异常。代码第④行捕获 ValueError 异常。本例中的 '2020-8-18' 字符串是有效的日期字符串,因此不会抛出异常。如果将字符串改为无效的日期字符串,如 '2020-B-18',将打印以下信息:

```
处理 ValueError 异常
日期 = None
```

如有需要还可以获取异常对象,修改代码如下:

```
def read_date(in_date):
    try:
        date = dt.datetime.strptime(in_date, '%Y-%m-%d')
        return date
    except ValueError as e:
        print('处理 ValueError 异常')
        print(e)
```

ValueError as e 中的 e 是异常对象,print(e)指令可以打印异常对象,打印异常对象将输出异常描述信息。打印信息如下:

```
处理 ValueError 异常
time data '2020-B-18'does not match format '%Y-%m-%d'
日期 = None
```

13.4.2 多 except 代码块

如果 try 代码块中有很多语句抛出异常,且抛出的异常种类很多,可以在 try 后面跟多个 except 代码块。多 except 代码块语法如下:

```
try :
    <可能抛出异常的语句>
except [异常类型 1] :
    <处理异常>
except [异常类型 2] :
    <处理异常>
...
```

```
except [异常类型 n]:
    <处理异常>
```

在多个 except 代码情况下,一个 except 代码块捕获到一个异常时,其他 except 代码块就不再进行匹配。

注意 当捕获的多个异常类之间存在父子关系时,捕获异常顺序与 except 代码块的顺序有关。从上到下先捕获子类,后捕获父类,否则子类捕获不到。

示例代码如下:

```python
# coding=utf-8
# 代码文件:chapter13/ch13.4.2.py

import datetime as dt


def read_date_from_file(filename):                              ①
    try:
        file = open(filename)                                   ②
        in_date = file.read()                                   ③
        in_date = in_date.strip()                               ④
        date = dt.datetime.strptime(in_date, '%Y-%m-%d')        ⑤
        return date
    except ValueError as e:                                     ⑥
        print('处理 ValueError 异常')
        print(e)
    except FileNotFoundError as e:                              ⑦
        print('处理 FileNotFoundError 异常')
        print(e)
    except OSError as e:                                        ⑧
        print('处理 OSError 异常')
        print(e)


date = read_date_from_file('readme.txt')
print('日期 = {0}'.format(date))
```

上述代码通过 open() 函数从文件 readme.txt 中读取字符串,然后解析成日期。由于 Python 文件操作技术尚未介绍,读者先不要关注 open() 函数技术细节,只考虑调用它们的方法会抛出异常即可。

在 try 代码块中,代码第①行定义函数 read_date_from_file(filename)用来从文件中读取字符串,并解析成日期。代码第②行调用 open() 函数读取文件,有可能抛出 FileNotFoundError 等 OSError 异常。如果抛出 FileNotFoundError 异常,则被代码第⑦行的 except 捕获。如果抛出 OSError 异常,则被代码第⑧行的 except 捕获。代码第③行 file.read() 方法从文件中读取数据,也可能抛出 OSError 异常。如果抛出 OSError 异常,则被代码第⑧行的 except 捕获。代码第④行 in_date.strip() 方法剔除字符串前后空白字符(包括空格、制表符、换行和回车等字符)。代码第⑤行 strptime() 方法可能抛出 ValueError 异常,如果抛出则被代码第⑥行的 except 捕获。

如果将 FileNotFoundError 和 OSError 捕获顺序调换，代码如下：

```
try:
    file = open(filename)
    in_date = file.read()
    in_date = in_date.strip()
    date = dt.datetime.strptime(in_date, '%Y-%m-%d')
    return date
except ValueError as e:
    print('处理 ValueError 异常')
    print(e)
except OSError as e:
    print('处理 OSError 异常')
    print(e)
except FileNotFoundError as e:
    print('处理 FileNotFoundError 异常')
    print(e)
```

则 except FileNotFoundError as e 代码块永远不会进入，因为 OSError 是 FileNotFoundError 父类，而 ValueError 异常与 OSError 和 FileNotFoundError 异常没有父子关系，捕获 ValueError 异常位置可以随意放置。

13.4.3　try-except 语句嵌套

Python 提供的 try-except 语句可以任意嵌套，修改 13.4.2 节示例代码如下：

```
# coding=utf-8
# 代码文件:chapter13/ch13.4.3.py

import datetime as dt
def read_date_from_file(filename):
    try:
        file = open(filename)
        try:                                                         ①
            in_date = file.read()                                    ②
            in_date = in_date.strip()
            date = dt.datetime.strptime(in_date, '%Y-%m-%d')         ③
            return date
        except ValueError as e:
            print('处理 ValueError 异常')
            print(e)                                                 ④
    except FileNotFoundError as e:
        print('处理 FileNotFoundError 异常')
        print(e)
    except OSError as e:                                             ⑤
        print('处理 OSError 异常')
        print(e)

date = read_date_from_file('readme.txt')
print('日期 = {0}'.format(date))
```

上述代码第①行～第④行是捕获 ValueError 异常的 try-except 语句，可见该 try-except 语句就嵌套在捕获 FileNotFoundError 和 OSError 异常的 try-except 语句中。

程序执行时如果内层抛出异常,首先由内层 except 进行捕获;如果捕获不到,则由外层 except 捕获。例如,代码第②行的 read( )方法可能抛出 OSError 异常,该异常无法被内层 except 捕获,最后被代码第⑤行的外层 except 捕获。

注意 try-except 不仅可以嵌套在 try 代码块中,还可以嵌套在 except 代码块或 finally 代码块中,finally 代码块后续将详细介绍。try-except 嵌套会使程序流程变得复杂,能用多 except 捕获的异常,尽量不要使用 try-except 嵌套。应梳理好程序的流程再考虑 try-except 嵌套的必要性。

13.4.4　多重异常捕获

多个 except 代码块客观上提高了程序的健壮性,但是也大大增加了程序代码量。有些异常虽然种类不同,但捕获之后的处理是相同的,看如下代码:

```
try:
    <可能会抛出异常的语句>
except ValueError as e:
    <调用方法 method1 处理>
except OSError as e:
    <调用方法 method1 处理>
except FileNotFoundError as e:
    <调用方法 method1 处理>
```

3 个不同类型的异常,捕获之后的处理均需调用 method1 方法。是否可以将这些异常合并处理? Python 中可以把这些异常放进一个元组,这就是多重异常捕获,可以解决此类问题。上述代码修改如下:

```
# coding=utf-8
# 代码文件:chapter13/ch13.4.4.py

import datetime as dt


def read_date_from_file(filename):
    try:
        file = open(filename)
        in_date = file.read()
        in_date = in_date.strip()
        date = dt.datetime.strptime(in_date, '%Y-%m-%d')
        return date
    except (ValueError, OSError) as e:
        print('调用方法 method1 处理...')
        print(e)
```

代码中(ValueError, OSError)就是多重异常捕获。

注意 有的读者可能会问为什么不写成(ValueError, FileNotFoundError, OSError)呢? 这是因为 FileNotFoundError 属于 OSError 异常,OSError 异常可以捕获它的所有子类异常了。

13.5　异常堆栈跟踪

从程序员的角度需要知道更加详细的异常信息时,可以打印堆栈跟踪信息。堆栈跟踪信息可以通过 Python 内置模块 traceback 提供的 print_exc( )函数实现,print_exc( )函数的语法格式如下:

```
traceback.print_exc(limit=None, file=None, chain=True)
```

其中,参数 limit 限制堆栈跟踪的个数,默认为 None,即不限制;参数 file 判断是否输出堆栈跟踪信息到文件,默认为 None 即不输出到文件;参数 chain 为 True,则将_cause_和_context_等属性串联起来,视作解释器本身打印未处理异常一样打印。

堆栈跟踪示例代码如下:

```
# coding=utf-8
# 代码文件:chapter13/ch13.5.py

import datetime as dt
import traceback as tb          ①

def read_date_from_file(filename):
    try:
        file = open(filename)
        in_date = file.read()
        in_date = in_date.strip()
        date = dt.datetime.strptime(in_date, '%Y-%m-%d')
        return date
    except (ValueError, OSError) as e:
        print('调用方法 method1 处理...')
        tb.print_exc()          ②

date = read_date_from_file('readme.txt')
print('日期 = {0}'.format(date))
```

上述代码第②行 tb. print_exc( )语句打印异常堆栈信息,print_exc( )函数来自于 traceback 模块,因此需要在代码第①行导入 traceback 模块。

发生异常,输出结果如下:

```
Traceback (most recent call last):
日期 = None
  File "C:/Users/tony/PycharmProjects/HelloProj/ch13.5.1.py", line 12, in
read_date_from_file                                                    ①
    date = dt.datetime.strptime(in_date, '%Y-%m-%d')                   ②
  File "C:\Python\Python36\lib\_strptime.py", line 565, in _strptime_datetime
    tt, fraction = _strptime(data_string, format)
  File "C:\Python\Python36\lib\_strptime.py", line 362, in _strptime
    (data_string, format))
ValueError: time data '2020-B-18'does not match format '%Y-%m-%d'
```

堆栈信息由上至下为程序执行过程中函数(或方法)的调用顺序,其中的信息明确指出了哪一个文件(见代码第①行的 ch13.4.4. py)、哪一行(见代码第①行的 line 12)、调用哪个函数或方法(见代码第②行)。程序员能够通过堆栈信息快速定位程序故障所在位置。

提示 捕获到异常后,通过 print_exc()函数打印异常堆栈跟踪信息,常只用于调试,为程序员提示信息。堆栈跟踪信息对最终用户没有意义,本例中如果出现异常很可能是用户输入的日期无效所致。捕获到异常后应弹出一个对话框,提示用户输入日期无效,请用户重新输入,用户重新输入后再重新调用上述函数。这才是捕获异常之后的正确处理方案。

13.6 释放资源

有时 try-except 语句(如打开文件、网络连接、打开数据库连接和使用数据结果集等)会占用一些资源,这些资源不能通过 Python 的垃圾收集器回收,需要程序员释放。为了确保这些资源能够被释放,可以使用 finally 代码块或 with as 自动资源管理。

13.6.1 finally 代码块

try-except 语句后面还可以跟一个 finally 代码块,try-except-finally 语句语法如下:

```
try :
    <可能会抛出异常的语句>
except [异常类型 1] :
    <处理异常>
except [异常类型 2] :
    <处理异常>
...
except [异常类型 n] :
    <处理异常>
finally :
    <释放资源>
```

无论 try 正常结束还是 except 异常结束都会执行 finally 代码块,如图 13-1 所示。

使用 finally 代码块示例代码如下:

```
# coding=utf-8
# 代码文件:chapter13/ch13.6.1.py

import datetime as dt

def read_date_from_file(filename):
    try:
        file = open(filename)
        in_date = file.read()
        in_date = in_date.strip()
        date = dt.datetime.strptime(in_date, '%Y-%m-%d')
        return date
    except ValueError as e:
        print('处理 ValueError 异常')
```

图 13-1 finally 代码块流程

```
except FileNotFoundError as e:
    print('处理 FileNotFoundError 异常')
except OSError as e:
    print('处理 OSError 异常')
finally:            ①
    file.close()②

date = read_date_from_file('readme.txt')
print('日期 = {0}'.format(date))
```

上述代码第①行是 finally 代码块，在这里通过关闭文件释放资源，见代码第②行 file. close( )的关闭文件。

13.6.2　else 代码块

与 while 和 for 循环类似，try 语句也可以带有 else 代码块，它是在程序正常结束时执行的代码块，程序流程如图 13-2 所示。

13.6.1 节示例代码仍然存在问题。文件关闭的前提是文件成功打开，13.6.1 节示例代码如果在执行 open (filename)打开文件时失败，程序仍将进入 finally 代码块执行 file. close( )关闭文件，这将引发一些问题。为了解决该问题可以使用 else 代码块，修改 13.6.1 节示例代码如下：

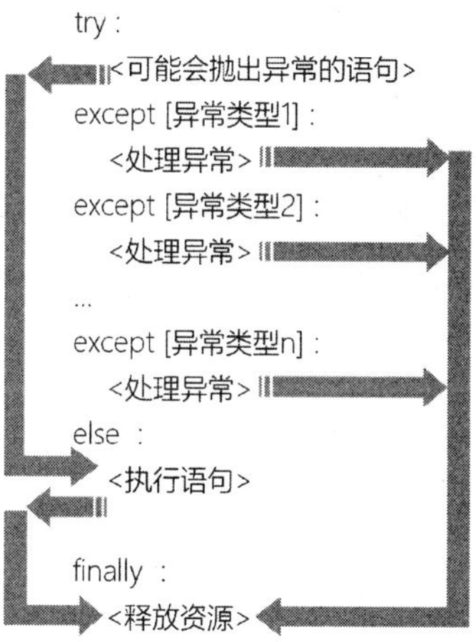

```
# coding=utf-8
# 代码文件:chapter13/ch13.6.2.py

import datetime as dt

def read_date_from_file(filename):
    try:
        file = open(filename)       ①
    except OSError as e:
        print('打开文件失败')
    else:                           ②
        print('打开文件成功')
        try:
            in_date = file.read()
            in_date = in_date.strip()
            date = dt.datetime.strptime(in_date, '%Y-%m-%d')
            return date
        except ValueError as e:
            print('处理 ValueError 异常')
        except OSError as e:
            print('处理 OSError 异常')
        finally:
            file.close()

date = read_date_from_file('readme.txt')
print('日期 = {0}'.format(date))
```

图 13-2　else 代码块流程

上述代码中 open(filename)语句单独放在一个 try 中，见代码第①行。如果正常打开文件,程序将执行 else 代码块,见代码第②行。else 代码块中嵌套了 try 语句,在该 try 代码中读取文件内容和解析日期,最后在嵌套 try 对应的 finally 代码块中执行 file.close( )关闭文件。

13.6.3　with as 代码块自动资源管理

13.6.2 节示例的程序虽然"健壮",但程序流程比较复杂,这样的程序代码难以维护。为此 Python 提供了一个 with as 代码块帮助自动释放资源,它可以替代 finally 代码块,优化代码结构,提高程序可读性。with as 提供了一个代码块,在 as 后面声明一个资源变量,当with as 代码块结束之后自动释放资源。

示例代码如下:

```
# coding=utf-8
# 代码文件:chapter13/ch13.6.3.py

import datetime as dt

def read_date_from_file(filename):
    try:
        with open(filename) as file:        ①
            in_date = file.read()

        in_date = in_date.strip()
        date = dt.datetime.strptime(in_date, '%Y-%m-%d')
        return date
    except ValueError as e:
        print('处理 ValueError 异常')
    except OSError as e:
        print('处理 OSError 异常')

date = read_date_from_file('readme.txt')
print('日期 = {0}'.format(date))
```

上述代码第①行使用 with as 代码块,with 语句后面的 open(filename)语句可以创建资源对象,然后赋值给 as 后面的 file 变量。with as 代码块中包含了资源对象相关代码,完成后自动释放资源。采用了自动资源管理后不再需要 finally 代码块,不需要手动释放这些资源。

注意　所有可以自动管理的资源,都需要实现上下文管理协议(Context Management Protocol)。

13.7　自定义异常类

有些公司为了提高代码的可重用性,自己开发了一些 Python 类库,其中有一些自己编写的异常类。实现自定义异常类需要继承 Exception 类或其子类。

实现自定义异常类示例代码如下:

```
# coding=utf-8
# 代码文件:chapter13/ch13.7.py
```

```
class MyException(Exception):
    def __init__(self, message):          ①
        super().__init__(message)         ②
```

上述代码实现了自定义异常。代码第①行定义构造方法类,其中的参数 message 是异常描述信息。代码第②行 super( ).__init__(message)调用父类构造方法,并把参数 message 传入给父类构造方法。自定义异常就是这样简单,只需提供一个字符串参数的构造方法即可。

13.8　显式抛出异常

本节之前读者接触到的异常都是由系统生成的,当异常抛出时,系统会创建一个异常对象,并将其抛出。但也可以通过 raise 语句显式抛出异常,语法格式如下:

raise BaseException 或其子类的实例

显式抛出异常的目的有很多。例如不希望某些异常被传给上层调用者,可以捕获之后重新显式抛出另外一种异常给调用者。

修改 13.4 节示例代码如下:

```
# coding=utf-8
# 代码文件:chapter13/ch13.8.py

import datetime as dt

class MyException(Exception):
    def __init__(self, message):
        super().__init__(message)

def read_date_from_file(filename):
    try:
        file = open(filename)
        in_date = file.read()
        in_date = in_date.strip()
        date = dt.datetime.strptime(in_date, '%Y-%m-%d')
        return date
    except ValueError as e:
        raise MyException('不是有效的日期')          ①
    except FileNotFoundError as e:
        raise MyException('文件找不到')              ②
    except OSError as e:
        raise MyException('文件无法打开或无法读取')    ③

date = read_date_from_file('readme.txt')
print('日期 = {0}'.format(date))
```

如果软件设计者不希望 read_date_from_file( )函数中捕获的 ValueError、FileNotFoundError 和 OSError 异常出现在上层调用者中,可以在捕获这些异常时,通过 raise 语句显式抛出一个异常,见代码第①②和③行显式抛出自定义的 MyException 异常。

注意 raise 显式抛出的异常与系统生成并抛出的异常在处理方式上没有本质区别,只是两种不同选择——捕获自己处理,或抛出给上层调用者。

13.9 本章小结

本章介绍了 Python 异常处理机制,其中包括 Python 异常类继承层次、捕获异常、释放资源、自定义异常类和显式抛出异常。

13.10 同步练习

1. 请列举一些常见的异常。
2. 显式抛出异常的语句有(　　　)。
   A. throw　　　　　　B. raise　　　　　　C. try　　　　　　D. except
3. 判断对错。
   每个 try 代码块可以伴随一个或多个 except 代码块,用于处理 try 代码块中所有可能抛出的多种异常。(　　　)
4. 判断对错。
   为确保资源能够被释放,可以使用 finally 代码块或 with as 自动资源管理。(　　　　)
5. 判断对错。
   实现自定义异常类需要继承 Exception 类或其子类。(　　　　)

13.11 上机实验:释放资源

1. 编写异常处理程序,通过 finally 代码块释放资源。
2. 编写异常处理程序,通过 with as 代码块释放资源。

第 14 章

常 用 模 块

Python 官方提供了数量众多的模块,称为内置模块。本章将归纳 Python 中一些日常开发过程中常用的模块,其他的不常用类读者需要时可以查询 Python 官方的 API 文档。

14.1　math 模块

Python 官方提供 math 模块进行数学运算,如指数、对数、平方根和三角函数等运算。math 模块中的函数只包括整数和浮点,不包括复数,复数计算需要使用 cmath 模块。

14.1.1　舍入函数

math 模块提供的舍入函数有 math. ceil(a)和 math. floor(a),其中 math. ceil(a)用来返回大于或等于 a 的最小整数,math. floor(a)用来返回小于或等于 a 的最大整数。另外 Python 还提供了一个内置函数 round(a),用来对 a 进行四舍五入计算。

在 Python Shell 中运行示例代码如下:

```
>>> import math
>>> math.ceil(1.4)
2
>>> math.floor(1.4)
1
>>> round(1.4)
1

>>> math.ceil(1.5)
2
>>> math.floor(1.5)
1
>>> round(1.5)
2

>>> math.floor(1.6)
1
>>> math.ceil(1.6)
2
>>> round(1.6)
2
```

14.1.2 幂和对数函数

math 模块提供的幂和对数函数如下所示。

（1）对数运算。math.log(a[,base])返回以 base 为底的 a 的对数,省略底数 base,是 a 的自然数对数。

（2）平方根。math.sqrt(a)返回 a 的平方根。

（3）幂运算。math.pow(a,b)返回 a 的 b 次幂的值。

在 Python Shell 中运行示例代码如下：

```
>>> import math
>>> math.log(8, 2)
3.0
>>> math.pow(2, 3)
8.0
>>> math.log(8)
2.0794415416798357
>>> math.sqrt(1.6)
1.2649110640673518
```

14.1.3 三角函数

math 模块中提供的三角函数有如下几种。

（1）math.sin(a)。返回参数 a 的正弦值。

（2）math.cos(a)。返回参数 a 的余弦值。

（3）math.tan(a)。返回参数 a 的正切值。

（4）math.asin(a)。返回参数 a 的反正弦值。

（5）math.acos(a)。返回参数 a 的反余弦值。

（6）math.atan(a)。返回参数 a 的反正切值。

有时需要将弧度转换为角度,或将角度转换为弧度,math 模块中提供了弧度和角度函数。

（1）math.degrees(a)。将弧度 a 转换为角度。

（2）math.radians(a)。将角度 a 转换为弧度。

在 Python Shell 中运行示例代码如下：

```
>>> import math
>>> math.degrees(0.5 * math.pi)      ①
90.0
>>> math.radians(180 / math.pi)      ②
1.0
>>> a = math.radians(45 / math.pi)   ③
>>> a
0.25

>>> math.sin(a)
0.24740395925452294
>>> math.asin(math.sin(a))
```

```
0.25
>>> math.asin(0.2474)
0.24999591371483254
>>> math.asin(0.24740395925452294)
0.25

>>> math.cos(a)
0.9689124217106447
>>> math.acos(0.9689124217106447)
0.2500000000000002
>>> math.acos(math.cos(a))
0.2500000000000002

>>> math.tan(a)
0.25534192122103627
>>> math.atan(math.tan(a))
0.25
>>> math.atan(0.25534192122103627)
0.25
```

上述代码第①行的 degrees( )函数将弧度转换为角度,其中 math. pi 是数学常量 π。代码第②行的 radians( )函数将角度转换为弧度。代码第③行 math. radians(45/math. pi)表达式是将 45 角度转换为 0.25 弧度。

14.2　random 模块

random 模块提供了一些生成随机数函数。

(1) random. random( )。返回在范围大于或等于 0.0,且小于 1.0 内的随机浮点数。

(2) random. randrange(stop)。返回在范围大于或等于 0,且小于 stop 内,步长为 1 的随机整数。

(3) random. randrange(start,stop[,step])。返回在范围大于或等于 start,且小于 stop 内,步长为 step 的随机整数。

(4) random. randint(a,b)。返回在范围大于或等于 a,且小于或等于 b 的随机整数。

示例代码如下:

```
# coding=utf-8
# 代码文件:chapter14/ch14.2.py

import random

# 0.0 <= x < 1.0 随机数
print('0.0 <= x < 1.0 随机数')
for i in range(0, 10):
    x = random.random()                      ①
    print(x)

# 0 <= x < 5 随机数
print('0 <= x < 5 随机数')
for i in range(0, 10):
```

```
    x = random.randrange(5)                ②
    print(x, end='')

# 5 <= x < 10 随机数
print()
print('5 <= x < 10 随机数')
for i in range(0, 10):
    x = random.randrange(5, 10)            ③
    print(x, end='')

# 5 <= x <= 10 随机数
print()
print('5 <= x <= 10 随机数')
for i in range(0, 10):
    x = random.randint(5, 10)              ④
print(x, end='')
```

运行结果如下：

```
0.0 <= x < 1.0 随机数
0.14679067744719398                        ⑤
0.5376298257414011
0.35184111423811737
0.5563606040766139
0.16577538496133093
0.05700144637207416
0.37028445782666264
0.5922162613642523
0.9030691129412981
0.4284071290039221                         ⑥
0 <= x < 5 随机数
4 4 4 4 2 1 2 4 0 3                         ⑦
5 <= x < 10 随机数
5 9 9 8 7 6 7 6 5 8                         ⑧
5 <= x <= 10 随机数
10 7 5 10 6 10 9 7 8 6                      ⑨
```

上述代码第①行调用了 random( )函数,产生 10 个大于或等于 0.0 小于 1.0 的随机浮点数。生成结果见代码第⑤行和第⑥行。

代码第②行调用了 randrange( )函数,产生 10 个大于或等于 0 小于 5 的随机整数。生成结果见代码第⑦行。

代码第③行调用了 randrange( )函数,产生 10 个大于或等于 5 小于 10 的随机整数。生成结果见代码第⑧行。

代码第④行调用了 randint( )函数,产生 10 个大于或等于 5 小于或等于 10 的随机整数。生成结果见代码第⑨行。

14.3 datetime 模块

Python 官方提供的日期和时间模块主要有 time 和 datetime 模块。time 偏重于底层平台,模块中大多数函数会调用本地平台上的 C 链接库,因此有些函数,在不同平台上的运行结果会有所不同。datetime 模块对 time 模块进行了封装,提供了高级 API,本章将重点介绍 datetime 模块。

datetime 模块中提供了以下几个类。

（1）datetime。包含时间和日期。

（2）date。只包含日期。

（3）time。只包含时间。

（4）timedelta。计算时间跨度。

（5）tzinfo。时区信息。

14.3.1 datetime、date 和 time 类

datetime 模块的核心类是 datetime、date 和 time 类,本节将介绍如何创建这 3 种不同类的对象。

1）datetime 类

一个 datetime 对象可以表示日期和时间等信息,创建 datetime 对象可以使用以下构造方法：

```
datetime.datetime(year, month, day, hour=0, minute=0, second=0, microsecond
=0, tzinfo=None)
```

其中的 year、month 和 day 3 个参数不可省略；tzinfo 是时区参数,默认值是 None 表示不指定时区；除了 tzinfo 外,其他参数全部为合理范围内的整数。这些参数的取值范围如表 14-1 所示(注意：超出该范围将抛出 ValueError)。

表 14-1 参数的取值范围

参 数	取 值 范 围	说 明
year	datetime.MINYEAR≤year≤datetime.MAXYEAR	datetime.MINYEAR 常量是最小年, datetime.MAXYEAR 常量是最大年
month	1≤ month ≤ 12	
day	1≤ day ≤ 给定年份和月份时,该月的最大天数	注意闰年二月份是比较特殊的有 29 天
hour	0≤ hour<24	
minute	0≤ minute<60	
second	0≤ second<60	
microsecond	0≤ microsecond<1000000	

在 Python Shell 中运行示例代码如下：

```
>>> import datetime                                          ①
>>> dt = datetime.datetime(2020, 2, 30)                      ②
Traceback (most recent call last):
  File "<pyshell#3>", line 1, in <module>
    dt = datetime.datetime(2020, 2, 30)
ValueError: day is out of range for month
>>> dt = datetime.datetime(2020, 2, 28, 23, 60, 59, 10000)   ③
Traceback (most recent call last):
  File "<pyshell#5>", line 1, in <module>
```

```
    dt = datetime.datetime(2020, 2, 28, 23, 60, 59, 10000)
ValueError: minute must be in 0..59
>>> dt = datetime.datetime(2020, 2, 28, 23, 30, 59, 10000)
>>> dt
datetime.datetime(2020, 2, 28, 23, 30, 59, 10000)
>>>
```

使用 datetime 时需要导入模块,见代码第①行。代码第②行试图创建 datetime 对象,由于天数 30 超出范围,故发生 ValueError 异常。代码第③行也会发生 ValueError 异常,因为 minute 参数超出范围。

除了通过构造方法创建并初始化 datetime 对象,还可以通过 datetime 类提供的一些类方法获得 datetime 对象,这些类方法有以下几种。

(1) datetime.today()。返回当前本地日期和时间。

(2) datetime.now(tz=None)。返回指定时区的本地当前日期和时间,如果参数 tz 为 None 或未指定,则等同于 today()。

(3) datetime.utcnow()。返回当前 UTC[①] 日期和时间。

(4) datetime.fromtimestamp(timestamp, tz=None)。返回与 UNIX 时间戳[②]对应的本地日期和时间。

(5) datetime.utcfromtimestamp(timestamp):返回与 UNIX 时间戳对应的 UTC 日期和时间。

在 Python Shell 中运行示例代码如下:

```
>>> import datetime
>>> datetime.datetime.today()                              ①
datetime.datetime(2020, 4, 2, 12, 13, 43, 500071)
>>> datetime.datetime.now()                                ②
datetime.datetime(2020, 4, 2, 12, 13, 51, 377245)
>>> datetime.datetime.utcnow()                             ③
datetime.datetime(2020, 4, 2, 4, 13, 56, 875638)
>>> datetime.datetime.fromtimestamp(999999999.999)         ④
datetime.datetime(2001, 9, 9, 9, 46, 39, 999000)
>>> datetime.datetime.utcfromtimestamp(999999999.999)      ⑤
datetime.datetime(2001, 9, 9, 1, 46, 39, 999000)
```

从上述代码可见,如果没有指定时区,datetime.now() 和 datetime.today() 是相同的,见代码第①行和第②行。代码第③行中 datetime.utcnow() 与 datetime.today() 相比晚 8 个小时,这些因为 datetime.today() 获取的是本地时间,笔者所在地是北京时间,即东八区,本地时间比 UTC 时间早 8 个小时。代码第④行和第⑤行通过时间戳创建 datetime,从结果可见,同样的时间戳 datetime.fromtimestamp() 比 datetime.utcfromtimestamp() 也是早 8 个小时。

---

① UTC 即协调世界时。它以原子时为基础,是时刻上尽量接近世界时的一种时间计量系统。UTC 比 GMT(即格林尼治标准时间,是 19 世纪中叶大英帝国的基准时间,同时也是世界基准时间)更加精准,它的出现满足了现代社会对于精确计时的需要。

② 自 UTC 时间 1970 年 1 月 1 日 00:00:00 以来至现在的总秒数。

注意	在 Python 语言中时间戳单位是"秒",所以它会有小数部分。而其他语言如 Java 单位是"毫秒",当跨平台计算时间时需要注意这个差别。

2）date 类

一个 date 对象可以表示日期等信息,创建 date 对象可以使用如下构造方法:

```
datetime.date(year, month, day)
```

其中的 year、month 和 day 三个参数是不能省略的,参数应为合理范围内的整数,这些参数的取值范围参考表 14-1,如果超出这个范围会抛出 ValueError。

在 Python Shell 中运行示例代码如下:

```
>>> import datetime
>>> d = datetime.date(2018, 2, 29)        ①
Traceback (most recent call last):
  File "<pyshell#1>", line 1, in <module>
    d = datetime.date(2018, 2, 29)
ValueError: day is out of range for month
>>> d = datetime.date(2018, 2, 28)
>>> d
datetime.date(2018, 2, 28)
```

在使用 date 时需要导入 datetime 模块。代码第①行试图创建 date 对象,由于 2018 年 2 月只有 28 天,29 超出范围,因此发生 ValueError 异常。

除了通过构造方法创建并初始化 date 对象,还可以通过 date 类提供的一些类方法获得 date 对象。

（1）date. today( )。返回当前本地日期。

（2）date. fromtimestamp(timestamp)。返回与 UNIX 时间戳对应的本地日期。

在 Python Shell 中运行示例代码如下:

```
>>> import datetime
>>> datetime.date.today()
datetime.date(2020, 4, 2)
>>> datetime.date.fromtimestamp(999999999.999)
datetime.date(2001, 9, 9)
```

3）time 类

一个 time 对象可以表示一天中的时间信息,创建 time 对象可以使用以下构造方法:

```
datetime.time(hour=0, minute=0, second=0, microsecond=0, tzinfo=None)
```

所有参数均可选。除 tzinfo 外,其他参数应为合理范围内(取值范围参考表 14-1)的整数,超出该范围将抛出 ValueError。

在 Python Shell 中运行示例代码如下:

```
>>> import datetime
>>> datetime.time(24,59,58,1999)        ①
Traceback (most recent call last):
  File "<pyshell#19>", line 1, in <module>
```

```
    datetime.time(24,59,58,1999)
ValueError: hour must be in 0..23
>>> datetime.time(23, 59, 58, 1999)
datetime.time(23, 59, 58, 1999)
```

在使用 time 时需要导入 datetime 模块。代码第①行试图创建 time 对象,由于一天时间不能超过 24 小时,因此发生 ValueError 异常。

14.3.2　日期和时间计算

如需知道 10 天后的日期,或 2018 年 1 月 1 日前 5 周的日期,这些问题需要使用 timedelta 类。timedelta 对象用于计算 datetime、date 和 time 对象时间间隔。

timedelta 类构造方法如下:

```
datetime.timedelta(days = 0, seconds = 0, microseconds = 0, milliseconds = 0,
minutes = 0, hours = 0, weeks = 0)
```

所有参数均可选,参数可以为整数或浮点数,可以为正数或负数。在 timedelta 内部只保存 days(天)、seconds(秒)和 microseconds(微秒)变量,所以其他参数 milliseconds(毫秒)、minutes(分钟)和 weeks(周)都应换算为 days、seconds 和 microseconds 这 3 个参数。

在 Python Shell 中运行示例代码如下:

```
>>> import datetime
>>> datetime.date.today()
datetime.date(2020, 4, 2)
>>> d = datetime.date.today()            ①
>>> delta = datetime.timedelta(10)       ②
>>> d += delta                           ③
>>> d
datetime.date(2020, 4, 12)
>>> d = datetime.date(2020, 1, 1)        ④
>>> delta = datetime.timedelta(weeks = 5)  ⑤
>>> d -= delta                           ⑥
>>> d
datetime.date(2019, 11, 27)
>>>
```

上述代码第①行是获得当前本地日期;代码第②行是创建 10 天的 timedelta 对象;代码第③行 d+=delta 是当前日期+10 天;代码第④行是创建 2020 年 1 月 1 日期对象;代码第⑤行是创建 5 周的 timedelta 对象;代码第⑥行 d-=delta 表示 d 前 5 周的日期。本例中只演示了日期的计算,使用 timedelta 对象还可以精确到微秒,这里不再赘述。

14.3.3　日期和时间格式化与解析

无论日期还是时间,显示时均需格式化输出,使其符合当地人查看日期和时间的习惯。与日期和时间格式化输出相反的操作为日期和时间的解析,当用户使用应用程序界面输入日期时,计算机能够读入的是字符串,经过解析这些字符串获得日期和时间对象。Python 中日期和时间格式化使用 strftime() 方法,datetime、date 和 time 三个类中都有一个实例方法 strftime(format)；而日期和时间解析使用 datetime. strptime(date_
string, format)类方法, date 和 time 没有 strptime( )方法。方法 strftime( )和 strptime( )中
都有一个格式化参数 format, 用来控制日期时间的格式, 表 14-2 所示是常用的日期和
时间格式控制符。

表 14-2 常用的日期和时间格式控制符

控制符	含 义	示 例
%m	两位月份表示	01、02、12
%y	两位年份表示	08、18
%Y	四位年份表示	2008、2018
%d	两位表示月内中的一天	01、02、03
%H	两位小时表示(24 小时制)	00、01、23
%I	两位小时表示(12 小时制)	01、02、12
%p	AM 或 PM 区域性设置	AM 和 PM
%M	两位分钟表示	00、01、59
%S	两位秒表示	00、01、59
%f	以 6 位数表示微秒	000000、000001、…、999999
%z	+HHMM 或 -HHMM 形式的 UTC 偏移	+0000、-0400、+1030, 如果没有则设置时区为空
%Z	时区名称	UTC、EST、CST, 如果没有则设置时区为空

提示 表 14-2 中的数字均为十进制数字。控制符会因不同平台有所差别, 这是因为 Python
调用了本地平台 C 库的 strftime( )函数进行了日期和时间格式化。事实上这些控制符
是 1989 版 C 语言控制符。表 14-2 只列出了常用的控制符, 更多控制符可参考 https://
docs. py-thon. org/3/library/datetime. html#strftime-strptime-behavior。

在 Python Shell 中运行示例代码如下:

```
>>> import datetime
>>> d = datetime.datetime.today()
>>> d.strftime('%Y-%m-%d %H:%M:%S')                              ①
'2020-04-02 12:26:24'
>>> d.strftime('%Y-%m-%d')                                       ②
'2020-04-02'

>>> str_date = '2020-02-30 10:40:26'
>>> date = datetime.datetime.strptime(str_date, '%Y-%m-%d %H:%M:%S')  ③
Traceback (most recent call last):
  File "<pyshell#38>", line 1, in <module>
    date = datetime.datetime.strptime(str_date, '%Y-%m-%d %H:%M:%S')
  File "C:\Users\tony\AppData\Local\Programs\Python\Python38-32\lib\
_strptime.py", line 568, in _strptime_datetime
    tt, fraction, gmtoff_fraction = _strptime(data_string, format)
  File "C:\Users\tony\AppData\Local\Programs\Python\Python38-32\lib\
_strptime.py", line 534, in _strptime
```

```
       julian = datetime_date(year, month, day).toordinal() - \
ValueError: day is out of range for month

>>> str_date = '2020-02-29 10:40:26'
>>> date = datetime.datetime.strptime(str_date, '%Y-%m-%d %H:%M:%S')
>>> date
datetime.datetime(2020, 2, 29, 10, 40, 26)

>>> date = datetime.datetime.strptime(str_date, '%Y-%m-%d')        ④
Traceback (most recent call last):
  File "<pyshell#46>", line 1, in <module>
    date = datetime.datetime.strptime(str_date, '%Y-%m-%d')
  File "C:\Users\tony\AppData\Local\Programs\Python\Python38-32\lib\
_strptime.py", line 568, in _strptime_datetime
    tt, fraction, gmtoff_fraction = _strptime(data_string, format)
  File "C:\Users\tony\AppData\Local\Programs\Python\Python38-32\lib\
_strptime.py", line 352, in _strptime
    raise ValueError("unconverted data remains: %s" %
ValueError: unconverted data remains: 10:40:26
```

上述代码第①行对当前日期时间 d 进行格式化。d 包含日期和时间信息,如果只关心其中部分信息,在格式化时可以指定部分控制符,如代码第②行只设置年月日。

代码第③行试图解析日期时间字符串 str_date,因为 2020 年 2 月没有 30 日,所以解析过程会抛出 ValueError 异常。代码第④行设置的控制符只有年月日('%Y-%m-%d'),而要解析的字符串'2020-02-29 10:40:26'有时分秒,所以也会抛出 ValueError 异常。

14.3.4 时区

datetime 和 time 对象只是单纯地表示本地的日期和时间,没有时区信息。如果想带有时区信息,可以使用 timezone 类,它是 tzinfo 的子类,提供了 UTC 偏移时区的实现。timezone 类构造方法如下:

```
datetime.timezone(offset, name=None)
```

其中 offset 是 UTC 偏移量,+8 是东八区,北京在此时区;−5 是西五区,纽约在此时区,0 是零时区,伦敦在此时区。name 参数是时区名字,如 Asia/Beijing,可以省略。

在 Python Shell 中运行示例代码如下:

```
>>> from datetime import datetime, timezone, timedelta        ①

>>> utc_dt = datetime(2008, 8, 19, 23, 59, 59, tzinfo= timezone.utc)   ②
>>> utc_dt
datetime.datetime(2008, 8, 19, 23, 59, 59, tzinfo=datetime.timezone.utc)
>>> utc_dt.strftime('%Y-%m-%d %H:%M:%S %Z')        ③
'2008-08-19 23:59:59 UTC'
>>>
>>> utc_dt.strftime('%Y-%m-%d %H:%M:%S %z')        ④
'2008-08-19 23:59:59 +0000'
```

```
>>> bj_tz = timezone(offset = timedelta(hours = 8), name = 'Asia/Beijing') ⑤
>>> bj_tz
datetime.timezone(datetime.timedelta(0, 28800), 'Asia/Beijing')
>>> bj_dt = utc_dt.astimezone(bj_tz)                                          ⑥
>>> bj_dt
datetime.datetime(2008, 8, 20, 7, 59, 59, tzinfo=datetime.timezone(datetime.
timedelta(0, 28800), 'Asia/Beijing'))
>>> bj_dt.strftime('%Y-%m-%d %H:%M:%S %Z')
'2008-08-20 07:59:59 Asia/Beijing'
>>> bj_dt.strftime('%Y-%m-%d %H:%M:%S %z')
'2008-08-20 07:59:59 +0800'

>>> bj_tz = timezone(timedelta(hours = 8))                                    ⑦
>>> bj_dt = utc_dt.astimezone(bj_tz)
>>> bj_dt.strftime('%Y-%m-%d %H:%M:%S %z')
'2008-08-20 07:59:59 +0800'
```

上述代码第①行采用 from import 语句导入 datetime 模块,并明确指定导入 datetime、timezone 和 timedelta 类,这样在使用时就不必在类前面再加 datetime 模块名了,比较简洁。如果想导入所有的类可以使用 from datetime import * 语句。

代码第②行创建了 datetime 对象 utc_dt,tzinfo = timezone.utc 表示设置 UTC 时区,相当于 timezone(timedelta(0))。代码第③行和第④行分别格式化输出 utc_dt,它们都分别带有时区控制符。

代码第⑤行创建了 timezone 对象 bj_tz,offset = timedelta(hours = 8) 表示设置时区偏移量为东八区,即北京时间。实际参数 Asia/Beijing 是时区名,可以省略,见代码第⑦行。完成时区创建还需要设置具体的 datetime 对象。代码第⑥行 utc_dt.astimezone(bj_tz) 调整时区,返回值 bj_dt 就变成北京时间了。

14.4　本章小结

通过对本章的学习,读者可以学习 math 模块、random 模块和 datetime 模块。本章在 math 模块中介绍了舍入函数、幂函数、对数函数和三角函数;random 模块中介绍了 ran-dom()、randrange() 和 randint() 函数;datetime 模块中介绍了 datetime、date 和 time 类,以及 timedelta 和 timezone 类。

14.5　同步练习

1. 判断对错。

math 模块进行数学运算,如指数、对数、平方根和三角函数等。math 模块中的函数只是整数和浮点,不包括复数,复数计算需要使用 cmath 模块。(　　　)

2. 判断对错。

四舍五入函数 round(a) 是 math 模块中定义的。(　　　)

3. 填空题。表达式 math.floor(-1.6) 的输出结果是_____。

4. 填空题。表达式 math.ceil(-1.6)的输出结果是＿＿＿＿＿＿。

5. 下列表达式中能够生成大于或等于 0 小于 10 的整数的是(　　)。

    A. int(random.random( ) * 10)　　　　　　B. random.randrange(0,10,1)

    C. random.randint(0,10)　　　　　　　　D. random.randrange(0,10)

6. 判断对错。

datetime 模块核心类是 datetime、date 和 time 类,datetime 可以表示日期和时间等信息, date 可以表示日期等信息,time 可以表示一天中的时间信息。(　　)

14.6　上机实验:输入与转换日期

编写程序:从控制台输入年、月、日,并将其转换为合法的 date 对象。

第15章

正则表达式

正则表达式(Regular Expression,在代码中常简写为 regex、regexp、RE 或 re)是预先定义好的一个"规则字符串",通过这个"规则字符串"可以匹配、查找和替换那些符合"规则"的文本。

虽然文本的查找和替换功能可通过字符串提供的方法实现,但是实现起来极为困难,运算效率也很低。使用正则表达式实现这些功能则比较简单,且效率很高,唯一的难点在于编写合适的正则表达式。

Python 中正则表达式应用非常广泛,如数据挖掘、数据分析、网络爬虫、输入有效性验证等。Python 也提供了利用正则表达式实现文本的匹配、查找和替换等操作的 re 模块。本章介绍的正则表达式与其他语言的正则表达式是通用的。

15.1 正则表达式中的字符

正则表达式是一种字符串,由普通字符和元字符(Metacharacters)组成。

1）普通字符

普通字符是按照字符字面意义表示的字符。图 15-1 是验证域名为 zhijieketang.com 的邮箱的正则表达式,其中标号为②的字符(@ zhijieketang 和 com)都属于普通字符,这里它们都表示字符本身的字面意义。

图 15-1　验证邮箱 zhijieketang.com 的正则表达式

2）元字符

元字符是预先定义好的一些特定字符,图 15-1 中标号为①的字符(\w+和 \.)都属于元字符。

15.1.1 元字符

元字符(Metacharacters)是用来描述其他字符的特殊字符,由基本元字符和普通字符构成。基本元字符是构成元字符的组成要素。基本元字符如表 15-1 所示。

图 15-1 中" \w+"是元字符,由两个基本元字符(" \ "和" + ")和一个普通字符 w 构成;" \. "也是元字符,由两个基本元字符" \ "和" . "构成。

学习正则表达式某种意义上就是学习元字符的使用,元字符是正则表达式的重点也是难点。下面将分别介绍元字符的具体使用。

表 15-1 基本元字符

字 符	说 明
\	转义符,表示转义
.	表示任意一个字符
+	表示重复一次或多次
*	表示重复零次或多次
?	表示重复零次或一次
		选择符号,表示"或关系",例如:A|B 表示匹配 A 或 B
{ }	定义量词
[ ]	定义字符类
( )	定义分组
^	可以表示取反,或匹配一行的开始
$	匹配一行的结束

15.1.2 字符转义

在正则表达式中有时也需要字符转义,如"\w+@ zhijieketang\.com"中的"\w"表示任何语言的单词字符(如英文字母、亚洲文字等)、数字和下画线等内容。其中反斜杠"\"也是基本元字符,与 Python 语言中的字符转义类似。

不仅可以对普通字符进行转义,还可以对基本元字符进行转义。如基本元字符点"."表示任意一个字符,而转义后的点"\."则表示"点"的字面意义使用。所以正则表达式"\w+@ zhijieketang\.com"中的"\.com"表示匹配.com 域名。

15.1.3 开始与结束字符

基本元字符^和 $可用于匹配一行字符串的开始和结束。当正则表达式以"^"开始时,从字符串的开始位置匹配;当正则表达式以" $"结束时,则从字符串的结束位置匹配。所以正则表达式"\w+@ zhijieketang\.com"和"^\w+@ zhijieketang\.com $"是不同的。

示例代码如下:

```
# coding=utf-8
# 代码文件:chapter15/ch15.1.3.py


import re                                                    ①

p1 = r'\w+@ zhijieketang\.com'   # 或 '\\w+@ zhijieketang\\.com'    ②
p2 = r'^\w+@ zhijieketang\.com $'# 或 '^\\w+@ zhijieketang\\.com $'  ③

text = "Tony's email is tony_guan588@ zhijieketang.com."
m = re.search(p1, text)                                       ④
print(m)                         # 匹配

m = re.search(p2, text)                                       ⑤
print(m)                         # 不匹配

email = 'tony_guan588@ zhijieketang.com'
```

```
m = re.search(p2, email)                                          ⑥
print(m)                              # 匹配
```

输出结果如下：

```
<re.Match object; span = (16, 45), match = 'tony_guan588@ zhijieketang.com'>
None
<re.Match object; span = (0, 29), match = 'tony_guan588@ zhijieketang.com'>
```

上述代码第①行导入 Python 正则表达式模块 re。代码第②行和第③行定义了两个正则表达式。

提示　由于正则表达式中经常会有反斜杠(\)等特殊字符，采用普通字符串表示需要转义，例代码第②行和第③行注释中'\\w+@ zhijieketang\\. com'和'^\\w+@ zhijieketang\\. com $'。如果正则表达式采用 r 表示的原始字符串(rawstring)(见 6.3.2 节)，其中的字符不需要转义，例代码第②行和第③行注释中 r'\w+@ zhijieketang\. com'和 r'^\w+@ zhijieketang\. com $'。可见采用原始字符串表示正则表达式比较简单，所以正则表达式通常采用原始字符串表示。

代码第④行通过 search( )函数在字符串 text 中查找匹配 p1 正则表达式，如果找到第 1 个则返回 match 对象，如果没有找到则返回 None。注意 p1 正则表达式开始和结束没有^和 $符号，所以 re. search(p1, text)会成功返回 match 对象，见输出结果。

代码第⑤行通过 search( )函数在字符串 text 中查找匹配 p2 正则表达式，由于 p2 正则表达式开始和结束有^和 $符号，匹配时要求 text 字符串开始和结束均与正则表达式开始和结束匹配。

代码第⑥行中 re. search(p2, email)的 email 字符串开始和结束都能与正则表达式开始和结束匹配，所以会成功返回 match 对象。

15.2　字符类

正则表达式中可以使用字符类(Character class)，一个字符类定义一组字符集合，其中的任一字符出现在输入字符串中即匹配成功。注意每次只能匹配字符类中的一个字符。

15.2.1　定义字符类

定义一个普通的字符类需要使用"["和"]"元字符类。例如想在输入字符串中匹配 Java 或 java，即可使用正则表达式[Jj]ava。示例代码如下：

```
# coding = utf-8
# 代码文件:chapter15/ch15.2.1.py


import re

p = r'[Jj]ava'
```

```
m = re.search(p, 'I like Java and Python.')
print(m)      # 匹配

m = re.search(p, 'I like JAVA and Python.')      ①
print(m)      # 不匹配

m = re.search(p, 'I like java and Python.')
print(m)      # 匹配
```

输出结果如下：

```
<re.Match object; span=(7, 11), match='Java'>
None
<re.Match object; span=(7, 11), match='java'>
```

上述代码第①行中 JAVA 字符串不匹配正则表达式[Jj]ava,其他两个均匹配。

提示 如果希望 JAVA 字符串也能匹配,可以使用正则表达式 Java|java|JAVA,其中"|"是基本元字符(在 15.1.1 节中介绍过),表示"或关系",即 Java、java 或 JAVA 都可以匹配。

15.2.2 字符类取反

在正则表达式中指定不希望出现的字符,可以在字符类前加符号"^"。示例代码如下：

```
# coding=utf-8
# 代码文件:chapter15/ch15.2.2.py


import re

p = r'[^0123456789]'      ①

m = re.search(p, '1000')
print(m)      # 不匹配

m = re.search(p, 'Python 3')
print(m)      # 匹配
```

输出结果如下：

```
None
<re.Match object; span=(0, 1), match='P'>
```

上述代码第①行定义正则表达式[^0123456789],表示输入字符串中出现非 0~9 的数字即匹配,即出现[0123456789]以外的任意一字符即匹配。

15.2.3 区间

15.2.2 节示例中的[^0123456789]正则表达式有些烦琐,这种连续的数字可以使用区间表示。区间是用连字符"-"表示的,如[0123456789]采用区间表示为[0-9],

［^0123456789］采用区间表示为［^0-9］。区间还可以表示连续的英文字母字符类，如［a-z］表示所有小写字母字符类，［A-Z］表示所有大写字母字符类。

另外，区间也可以表示多个不同类，［A-Za-z0-9］表示所有字母和数字字符类，［0-25-7］表示 0、1、2、5、6、7 几个字符组成的字符类。

示例代码如下：

```
# coding=utf-8
# 代码文件：chapter15/ch15.2.3.py


import re

m = re.search(r'[A-Za-z0-9]', 'A10.3')
print(m)      # 匹配

m = re.search(r'[0-25-7]', 'A3489C')
print(m)      # 不匹配
```

输出结果如下：

```
<re.Match object; span=(0, 1), match='A'>
None
```

15.2.4　预定义字符类

有些字符类很常用，如［0-9］等。为了书写方便，正则表达式提供了预定义的字符类，如预定义字符类\d 等价于［0-9］字符类。预定义字符类如表 15-2 所示。

表 15-2　预定义字符类

字符类	说　　明
.	匹配任意一个字符
\\	匹配反斜杠(\)字符
\n	匹配换行
\r	匹配回车
\f	匹配一个换页符
\t	匹配一个水平制表符
\v	匹配一个垂直制表符
\s	匹配一个空格符，等价于［\t\n\r\f\v］
\S	匹配一个非空格符，等价于［^\s］
\d	匹配一个数字字符，等价于［0-9］
\D	匹配一个非数字字符，等价于［^0-9］
\w	匹配任何语言的单词字符(如英文字母、亚洲文字等)、数字和下画线(_)等字符，如果正则表达式编译标志设置为 ASCII，则只匹配［a-zA-Z0-9_］
\W	等价于［^\w］

示例代码如下:

```
# coding=utf-8
# 代码文件:chapter15/ch15.2.4.py

import re

# p = r'[^0123456789]'
p = r'\D'                              ①

m = re.search(p, '1000')
print(m)     # 不匹配

m = re.search(p, 'Python 3')
print(m)     # 匹配

text = '你们好 Hello'
m = re.search(r'\w', text)        ②
print(m)     # 匹配
```

输出结果如下:

```
None
<re.Match object; span=(0, 1), match='P'>
<re.Match object; span=(0, 1), match='你'>
```

上述代码第①行使用正则表达式\D 替代[^0123456789]。代码第②行通过正则表达式 \w 在 text 字符串中查找匹配字符,找到的结果是字符'你',\w 默认是匹配任何语言的字符,所以找到字符'你'。

15.3 量词

在此之前学习的正则表达式元字符只能匹配显示一次字符或字符串,如果想匹配显示多次字符或字符串,可以使用量词。

15.3.1 使用量词

量词表示字符或字符串重复的次数,正则表达式中的量词如表 15-3 所示。

表 15-3 正则表达式中的量词

量　　词	说　　明
?	出现零次或一次
*	出现零次或多次
+	出现一次或多次
{n}	出现 n 次
{n,m}	至少出现 n 次但不超过 m 次
{n,}	至少出现 n 次

使用量词示例代码如下：

```
# coding=utf-8
# 代码文件:chapter15/ch15.3.1.py

import re

m = re.search(r'\d? ', '87654321')          # 出现数字一次
print(m)                                     # 匹配字符'8'

m = re.search(r'\d? ', 'ABC')               # 出现数字零次
print(m)                                     # 匹配字符''

m = re.search(r'\d*', '87654321')           # 出现数字多次
print(m)                                     # 匹配字符'87654321'

m = re.search(r'\d*', 'ABC')                # 出现数字零次
print(m)                                     # 匹配字符''

m = re.search(r'\d+', '87654321')           # 出现数字多次
print(m)                                     # 匹配字符'87654321'

m = re.search(r'\d+', 'ABC')                # 不匹配
print(m)

m = re.search(r'\d{8}', '87654321')         # 出现数字 8 次
print(m)                                     # 匹配字符'87654321'

m = re.search(r'\d{8}', 'ABC')              # 不匹配
print(m)

m = re.search(r'\d{7,8}', '87654321')       # 出现数字 8 次
print(m)                                     # 匹配字符'87654321'

m = re.search(r'\d{9,}', '87654321')        # 不匹配
print(m)
```

输出结果如下：

```
<re.Match object; span=(0, 1), match='8'>
<re.Match object; span=(0, 0), match=''>
<re.Match object; span=(0, 8), match='87654321'>
<re.Match object; span=(0, 0), match=''>
<re.Match object; span=(0, 8), match='87654321'>
None
8765432 <re.Match object; span=(0, 8), match='87654321'>
None
<re.Match object; span=(0, 8), match='87654321'>
None
```

15.3.2　贪婪量词和懒惰量词

量词还可以细分为贪婪量词和懒惰量词。贪婪量词会尽可能多地匹配字符,懒惰量词

会尽可能少地匹配字符。Python 中的正则表达式量词默认为贪婪量词,如需使用懒惰量词在量词后面加"?"即可。

示例代码如下:

```
# coding=utf-8
# 代码文件:chapter15/ch15.3.2.py

import re

# 使用贪婪量词
m = re.search(r'\d{5,8}', '87654321')      # 出现数字 8 次     ①
print(m) # 匹配字符'87654321'

# 使用懒惰量词
m = re.search(r'\d{5,8}? ', '87654321')   # 出现数字 5 次     ②
print(m)                                   # 匹配字符'87654'
```

输出结果如下:

```
<re.Match object; span=(0, 8), match='87654321'>
<re.Match object; span=(0, 5), match='87654'>
```

上述代码第①行使用了贪婪量词{5,8},输入字符串'87654321'是长度 8 位的数字字符串,尽可能多地匹配字符结果是'87654321'。代码第②行使用惰性量词{5,8}?,输入字符串'87654321'是长度 8 位的数字字符串,尽可能少地匹配字符结果是'87654'。

15.4　分组

在此之前学习的量词只能重复显示一个字符,如果想让一个字符串作为整体使用量词,则需要对整体字符串进行分组,也称子表达式。

15.4.1　定义分组

定义正则表达式分组,则需要将字符串放到一对小括号中。示例代码如下:

```
# coding=utf-8
# 代码文件:chapter15/ch15.4.1.py

import re

p = r'(121){2}'                            ①
m = re.search(p, '121121abcabc')
print(m)              # 匹配
print(m.group())      # 返回匹配字符串      ②
print(m.group(1))     # 获得第一组内容      ③

p = r'(\d{3,4})-(\d{7,8})'                 ④
m = re.search(p, '010-87654321')
print(m)              # 匹配
print(m.group())      # 返回匹配字符串
print(m.groups())     # 获得所有组内容      ⑤
```

输出结果如下：

```
<re.Match object; span=(0, 6), match='121121'>
121121
121
<re.Match object; span=(0, 12), match='010-87654321'>
010-87654321
('010', '87654321')
```

上述代码第①行正则表达式中(121)将字符串'121'分为一组,(121){2}表示对字符串'121'重复两次,即'121121'。代码第②行调用 match 对象的 group()方法返回匹配的字符串,group()方法语法如下：

```
match.group([group1, ...])
```

其中参数 group1 是组编号,在正则表达式中组编号是从 1 开始的,所以代码第③行的表达式 m. group(1)表示返回第 1 个组内容。

代码第④行定义的正则表达式可以用来验证固定电话号码,此时"-"之前是 3 或 4 位的区号,"-"之后是 7 或 8 位的电话号码,在该正则表达式中有两个分组。代码第⑤行 match 对象的 groups()方法返回所有分组,返回值是一个元组。

15.4.2 命名分组

在 Python 程序中,除了可以通过组编号访问分组,还可以通过组名访问,前提是要在正则表达式中为组命名。组命名通过在组开头添加"?P<组名>"实现。

示例代码如下：

```
# coding=utf-8
# 代码文件:chapter15/ch15.4.2.py

import re

p = r'(? P<area_code>\d{3,4})-(? P<phone_code>\d{7,8})'   ①
m = re.search(p, '010-87654321')
print(m)                # 匹配
print(m.group())        # 返回匹配字符串
print(m.groups())       # 获得所有组内容

# 通过组编号返回组内容
print(m.group(1))
print(m.group(2))

# 通过组名返回组内容
print(m.group('area_code'))                               ②
print(m.group('phone_code'))                              ③
```

输出结果如下：

```
<re.Match object; span=(0, 12), match='010-87654321'>
010-87654321
('010', '87654321')
010
```

```
87654321
010
87654321
```

上述代码第①行正则表达式与 15.4.1 节正则表达式相同,只是对其中的两个组进行了命名,即 area_code 和 phone_code。当在程序中访问这些带有名字的组时,可以通过组编号或组名字访问,代码第②行和第③行通过组名字访问组内容。

15.4.3 反向引用分组

除了在程序代码中访问正则表达式匹配之后的分组内容,还可以在正则表达式内部访问之前的分组,称为"反向引用分组"。

正则表达式中反向引用语法是"\组编号",组编号从 1 开始。如果组有名字,也可以组名反向引用,语法是"(?P=组名)"。

下面通过示例讲解一下反向引用分组。假设由于工作需要解析一段 XML 代码,需要找到某个开始标签和结束标签,代码如下:

```
# coding=utf-8
# 代码文件:chapter15/ch15.4.3-1.py

import re

p = r'<([\w]+)>.*</([\w]+)>'          ①

m = re.search(p, '<a>abc</a>')        ②
print(m)        # 匹配

m = re.search(p, '<a>abc</b>')        ③
print(m)        # 匹配
```

输出结果如下:

```
<re.Match object; span=(0, 10), match='<a>abc</a>'>
<re.Match object; span=(0, 10), match='<a>abc</b>'>
```

上述代码第①行定义的正则表达式分成了两组,两组内容完全一样。代码第②行和第③行进行测试,测试结果二者均匹配。而<a>abc</b>不是有效的 XML 代码,因为其开始标签和结束标签不一致。可见代码第①行的正则表达式不能保证开始标签和结束标签一致,不能保证两个组保持一致。为了解决此问题,可以使用反向引用,即让第 2 组反向引用第 1 组。

修改上面的示例:

```
# coding=utf-8
# 代码文件:chapter15/ch15.4.3-2.py

import re

#p = r'<([\w]+)>.*</\1>'                    # 使用组编号反向引用      ①
p = r"<(?P<tag>[\w]+)>.*</(?P=tag)>"        # 使用组名反向引用        ②
```

```
m = re.search(p, '<a>abc</a>')
print(m)                                   # 匹配

m = re.search(p, '<a>abc</b>')
print(m)                                   # 不匹配
```

输出结果如下：

```
<re.Match object; span=(0, 10), match='<a>abc</a>'>
None
```

上述代码第①行正则表达式使用组编号反向引用，其中"\1"反向引用第 1 个组。代码第②行正则表达式使用组名反向引用，其中"?P<tag>"命名组名为 tag，(?P=tag) 是通过组名反向引用。从运行结果可见这两个正则表达式都可以匹配<a>abc</a>字符串，而不匹配<a>abc</b>字符串。

15.4.4 非捕获分组

前面介绍的分组称为"捕获分组"。捕获分组的匹配结果被暂时保存到内存中，以备正则表达式或其他程序引用，该过程称为"捕获"，捕获结果可以通过组编号或组名引用。能够反向引用分组就是因为分组是捕获的。

捕获分组的匹配结果被暂时保存到内存中，如果正则表达式比较复杂，要处理的文本有很多，可能严重影响性能。所以当使用分组，但又不需要引用分组时，可使用"非捕获分组"，在组开头使用"?:"可以实现非捕获分组。

15.4.1 节示例中使用了捕获分组，采用非捕获分组也可以满足需求。修改 15.4.1 节示例代码如下：

```
# coding=utf-8
# 代码文件:chapter15/ch15.4.4.py

import re

p = r'(?:121){2}'                                ①
m = re.search(p, '121121abcabc')
print(m)                # 匹配
print(m.group())        # 返回匹配字符串
# print(m.group(1))     # 试图获得第一组内容发生错误      ②

p = r'(?:\d{3,4})-(?:\d{7,8})'                   ③
m = re.search(p, '010-87654321')
print(m)                # 匹配
print(m.group())        # 返回匹配字符串
print(m.groups())       # 获得所有组内容                 ④
```

输出结果：

```
<re.Match object; span=(0, 6), match='121121'>
121121
<re.Match object; span=(0, 12), match='010-87654321'>
010-87654321
()
```

上述代码第①行和第③行采用非捕获分组的正则表达式。与 15.4.1 节示例一样都可用匹配相同的字符串。注意：使用非捕获分组不会匹配组内容，所以代码第②行试图获取第 1 组内容发生错误。另外，代码第④行 m.groups( ) 方法获得所有组内容结果也是空的。

15.5　re 模块中的重要函数

re 是 Python 内置的正则表达式模块，前面已经使用过 re 模块的一些函数，还有很多重要函数，这一节将详细介绍。

15.5.1　search( ) 和 match( ) 函数

search( ) 和 match( ) 函数非常相似，其区别为：search( ) 在输入字符串中查找，返回第一个匹配内容，如果找到则返回 match 对象，如未找到返回 None；match( ) 在输入字符串开始处查找匹配内容，如果找到则返回 match 对象，如未找到返回 None。

示例代码如下：

```
# coding=utf-8
# 代码文件:chapter15/ch15.5.1.py

import re

p = r'\w+@ zhijieketang\.com'

text = "Tony's email is tony_guan588@ zhijieketang.com."    ①
m = re.search(p, text)
print(m)        # 匹配

m = re.match(p, text)
print(m)        # 不匹配

email = 'tony_guan588@ zhijieketang.com'                      ②
m = re.search(p, email)
print(m)        # 匹配

m = re.match(p, email)
print(m)        # 匹配

# match 对象几个方法
print('match 对象几个方法:')                                    ③
print(m.group())
print(m.start())
print(m.end())
print(m.span())
```

输出结果如下：

```
<re.Match object; span=(15, 45), match='tony_guan588@ zhijieketang.com'>
None
<re.Match object; span=(0, 29), match='tony_guan588@ zhijieketang.com'>
<re.Match object; span=(0, 29), match='tony_guan588@ zhijieketang.com'>
```

```
match 对象几个方法：
tony_guan588@ zhijieketang.com
0
29
(0, 29)
```

上述代码第①行输入字符串开头不是 email, search() 函数可以匹配成功, 而 match() 函数却匹配失败。代码第②行输入字符串开头就是 email, 所以 search() 和 match() 函数都可匹配成功。search() 和 match() 函数匹配成功都返回 match 对象。match 对象有一些常用方法, 见代码第③行。其中 group() 方法返回匹配的子字符串; start() 方法返回子字符串的开始索引; end() 方法返回子字符串的结束索引; span() 方法返回子字符串的跨度, 它是一个二元素的元组。

15.5.2 findall() 和 finditer() 函数

findall() 和 finditer() 函数非常相似, 其区别为：

(1) findall(): 在输入字符串中查找所有匹配内容, 如果匹配成功, 则返回 match 列表对象, 匹配失败则返回 None。

(2) finditer(): 在输入字符串中查找所有匹配内容, 如果匹配成功, 则返回容纳 match 的可迭代对象, 通过迭代对象每次可以返回一个 match 对象, 如果匹配失败, 则返回 None。

示例代码如下：

```
# coding=utf-8
# 代码文件:chapter15/ch15.5.2.py

import re

p = r'[Jj]ava'
text = 'I like Java and java.'

match_list = re.findall(p, text)          ①
print(match_list)

match_iter = re.finditer(p, text)         ②
for m in match_iter:                      ③
    print(m.group())
```

输出结果如下：

```
['Java', 'java']
Java
java
```

上述代码第①行的 findall() 函数返回 match 列表对象。代码第②行的 finditer() 函数返回可迭代对象。代码第③行通过 for 循环遍历可迭代对象。

15.5.3 字符串分割

字符串分割使用 split() 函数, 该函数按照匹配的子字符串进行字符串分割, 返回字符串列表对象。

```
re.split(pattern, string, maxsplit=0, flags=0)
```

其中参数 pattern 是正则表达式；参数 string 是要分割的字符串；参数 maxsplit 是最大分割次数,maxsplit 默认值为零,表示分割次数没有限制；参数 flags 是编译标志,相关内容将在 15.6 节介绍。

示例代码如下：

```
# coding=utf-8
# 代码文件:chapter15/ch15.5.3.py

import re

p = r'\d+'
text = 'AB12CD34EF'

clist = re.split(p, text)                 ①
print(clist)

clist = re.split(p, text, maxsplit=1)     ②
print(clist)

clist = re.split(p, text, maxsplit=2)     ③
print(clist)
```

输出结果：

```
['AB', 'CD', 'EF']
['AB', 'CD34EF']
['AB', 'CD', 'EF']
```

上述代码调用 split() 函数通过数字对字符串 'AB12CD34EF' 进行分割,\d+ 正则表达式匹配一到多个数字。代码第①行 split() 函数中参数 maxsplit 和 flags 是默认的,分割的次数没有限制,分割结果是 ['AB','CD','EF'] 列表。

代码第②行 split() 函数指定 maxsplit 为 1,分割结果是 ['AB','CD34EF'] 列表,列表元素的个数是 maxsplit+1。

代码第③行 split() 函数指定 maxsplit 为 2,2 是最大可能的分割次数,因此 maxsplit >=2 与 maxsplit=0 是一样的。

15.5.4　字符串替换

字符串替换使用 sub() 函数,该函数用于替换匹配的子字符串,返回值是替换之后的字符串。

```
re.sub(pattern, repl, string, count=0, flags=0)
```

其中参数 pattern 是正则表达式；参数 repl 是替换字符串；参数 string 是要提供的字符串；参数 count 是要替换的最大数量,默认值为零,表示替换数量没有限制；参数 flags 是编译标志。

示例代码如下：

```
# coding=utf-8
# 代码文件:chapter15/ch15.5.4.py

import re

p = r'\d+'
text = 'AB12CD34EF'

repace_text = re.sub(p, '', text)                    ①
print(repace_text)

repace_text = re.sub(p, '', text, count=1)           ②
print(repace_text)

repace_text = re.sub(p, '', text, count=2)           ③
print(repace_text)
```

输出结果：

```
AB CD EF
AB CD34EF
AB CD EF
```

上述代码调用 sub( ) 函数替换 'AB12CD34EF' 字符串中的数字。代码第①行 sub( ) 函数中参数 count 和 flags 都是默认的，替换的最大数量没有限制，替换结果是 ABCDEF。

代码第②行 sub( ) 函数指定 count 为 1，替换结果是 ABCD34EF。

代码第③行 sub( ) 函数指定 count 为 2，2 是最大可能的替换次数，因此 count>=2 与 count=0 是一样的。

15.6 编译正则表达式

到此为止，所介绍的 Python 正则表达式内容足够开发实际项目了。但是为了提高效率，还可以对 Python 正则表达式进行编译。编译的正则表达式可以重复使用，减少正则表达式的解析和验证，提高效率。

re 模块中的 compile( ) 函数可以编译正则表达式，compile( ) 函数语法如下：

```
re.compile(pattern[, flags=0])
```

其中参数 pattern 是正则表达式，参数 flags 是编译标志。compile( ) 函数返回一个编译的正则表达式对象 regex。

15.6.1 已编译正则表达式对象

compile( ) 函数返回一个编译的正则表达式对象，该对象也提供了文本的匹配、查找和替换等操作的方法，这些方法与 15.5 节介绍的 re 模块函数功能类似。表 15-4 所示是已编译正则表达式对象方法与 re 模块函数对照表。

表 15-4　已编译正则表达式对象方法与 re 模块函数对照

常用函数	已编译正则表达式对象方法	re 模块函数
search( )	regex. search(string[,pos[,endpos]])	re. search(pattern ,string ,flags = 0)
match( )	regex. match(string[,pos[,endpos]])	re. match(pattern ,string ,flags = 0)
findall( )	regex. findall(string[,pos[,endpos]])	re. findall(pattern ,string ,flags = 0)
finditer( )	regex. finditer(string[,pos[,endpos]])	re. finditer(pattern ,string ,flags = 0)
sub( )	regex. sub(repl ,string ,count = 0)	re. sub(pattern ,repl ,string ,count = 0 ,flags = 0)
split( )	regex. split(string ,maxsplit = 0)	re. split(pattern ,string ,maxsplit = 0 ,flags = 0)

正则表达式方法需要一个已编译的正则表达式对象才能调用,这些方法与 re 模块函数功能类似,这里不再赘述。注意方法 search( )、match( )、findall( ) 和 finditer( ) 中的参数 pos 为开始查找的索引,参数 endpos 为结束查找的索引。

示例代码如下:

```python
# coding=utf-8
# 代码文件:chapter15/ch15.6.1.py

import re

p = r'\w+@ zhijieketang\.com'
regex = re.compile(p)                    ①

text = "Tony's email is tony_guan588@ zhijieketang.com."
m = regex.search(text)
print(m)                    # 匹配

m = regex.match(text)
print(m)                    # 不匹配

p = r'[Jj]ava'
regex = re.compile(p)                    ②
text = 'I like Java and java.'

match_list = regex.findall(text)
print(match_list)           # 匹配

match_iter = regex.finditer(text)
for m in match_iter:
    print(m.group())

p = r'\d+'
regex = re.compile(p)                    ③
text = 'AB12CD34EF'

clist = regex.split(text)
print(clist)

repace_text = regex.sub('', text)
print(repace_text)
```

输出结果如下：

```
<re.Match object; span=(16, 45), match='tony_guan588@ zhijieketang.com'>
None
['Java', 'java']
Java
java
['AB', 'CD', 'EF']
AB CD EF
```

上述代码第①行、第②行和第③行都是编译正则表达式，然后通过已编译的正则表达式对象 regex 调用方法实现文本匹配、查找和替换等操作。这些方法与 re 模块函数类似，这里不再赘述。

15.6.2　编译标志

compile( )函数编译正则表达式对象时，还可以设置编译标志。编译标志可以改变正则表达式引擎行为。本节详细介绍几个常用的编译标志。

1）ASCII 和 Unicode

在表 15.2 中介绍过预定义字符类 \w 和 \W，其中 \w 匹配单词字符，在 Python 2 中是 ASCII 编码，在 Python 3 中则是 Unicode 编码，所以包含任何语言的单词字符。可以通过编译标志 re. ASCII(或 re. A)设置采用 ASCII 编码，通过编译标志 re. UNICODE(或 re. U)设置采用 Unicode 编码。

示例代码如下：

```
# coding=utf-8
# 代码文件:chapter15/ch15.6.2-1.py

import re

text = '你们好 Hello'

p = r'\w+'
regex = re.compile(p, re.U)            ①

m = regex.search(text)                 ②
print(m)                # 匹配

m = regex.match(text)                  ③
print(m)                # 匹配

regex = re.compile(p, re.A)            ④

m = regex.search(text)                 ⑤
print(m)                # 匹配

m = regex.match(text)                  ⑥
print(m)                # 不匹配
```

输出结果如下：

```
<re.Match object; span=(0, 8), match='你们好 Hello'>
<re.Match object; span=(0, 8), match='你们好 Hello'>
<re.Match object; span=(3, 8), match='Hello'>
None
```

上述代码第①行设置编译标志为 Unicode 编码,代码第②行用 search( )方法匹配字符串"你们好 Hello",代码第③行的 match( )方法也可匹配字符串"你们好 Hello"。

代码第④行设置编译标志为 ASCII 编码,代码第⑤行用 search( )方法匹配字符串"Hello",而代码第⑥行的 match( )方法不可匹配。

2)忽略大小写

默认情况下正则表达式引擎对大小写是敏感的,但有时在匹配过程中需要忽略大小写,可以通过编译标志 re. IGNORECASE(或 re. I)实现。

示例代码如下:

```python
# coding=utf-8
# 代码文件:chapter15/ch15.6.2-2.py

import re

p = r'(java).*(python)'                    ①
regex = re.compile(p, re.I)                ②

m = regex.search('I like Java and Python.')
print(m)                    # 匹配

m = regex.search('I like JAVA and Python.')
print(m)                    # 匹配

m = regex.search('I like java and Python.')
print(m)                    # 匹配
```

输出结果如下:

```
<re.Match object; span=(7, 22), match='Java and Python'>
<re.Match object; span=(7, 22), match='JAVA and Python'>
<re.Match object; span=(7, 22), match='java and Python'>
```

上述代码第①行定义了正则表达式。代码第②行是编译正则表达式,设置编译参数 re. I 忽略大小写。由于忽略了大小写,代码中 3 个 search( )方法都能找到匹配的字符串。

3)点元字符匹配换行符

默认情况下正则表达式引擎中点“.”元字符可以匹配除换行符外的任何字符,但有时需要点“.”元字符也能匹配换行符,可以通过编译标志 re. DOTALL(或 re. S)实现。

示例代码如下:

```python
# coding=utf-8
# 代码文件:chapter15/ch15.6.2-3.py

import re

p = r'.+'
```

```
regex = re.compile(p)                    ①

m = regex.search('Hello\nWorld.')        ②
print(m)                    # 匹配

regex = re.compile(p, re.DOTALL)         ③

m = regex.search('Hello\nWorld.')        ④
print(m)                    # 匹配
```

输出结果如下：

```
<re.Match object; span=(0, 5), match='Hello'>
<re.Match object; span=(0, 12), match='Hello\nWorld.'>
```

上述代码第①行编译正则表达式时没有设置编译标志。代码第②行匹配结果是字符串 'Hello'，因为正则表达式引擎遇到换行符"\n"时，认为它是不匹配的，就停止查找。而代码第③行编译了正则表达式，并设置编译标志 re.DOTALL。代码第④行匹配结果是字符串 'Hello\nWorld.'，因为正则表达式引擎遇到换行符"\n"时认为它是匹配的，将继续查找。

4）多行模式

编译标志 re.MULTILINE（或 re.M）可以设置为多行模式，多行模式对元字符^和 $行为将产生影响。默认情况下^和 $匹配字符串的开始和结束，而在多行模式下^和 $匹配任意一行的开始和结束。

示例代码如下：

```
# coding=utf-8
# 代码文件:chapter15/ch15.6.2-4.py

import re

p = r'^World'                            ①
regex = re.compile(p)                    ②

m = regex.search('Hello\nWorld.')        ③
print(m)                    # 不匹配

regex = re.compile(p, re.M)              ④

m = regex.search('Hello\nWorld.')        ⑤
print(m)                    # 匹配
```

输出结果如下：

```
None
<re.Match object; span=(6, 11), match='World'>
```

上述代码第①行定义了正则表达式^World，即匹配以 World 开头的字符串。代码第②行编译时并没有设置多行模式，所以代码第③行字符串 'Hello\nWorld.'是不匹配的，虽然字符串 'Hello\nWorld.'事实上是两行，但^World 默认只匹配字符串的开始。

代码第④行重新编译了正则表达式，此时设置了编译标志 re.M，开启多行模式。在多行模式下^和$匹配字符串任意一行的开始和结束,所以代码第⑤行会匹配字符串'World'。

5）详细模式

编译标志 re.VERBOSE(或 re.X)可以设置详细模式,详细模式下可以在正则表达式中添加注释,可以有空格和换行,这样编写的正则表达式非常便于阅读。

示例代码如下：

```
# coding=utf-8
# 代码文件:chapter15/ch15.6.2-5.py

import re

p = """(java)          #匹配 java 字符串
        .*              #匹配任意字符零或多个
        (python)        #匹配 python 字符串
    """                                            ①
regex = re.compile(p, re.I | re.VERBOSE)      ②

m = regex.search('I like Java and Python.')
print(m)                # 匹配

m = regex.search('I like JAVA and Python.')
print(m)                # 匹配

m = regex.search('I like java and Python.')
print(m)                # 匹配
```

上述代码第①行定义的正则表达式原本是(java).*(python),现在写成多行表示,其中还有注释和空格等内容。如果没有设置详细模式,这样的正则表达式将抛出异常。由于正则表达式中包含了换行等符号,所以需要使用双重单引号或三重双引号括起来,而不是使用原始字符串。

代码第②行编译正则表达式时,设置了两个编译标志 re.I 和 re.VERBOSE,当需要设置多编译标志时,编译标志之间需要位或运算符“|”。

15.7 本章小结

通过对本章的学习,读者可以熟悉 Python 中的正则表达式,正则表达式中理解各种元字符是学习的难点和重点。本章后续介绍 Python 正则表达式 re 模块,读者需要重点掌握 search()、match()、findall()、finditer()、sub()和 split()函数。最后介绍了编译正则表达式,读者需要了解编译对象的方法和编译标志。

15.8 同步练习

1. 请简述正则表达式的元字符。
2. 请简述正则表达式的预定义字符类。
3. 请简述正则表达式的量词表示方式。

4. 请简述正则表达式的分组。

5. 设置单词字符编码的设置编译标志有哪些？（　　）

    A. re.ASCII　　　　B. re.A　　　　C. re.UNICODE　　　　D. re.U

6. 忽略大小写的设置编译标志有哪些？（　　）

    A. re.U　　　　B. re.I　　　　C. re.IGNORECASE　　　　D. re.S

    E. re.M　　　　F. re.X

15.9　上机实验：找出 HTML 中图片

    编写正则表达式：从 HTML 字符串中查找以"http://"开头，且以".png"或".jpg"结尾的字符串。

第 16 章　文件操作与管理

程序经常需要访问文件和目录,读取文件信息或写入信息到文件,在 Python 语言中对文件的读写是通过文件对象(file object)实现的。Python 的文件对象又称类似文件对象(file-like object)或流(stream),文件对象可以是实际的磁盘文件,也可以是其他存储或通信设备,如内存缓冲区、网络、键盘和控制台等。之所以称为类似文件对象,是因为 Python 提供一种类似于文件操作的 API(如 read( )方法、write( )方法)实现对底层资源的访问。

本章首先介绍通过文件对象操作文件,然后再介绍文件与目录的管理。

16.1　文件操作

文件操作主要包括对文件内容的读写操作,这些操作是通过文件对象(file object)实现的,通过文件对象可以读写文本文件和二进制文件。

16.1.1　打开文件

文件对象可以通过 open( )函数获得。open( )函数是 Python 内置函数,它屏蔽了创建文件对象的细节,使得创建文件对象变得简单。open( )函数语法如下:

```
open(file, mode = 'r', buffering = -1, encoding = None, errors = None, newline =
None, closefd = True, opener = None)
```

open( )函数共有 8 个参数,其中参数 file 和 mode 是最为常用的,其他参数一般很少使用。下面分别说明这些参数的含义。

1) file 参数

file 参数是要打开的文件,可以是字符串或整数。如果 file 是字符串,表示文件名,文件名可以是相对当前目录的路径,也可以是绝对路径;如果 file 是整数,表示文件描述符,指向一个已经打开的文件。

2) mode 参数

mode 参数用来设置文件打开模式。文件打开模式用字符串表示,最基本的文件打开模式如表 16-1 所示。

表 16-1 中 b 和 t 是文件类型模式,如果是二进制文件则需要设置 rb、wb、xb、ab,如果是文本文件,则需要设置 rt、wt、xt、at(由于 t 是默认模式,所以可以省略为 r、w、x、a)。

表 16-1　文件打开模式

字　符　串	说　　明
r	只读模式打开(默认)
w	写入模式打开文件,将覆盖已经存在的文件
x	独占创建模式,如果文件不存在则创建并以写入模式打开,如果文件已存在则抛出异常 FileExistsError
a	追加模式,如果文件存在,写入内容追加到文件末尾
b	二进制模式
t	文本模式(默认)
+	更新模式

　　+必须与 r、w、x 或 a 组合使用来设置文件为读写模式,对于文本文件可以使用 r+、w+、x+ 或 a+,对于二进制文件可以使用 rb+、wb+、xb+或 ab+。

注意　r+、w+和 a+区别如下：r+打开文件时如果文件不存在则抛出异常；w+打开文件时如果文件不存在则创建文件,文件存在则清除文件内容；a+类似于 w+,打开文件时如果文件不存在则创建文件,文件存在则在文件末尾追加。

　　3) buffering 参数
　　buffering 是设置缓冲区策略,默认值为-1。当 buffering=-1 时系统将自动设置缓冲区,通常是 4096 或 8192 字节；当 buffering=0 时关闭缓冲区,关闭缓冲区时数据直接写入文件中,这种模式主要应用于二进制文件的写入操作；当 buffering>0 时,buffering 用来设置缓冲区字节大小。

提示　使用缓冲区的目的是提高效率减少 IO 操作,文件数据首先放到缓冲区中,当文件关闭或刷新缓冲区时,数据才真正写入文件。

　　4) encoding 和 errors 参数
　　encoding 用来指定打开文件时的文件编码,主要用于文本文件的打开。errors 参数用来指定编码发生错误时如何处理。
　　5) newline 参数
　　newline 用来设置换行模式。
　　6) closefd 和 opener 参数
　　这两个参数在 file 参数为文件描述符时使用。closefd 为 True 时,文件对象调用 close()方法关闭文件,同时也会关闭文件描述符；closefd 为 False 时,文件对象调用 close()方法关闭文件,但文件描述符不会关闭。opener 参数用于打开文件时执行的一些加工操作,opener 参数执行一个函数,该函数就返回一个文件描述符。

提示　文件描述符是一个整数值,它对应当前程序已经打开的一个文件。如标准输入文件描述符是 0,标准输出文件描述符是 1,标准错误文件描述符是 2,打开其他文件的文件描述符依次是 3、4、5 等数字。

示例代码如下：

```
# coding=utf-8
# 代码文件:chapter16/ch16.1.1.py


f = open('test.txt', 'w+')                          ①
f.write('World')

f = open('test.txt', 'r+')                          ②
f.write('Hello')

f = open('test.txt', 'a')                           ③
f.write('')

fname = r'C:\Users\tony\OneDrive\书\Python 教材 2020 版本\code\chapter16\test.
txt'                                                ④
f = open(fname, 'a+')                               ⑤
f.write('World')
```

运行上述代码将创建一个 test. txt 文件,文件内容是 Hello World。代码第①行通过 w+
模式打开文件 test. txt,由于文件 test. txt 不存在所以会创建 test. txt 文件。代码第②行通过
r+模式打开文件 test. txt,由于此前已经创建了 test. txt 文件,r+模式会覆盖文件内容。代码
第③行通过 a 模式打开文件 test. txt,会在文件末尾追加内容。代码第⑤行通过 a+模式打开
文件 test. txt,也会在文件末尾追加内容。代码第④行是绝对路径文件名,由于字符串中有
反斜杠,要么采用转义字符"\\"表示,要么采用原始字符串表示,本例中采用原始字符串表
示,另外文件路径中反斜杠"\"也可以改为斜杠"/",在 UNIX 和 Linux 系统中都是采用斜杠
分隔文件路径的。

16.1.2 关闭文件

使用 open( )函数打开文件后,若不再使用该文件,应调用文件对象的 close( )方法将其
关闭。文件的操作常抛出异常,为了保证无论正常结束还是异常结束都能够关闭文件,调用
close( )方法应该放在异常处理的 finally 代码块中。但笔者更推荐使用 with as 代码块进行
自动资源管理,具体内容参考 13. 6. 3 节。

示例代码如下：

```
# coding=utf-8
# 代码文件:chapter16/ch16.1.2.py

# 使用 finally 关闭文件
f_name = 'test.txt'
try:                                                ①
    f = open(f_name)                                ②
except OSError as e:
    print('打开文件失败')
else:
    print('打开文件成功')
    try:                                            ③
        content = f.read()
```

```
    print(content)
except OSError as e:
    print('处理 OSError 异常')
finally:
    f.close()                              ④

# 使用 with as 自动资源管理
with open(f_name, 'r') as f:               ⑤
    content = f.read()                     ⑥
    print(content)
```

上述示例通过两种方式关闭文件。代码第①行~第④行在 finally 中关闭文件,类似于 14.6.2 节介绍的示例。这里有些特殊,使用了两个 try 语句,finally 没有与代码第①行的 try 匹配,而是嵌套到 else 代码块中与代码第③行的 try 匹配。这是因为代码第①行的 open(f_name)如果打开文件失败则 f 为 None,此时调用 close( )方法将引发异常。

代码第⑤行使用了 with as 打开文件,open( )返回文件对象赋值给 f 变量。在 with 代码块中 f.read( )是读取文件内容,见代码第⑥行。最后在 with 代码处结束,关闭文件。

16.1.3　文本文件读写

文本文件读写的单位是字符,字符是有编码的。文本文件读写主要方法有如下几种。

(1) read(size=-1):从文件中读取字符串,size 限制最多读取的字符数,size=-1 时没有限制,读取全部内容。

(2) readline(size=-1):读取到换行符或文件尾并返回单行字符串,如果已经到文件尾,则返回一个空字符串。size 是限制读取的字符数,size=-1 时没有限制。

(3) readlines( ):读取文件数据到一个字符串列表中,每一个行数据均为列表的一个元素。

(4) write(s):将字符串 s 写入文件,并返回写的字符数。

(5) writelines(lines):向文件中写入一个列表,不添加行分隔符,因此通常为每一行末尾提供行分隔符。

(6) flush( ):刷新写缓冲区,数据将写入文件。

下面通过文件复制示例熟悉一下文本文件的读写操作,代码如下:

```
# coding=utf-8
# 代码文件:chapter16/ch16.1.3.py

f_name = 'test.txt'

with open(f_name, 'r', encoding='utf-8') as f:             ①
    lines = f.readlines()                                  ②
    print(lines)
    copy_f_name = 'copy.txt'
    with open(copy_f_name, 'w', encoding='utf-8') as copy_f:   ③
        copy_f.writelines(lines)                           ④
        print('文件复制成功')
```

上述代码实现了将 test.txt 文件内容复制到 copy.txt 文件中。代码第①行打开 test.txt 文件,由于 test.txt 文件采用 UTF-8 编码,因此打开时需要指定 UTF-8 编码。代码第②行通过

readlines( )方法读取所有数据到一个列中,这里选择哪一个读取方法要与代码第④行的写入方法对应,本例中是 writelines( )方法。代码第③行打开要复制的文件,采用的打开模式是 w,如果文件不存在则创建,如果文件存在则覆盖。另外注意编码集也要与 test. txt 文件保持一致。

16.1.4　二进制文件读写

二进制文件读写的单位是字节,不需要考虑编码的问题。二进制文件读写主要方法如下。

（1）read(size=-1)：从文件中读取字节,size 限制最多读取的字节数,如果 size=-1 则读取全部字节。

（2）readline(size=-1)：从文件中读取并返回一行,size 限制读取的字节数,size=-1 时没有限制。

（3）readlines( )：读取文件数据到一个字节列表中,每一个行数据是列表的一个元素。

（4）write(b)：写入 b 字节,并返回写入的字节数。

（5）writelines(lines)：向文件中写入一个字节列表,不添加行分隔符,因此通常为每一行末尾提供行分隔符。

（6）flush( )：刷新写缓冲区,数据将写入文件中。

下面通过文件复制示例熟悉一下二进制文件的读写操作,代码如下：

```
# coding=utf-8
# 代码文件:chapter16/ch16.1.4.py

f_name = 'coco2dxcplus.jpg'

with open(f_name, 'rb') as f:                        ①
    b = f.read()                                     ②
    copy_f_name = 'copy.jpg'
    with open(copy_f_name, 'wb') as copy_f:          ③
        copy_f.write(b)                              ④
        print('文件复制成功')
```

上述代码实现了将 coco2dxcplus. jpg 文件内容复制到当前目录的 copy. jpg 文件中。代码第①行打开 coco2dxcplus. jpg 文件,打开模式是 rb。代码第②行通过 read( )方法读取所有数据,返回字节对象 b。代码第③行打开要复制的文件,打开模式是 wb,如果文件不存在则创建,如果文件存在则覆盖。代码第④行采用 write( )方法将字节对象 b 写入文件中。

16.2　os 模块

Python 对文件的操作是通过文件对象实现的,文件对象属于 Python 的 io 模块。如果通过 Python 程序管理文件或目录,如删除文件、修改文件名、创建目录、删除目录和遍历目录等,可以通过 Python 的 os 模块实现。

os 模块提供了使用操作系统功能的一些函数,如文件与目录的管理。本节介绍一些 os 模块中与文件和目录管理相关的函数。

（1）os. rename（src，dst）：修改文件名，src 是源文件，dst 是目标文件，二者均可以相对当前路径或绝对路径表示。

（2）os. remove（path）：删除 path 所指的文件，如果 path 是目录，则会引发 OSError。

（3）os. mkdir（path）：创建 path 所指的目录，如果目录已存在，则会引发 FileExistsError。

（4）os. rmdir（path）：删除 path 所指的目录，如果目录非空，则会引发 OSError。

（5）os. walk（top）：遍历 top 所指的目录树，自顶向下遍历目录树，返回值是一个有 3 个元素的元组（目录路径，目录名列表，文件名列表）。

（6）os. listdir（dir）：列出指定目录中的文件和子目录。

常用的属性有以下两种。

（1）os. curdir 属性：获取当前目录。

（2）os. pardir 属性：获取当前父目录。

示例代码如下：

```
# coding=utf-8
# 代码文件:chapter16/ch16.2.py

import os

f_name = 'test.txt'
copy_f_name = 'copy.txt'

with open(f_name, 'r') as f:
    b = f.read()
    with open(copy_f_name, 'w') as copy_f:
        copy_f.write(b)

try:
    os.rename(copy_f_name, 'copy2.txt')       ①
except OSError:
    os.remove('copy2.txt')                    ②

print(os.listdir(os.curdir))                  ③
print(os.listdir(os.pardir))                  ④

try:
    os.mkdir('subdir')                        ⑤
except OSError:
    os.rmdir('subdir')                        ⑥

for item in os.walk('.'):                     ⑦
    print(item)
```

上述代码第①行是修改文件名。代码第②行是在修改文件名失败情况下删除 copy2. txt 文件。代码第③行 os. curdir 属性是获得当前目录，os. listdir( ) 函数是列出指定目录中的文件和子目录。代码第④行 os. pardir 属性是获取当前父目录。代码第⑤行 os. mkdir（ 'subdir'）是在当前目录下创建子目录 subdir。代码第⑥行在创建目录失败时删除 subdir 子目录。代码第⑦行 os. walk（ '.'）返回当前目录树下所有目录和文件，然后通过 for 循环进行遍历。

16.3 os.path 模块

对于文件和目录的操作往往需要路径,Python 的 os.path 模块提供对路径、目录和文件等进行管理的函数。本节介绍一些 os.path 模块的常用函数。

(1) os.path.abspath(path):返回 path 的绝对路径。

(2) os.path.basename(path):返回 path 路径的基础名部分,如果 path 指向的是一个文件,则返回文件名;如果 path 指向的是一个目录,则返回最后目录名。

(3) os.path.dirname(path):返回 path 路径中目录部分。

(4) os.path.exists(path):判断 path 文件是否存在。

(5) os.path.isfile(path):如果 path 是文件,则返回 True。

(6) os.path.isdir(path):如果 path 是目录,则返回 True。

(7) os.path.getatime(path):返回最后一次的访问时间,返回值是一个 UNIX 时间戳(1970 年 1 月 1 日 00:00:00 以来至现在的总秒数),如果文件不存在或无法访问,则引发 OSError。

(8) os.path.getmtime(path):返回最后修改时间,返回值是一个 UNIX 时间戳,如果文件不存在或无法访问,则引发 OSError。

(9) os.path.getctime(path):返回创建时间,返回值是一个 UNIX 时间戳,如果文件不存在或无法访问,则引发 OSError。

(10) os.path.getsize(path):返回文件大小,以字节为单位,如果文件不存在或无法访问,则引发 OSError。

示例代码如下:

```
# coding=utf-8
# 代码文件:chapter16/ch16.3.py

import os.path
from datetime import datetime

f_name = 'test.txt'
af_name = r'C:\Users\tony\OneDrive\书\Python 教材 2020 版本\code\chapter16\
test.txt'

# 返回路径中基础名部分
basename = os.path.basename(af_name)
print(basename) # test.txt

# 返回路径中目录部分
dirname = os.path.dirname(af_name)
print(dirname)

# 返回文件的绝对路径
print(os.path.abspath(f_name))

# 返回文件大小
print(os.path.getsize(f_name))        # 25
# 返回最近访问时间
```

```
atime = datetime.fromtimestamp(os.path.getatime(f_name))
print(atime)
# 返回创建时间
ctime = datetime.fromtimestamp(os.path.getctime(f_name))
print(ctime)
# 返回修改时间
mtime = datetime.fromtimestamp(os.path.getmtime(f_name))
print(mtime)

print(os.path.isfile(dirname))           # False
print(os.path.isdir(dirname))            # True
print(os.path.isfile(f_name))            # True
print(os.path.isdir(f_name))             # False
print(os.path.exists(f_name))            # True
```

输出结果如下：

```
test.txt
C:\Users\tony\OneDrive\书\Python 教材 2020 版本\code\chapter16
C:\Users\tony\OneDrive\书\Python 教材 2020 版本\code\chapter16\test.txt
11
2020-04-03 10:59:14.454790
2020-03-28 12:38:59.106892
2020-04-03 10:53:17.245460
False
True
True
False
True
```

16.4 本章小结

本章主要介绍了 Python 文件操作和管理技术，在文件操作部分介绍了文件的打开和关闭，以及如何读写文本文件和二进制文件。最后还详细介绍了 os 和 os.path 模块。

16.5 同步练习

1. 请简述如下打开文件函数的功能。

open(file, mode = 'r', buffering = -1, encoding = None, errors = None, newline = None, closefd = True, opener = None)。

2. 请介绍几个 os 模块中的方法。

3. 请介绍几个使用 os.path 模块的方法。

16.6 上机实验：读写日期

编写程序获取当前日期，并将日期按照特定格式写入一个文本文件中。然后再编写程序，从文本文件中读取刚刚写入的日期字符串，并将字符串解析为日期时间对象。

第 17 章

数据交换格式

数据交换就像两个人在聊天,采用彼此都能"听"得懂的语言,你来我往,其中的语言就相当于通信中的数据交换格式。有时候为了防止聊天被人偷听,可以采用暗语。同理,计算机程序之间也可以通过数据加密技术防止"偷听"。

数据交换格式还有文本数据交换格式和二进制数据交换格式。文本数据交换格式主要有 CSV 格式、XML 格式和 JSON 格式,本书重点介绍 XML 格式和 JSON 格式。

下面通过一个例子了解一下数据交换格式。在没有电话时代,为了告诉别人一些事情,一般会写留言条。留言条有一定的格式,共有 4 部分——称谓、内容、落款和时间,如图 17-1 所示。

图 17-1　留言条格式

XML 和 JSON 格式可以自带描述信息,称为"自描述的"结构化文档。将上面的留言条写成 XML 格式,代码如下:

```xml
<?xml version = "1.0" encoding = "UTF-8"?>
<note>
    <to>云龙同学</to>
    <content>你好! \n 今天上午,我到你家来想向你借一本《小学生常用成语词典》。
        可是不巧,你不在。我准备晚上 6 时再来借书。请你在家里等我,谢谢! </content>
    <from>关东升</from>
    <date>2012 年 12 月 08 日</date>
</note>
```

位于尖括号中的内容(<to>…</to>等)就是描述数据的标识,在 XML 中称为"标签"。将上面的留言条写成 JSON 格式,代码如下:

{to:"云龙同学",content:"你好！\n 今天上午,我到你家来想向你借一本《小学生常用成语词典》。可是不巧,你不在。我准备晚上 6 时再来借书。请你在家里等我,谢谢!",from:"关东升",date:"2012 年 12 月 08 日"}

数据放置在大括号"{}"中,每个数据项之前都有一个描述名(如 to 等),描述名和数据项之间用冒号":"分开。

通过对比可发现,JSON 所用的字节数一般比 XML 少,这也是很多人喜欢采用 JSON 格式的主要原因,因此 JSON 也称为轻量级的数据交换格式。接下来将详细介绍这 3 种数据交换格式。

17.1 XML 数据交换格式

XML 是一种自描述的数据交换格式。虽然 XML 数据交换格式不如 JSON"轻便",但也非常重要,多年来一直被用于各种计算机语言中,是老牌的、经典的、灵活的数据交换方式。

17.1.1 XML 文档结构

在读写 XML 文档之前,我们需要了解 XML 文档结构。前面提到的留言条 XML 文档由开始标签<note>和结束标签</note>组成,它们就像括号一样把数据项括起来。不难看出,标签<to></to>之间是称谓,标签<content></content>之间是内容,标签<from></from>之间是落款,标签<date></date>之间是日期。

XML 文档结构要遵守一定的格式规范。XML 虽然在形式上与 HTML 很相似,但是有着严格的语法规则。只有严格按照规范编写的 XML 文档才是有效的文档,也称为格式良好的 XML 文档。XML 文档的基本架构可以分为下面几部分。

1) 声明

在图 17-2 中,<?xmlversion = "1.0"encoding = "UTF-8"? >就是 XML 文件的声明,它定义了 XML 文件的版本和使用的字符集,这里为 1.0 版,使用中文 UTF-8 字符。

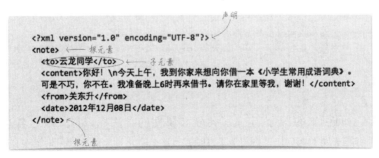

图 17-2 XML 文档结构

2) 根元素

在图 17-2 中,note 是 XML 文件的根元素,<note>是根元素的开始标签,</note>是根元素的结束标签。根元素只有一个,开始标签和结束标签必须一致。

3) 子元素

在图 17-2 中,to、content、from 和 date 是根元素 note 的子元素。所有元素都要有结束标签,开始标签和结束标签必须一致。如果开始标签和结束标签之间没有内容,可以写成 <from/>,称为空标签。

4)属性

如图 17-3 所示是具有属性的 XML 文档,而留言条的 XML 文档中没有属性。属性定义在开始标签中。在开始标签<Noteid = "1">中,id = "1"是 Note 元素的一个属性,id 是属性名,1 是属性值,其中属性值必须放置在双引号或单引号之间。一个元素不能有多个相同名字的属性。

图 17-3 有属性的 XML 文档

5)命名空间

命名空间用于为 XML 文档提供名字唯一的元素和属性。例如,在一个学籍信息的 XML 文档中需要引用到教师和学生,他们都有一个子元素 id,这时直接引用 id 元素会造成名称冲突,将两个 id 元素放到不同的命名空间中即解决这一问题。图 17-4 中以 xmlns: 开头的内容都属于命名空间。

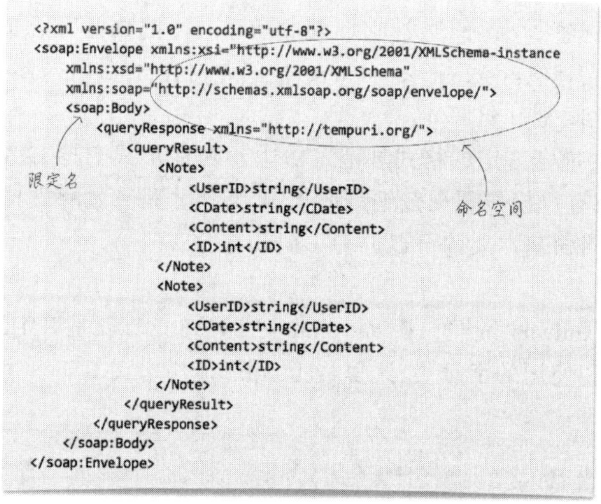

```
<?xml version="1.0" encoding="utf-8"?>
<soap:Envelope xmlns:xsi="http://www.w3.org/2001/XMLSchema-instance
    xmlns:xsd="http://www.w3.org/2001/XMLSchema"
    xmlns:soap="http://schemas.xmlsoap.org/soap/envelope/">
    <soap:Body>
        <queryResponse xmlns="http://tempuri.org/">
            <queryResult>
                <Note>
                    <UserID>string</UserID>
                    <CDate>string</CDate>
                    <Content>string</Content>
                    <ID>int</ID>
                </Note>
                <Note>
                    <UserID>string</UserID>
                    <CDate>string</CDate>
                    <Content>string</Content>
                    <ID>int</ID>
                </Note>
            </queryResult>
        </queryResponse>
    </soap:Body>
</soap:Envelope>
```
限定名　　　　　　　　　　　　　　命名空间

图 17-4 命名空间和限定名的 XML 文档

6)限定名

它是由命名空间引出的概念,定义了元素和属性的合法标识符。限定名通常在 XML 文档中用作特定元素或属性引用。图 17-4 中的标签<soap:Body>就是合法的限定名,前缀 soap 是由命名空间定义的。

17.1.2 解析 XML 文档

XML 文档操作有"读"与"写"两种,读入 XML 文档并分析的过程称为"解析"。在使用 XML 进行开发的过程中,"解析"XML 文档占很大的比重。

解析 XML 文档在目前有 SAX 和 DOM 两种流行的模式。

(1)SAX(Simple API for XML)是一种基于事件驱动的解析模式。解析 XML 文档时,程序从上到下读取 XML 文档,遇到开始标签、结束标签和属性等,就会触发相应的事件。这种解析 XML 文件的方式优点是解析速度快,但有一个弊端,即只能读取 XML 文档,不能写入 XML 文档。所以如果只是对读取进行解析,推荐使用 SAX 模式解析。

（2）DOM（Document Object Model）将 XML 文档作为树状结构进行分析,获取节点的内容及相关属性,或新增、删除和修改节点的内容。XML 解析器加载 XML 文件以后,DOM 模式将 XML 文件的元素视为一个树状结构的节点,一次性读入内存。如果文档比较大,解析速度就会变慢。但是 DOM 模式有一点是 SAX 无法取代的,那就是 DOM 能够修改 XML 文档。

Python 标准库中提供了支持 SAX 和 DOM 的 XML 模块,但同时 Python 也提供了另外一个兼顾 SAX 和 DOM 优点的 XML 模块——ElementTree,ElementTree 就像一个轻量级的 DOM,可以读写 XML 文档,具有方便友好的 API,且执行速度快,消耗内存少。目前 ElementTree 是解析和生成 XML 的最佳选择,本章重点介绍 ElementTree 模块的使用。

下面通过一个示例介绍 ElementTree 模块的基本使用。现有一个记录备忘信息的 Notes.xml 文件,内容如下。通过 ElementTree 读取所有 Note 元素信息。

```xml
<?xml version = "1.0" encoding = "UTF-8"?>
<Notes>
    <Note id = "1">
        <CDate>2020-3-21</CDate>
        <Content>发布 Python0</Content>
        <UserID>tony</UserID>
    </Note>
    <Note id = "2">
        <CDate>2020-3-22</CDate>
        <Content>发布 Python1</Content>
        <UserID>tony</UserID>
    </Note>
    <Note id = "3">
        <CDate>2020-3-23</CDate>
        <Content>发布 Python2</Content>
        <UserID>tony</UserID>
    </Note>
    <Note id = "4">
        <CDate>2020-3-24</CDate>
        <Content>发布 Python3</Content>
        <UserID>tony</UserID>
    </Note>
    <Note id = "5">
        <CDate>2020-3-25</CDate>
        <Content>发布 Python4</Content>
        <UserID>tony</UserID>
    </Note>
</Notes>
```

示例如下:

```python
# coding = utf-8
# 代码文件:chapter17/ch17.1.2.py
```

```
import xml.etree.ElementTree as ET                                          ①

tree = ET.parse('data/Notes.xml')      # 创建 XML 文档树                       ②
print(type(tree))                      # xml.etree.ElementTree.ElementTree

root = tree.getroot()                  # root 是根元素                        ③
print(type(root))                      # xml.etree.ElementTree.Element
print(root.tag)                        # Notes                              ④

for index, child in enumerate(root):                                        ⑤
    print('第{0}个{1}元素,属性:{2}'.format(index, child.tag, child.attrib))⑥
    for i, child_child in enumerate(child):                                 ⑦
        print('标签:{0},内容:{1}'.format(child_child.tag, child_child.text)) ⑧
```

输出结果如下：

```
<class 'xml.etree.ElementTree.ElementTree'>
<class 'xml.etree.ElementTree.Element'>
Notes
第 0 个 Note 元素,属性:{'id': '1'}
    标签:CDate,内容:2020-3-21
    标签:Content,内容:发布 Python0
    标签:UserID,内容:tony
第 1 个 Note 元素,属性:{'id': '2'}
    标签:CDate,内容:2020-3-22
    标签:Content,内容:发布 Python1
    标签:UserID,内容:tony
第 2 个 Note 元素,属性:{'id': '3'}
    标签:CDate,内容:2020-3-23
    标签:Content,内容:发布 Python2
    标签:UserID,内容:tony
第 3 个 Note 元素,属性:{'id': '4'}
    标签:CDate,内容:2020-3-24
    标签:Content,内容:发布 Python3
    标签:UserID,内容:tony
第 4 个 Note 元素,属性:{'id': '5'}
    标签:CDate,内容:2020-3-25
    标签:Content,内容:发布 Python4
    标签:UserID,内容:tony
```

上述代码第①行是导入 xml. etree. ElementTree 模块。代码第②行通过 parse( ) 函数创建 XML 文档树 tree,parse( ) 函数的参数可以是一个表示 XML 文件的字符串,也可以是 XML 文件对象。函数返回值类型是 xml. etree. ElementTree. ElementTree 类型,表示整个 XML 文档树。代码第③行 tree. getroot ( ) 方法从 tree 获取其根元素,其类型是 xml. etree. ElementTree. Element,是所有元素的类型。代码第④行 tag 属性可以获取当前元素的标签名。代码第⑤行遍历根元素,enumerate( ) 函数可以获取循环变量 index,注意此时的 child 是 Note 元素。代码第⑥行中 child. attrib 获取当前元素的属性,返回属性和值的字典。由于代码第⑤行的 for 循环只是遍历了 Note 元素,如果还想遍历其子元素还需要使用 for 循环遍历。代码第⑦行遍历 Note 子元素。代码第⑧行中 child_child. tag 获取子元素的标签名,child_child. text 获取子元素的文本内容。

17.1.3　使用 XPath

上一节的示例从根元素开始遍历整个 XML 文档,实际开发时,往往需要查找某些特殊的元素或某些特殊属性。这需要使用 xml.etree.ElementTree.Element 的相关 find 方法,还要结合 XPath 匹配查找。

xml.etree.ElementTree.Element 的相关 find 方法有如下 3 种。

(1) find(match,namespaces=None)。

查找匹配的第一个子元素。match 可以是标签名或 XPath,返回元素对象或 None。namespaces 是指定命名空间,如果 namespaces 非空,查找将在指定的命名空间的标签中进行。

(2) findall(match,namespaces=None)。

查找所有匹配的子元素,参数同 find() 方法。返回值是符合条件的元素列表。

(3) findtext(match,default=None,namespaces=None)。

查找匹配的第 1 个子元素的文本,如未找到元素,则返回默认值。default 参数为默认值,其他参数同 find() 方法。

什么是 XPath 呢? XPath 是专门用来在 XML 文档中查找信息的语言。如果 XML 是数据库,XPath 就是 SQL 语言[①]。XPath 将 XML 中的所有元素、属性和文本都看作节点(Node),根元素就是根节点,它没有父节点,属性称为属性节点,文本称为文本节点。除根节点外,其他节点都有一个父节点、零个或多个子节点和兄弟节点。

XPath 提供了由特殊符号组成的表达式,XPath 表达式如表 17-1 所示。

表 17-1　XPath 表达式

表　达　式	说　　明	例　　子
nodename	选择 nodename 子节点	
.	选择当前节点	./Note 当前节点下的所有 Note 子节点
/	路径指示符,相当于目录分隔符	./Note/CDate 表示所有 Note 子节点下的 CDate 节点
..	选择父节点	./Note/CDate/.. 表示 CDate 节点的父节点,其实就是 Note 节点
//	所有后代节点(包括子节点、孙节点等)	.//CDate 表示当前节点中查找所有的 CDate 后代节点
[@attrib]	选择指定属性的所有节点	./Note[@id] 表示有 id 属性的所有 Note 节点
[@attrib='value']	选择指定属性等于 value 的所有节点	./Note[@id='1'] 表示有 id 属性等于'1'的所有 Note 节点
[position]	指定位置,位置从 1 开始,最后一个可以使用 last() 获取	./Note[1]表示第一个 Note 节点,./Note[last()]表示最后一个 Note 节点,./Note[last()-1]表示倒数第 2 个 Note 节点

---

① 结构化查询语言(Structured Query Language,SQL)提供了一套用来输入、更改和查询关系数据库内容的命令。

XPath 表达式示例代码如下：

```
# coding=utf-8
# 代码文件:chapter17/ch17.1.3.py

import xml.etree.ElementTree as ET

tree = ET.parse('data/Notes.xml')
root = tree.getroot()

node = root.find("./Note")              # 当前节点下的第 1 个 Note 子节点
print(node.tag, node.attrib)
node = root.find("./Note/CDate")        # Note 子节点下的第一个 CDate 节点
print(node.text)
node = root.find("./Note/CDate/..")     # Note 节点
print(node.tag, node.attrib)
node = root.find(".//CDate")            # 当前节点查找所有后代节点中第 1 个 CDate 节点
print(node.text)

node = root.find("./Note[@ id]")        # 具有 id 属性 Note 节点
print(node.tag, node.attrib)

node = root.find("./Note[@ id='2']")    # id 属性等于'2'的 Note 节点
print(node.tag, node.attrib)

node = root.find("./Note[2]")           # 第 2 个 Note 节点
print(node.tag, node.attrib)

node = root.find("./Note[last()]")      # 最后一个 Note 节点
print(node.tag, node.attrib)

node = root.find("./Note[last()-2]")    # 倒数第 3 个 Note 节点
print(node.tag, node.attrib)
```

输出结果如下：

```
Note {'id': '1'}
2020-3-21
Note {'id': '1'}
2020-3-21
Note {'id': '1'}
Note {'id': '2'}
Note {'id': '2'}
Note {'id': '5'}
Note {'id': '3'}
```

上述代码使用 find( )方法只返回符合匹配条件的第 1 个节点元素。

17.2 JSON 数据交换格式

JSON(JavaScript Object Notation)是一种轻量级的数据交换格式。所谓轻量级,是与 XML 文档结构相比而言的。JSON 描述项目的字符少,所以描述相同数据所需的字符个数要少,传输速度就会提高,流量也会减少。

17.2.1　JSON 文档结构

由于 Web 和移动平台开发要求流量是尽可能少,速度尽可能快,轻量级的数据交换格式 JSON 就成为理想的数据交换格式。

构成 JSON 文档的两种结构为对象(object)和数组(array)。对象是"名称:值"对集合,类似于 Python 中 Map 类型,而数组是一连串元素的集合。

JSON 对象(object)是一个无序的"名称/值"对集合,一个对象以"{"开始,以"}"结束。每个名称后跟一个":","名称:值"对之间使用","分隔,名称是字符串类型(string),"值"可以是任何合法的 JSON 类型。JSON 对象的语法表如图 17-5 所示。

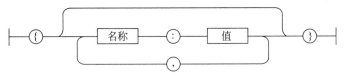

图 17-5　JSON 对象的语法表

JSON 对象示例如下:

```
{
    "name":"a.htm",
    "size":345,
    "saved":true
}
```

JSON 数组(array)是值的有序集合,以"["开始,以"]"结束,值之间使用","分隔。JSON 数组的语法表如图 17-6 所示。

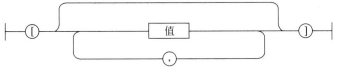

图 17-6　JSON 数组的语法表

JSON 数组示例如下:

```
["text","html","css"]
```

JSON 中的值可以是双引号括起来的字符串、数字、true、false、null、对象或者数组,而且这些结构可以嵌套。数组中值的 JSON 语法结构如图 17-7 所示。

17.2.2　JSON 数据编码

在 Python 程序中要想将 Python 数据进行网络传输和存储,可以先将 Python 数据转换为 JSON 数据再进行传输和存储,该过程称"编码"(encode)。

在编码过程中 Python 数据转换为 JSON 数据的映射关系如表 17-2 所示。

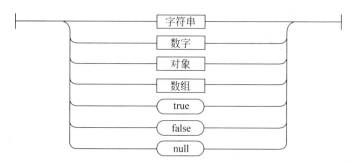

图 17-7　JSON 值的语法结构图

表 17-2　Python 数据与 JSON 数据映射关系

Python	JSON	Python	JSON
字典	对象	True	true
列表、元组	数组	False	false
字符串	字符串	None	null
整数、浮点等数字类型	数字		

注意　在将 JSON 数据网络传输或保存到磁盘中时，推荐使用 JSON 对象，也可使用 JSON 数组。所以一般情况下只有 Python 的字典、列表和元组才需要编码，Python 字典编码 JSON 对象；Python 列表和元组编码 JSON 数组。

　　Python 提供的内置模块 json 可以帮助实现 JSON 的编码和解码，JSON 编码使用 dumps( ) 和 dump( ) 函数，dumps( ) 函数将编码结果以字符串形式返回，dump( ) 函数将编码结果保存到文件对象（类似文件对象或流）中。

　　下面具体介绍 JSON 数据编码过程。示例代码如下：

```python
# coding=utf-8
# 代码文件:chapter17/ch17.2.2.py

import json

# 准备数据
py_dict = {'name': 'tony', 'age': 30, 'sex': True}    # 创建字典对象
py_list = [1, 3]                                       # 创建列表对象
py_tuple = ('A', 'B', 'C')                             # 创建元组对象

py_dict['a'] = py_list                                 # 添加列表到字典中
py_dict['b'] = py_tuple                                # 添加元组到字典中

print(py_dict)
print(type(py_dict)) # <class 'dict'>

# 编码过程
json_obj = json.dumps(py_dict)                         ①
print(json_obj)
```

```
print(type(json_obj))                                    # <class 'str'>

# 编码过程
json_obj = json.dumps(py_dict, indent=4)                 ②
# 漂亮的格式化字符串后输出
print(json_obj)

# 写入 JSON 数据到 data1.json 文件
with open('data/data1.json', 'w') as f:
    json.dump(py_dict, f)                                ③

# 写入 JSON 数据到 data2.json 文件
with open('data/data2.json', 'w') as f:
    json.dump(py_dict, f, indent=4)                      ④
```

输出结果如下：

```
{'name': 'tony', 'age': 30, 'sex': True, 'a': [1, 3], 'b': ('A', 'B', 'C')}
<class 'dict'>
{"name": "tony", "age": 30, "sex": true, "a": [1, 3], "b": ["A", "B", "C"]}
<class 'str'>
{
    "name": "tony",
    "age": 30,
    "sex": true,
    "a": [
        1,
        3
    ],
    "b": [
        "A",
        "B",
        "C"
    ]
}
```

上述代码第①行对 Python 字典对象 py_dict 进行编码，编码的结果是返回字符串，该字符串中没有空格和换行等字符，可见减少字节数适合网络传输和保存。代码第②行也是对 Python 字典对象 py_dict 进行编码，在 dumps( ) 函数中使用了参数 indent。indent 可以格式化字符串，indent=4 表示缩进 4 个空格。这种漂亮的格式化的字符串，主要用于显示和日志输出，但不适合网络传输和保存。代码第③行和第④行 dump( ) 函数将编码后的字符串保存到文件中，dump( ) 与 dumps( ) 函数具有类似的参数，这里不再赘述。

17.2.3　JSON 数据解码

编码的相反过程是"解码"（decode），即将 JSON 数据转换为 Python 数据。从网络中接收或从磁盘中读取 JSON 数据时，需要解码为 Python 数据。

在编码过程中，JSON 数据转换为 Python 数据的映射关系如表 17-3 所示。

表 17-3 JSON 数据与 Python 数据映射关系

JSON	Python	JSON	Python
对象	字典	实数数字	浮点
数组	列表	true	True
字符串	字符串	false	False
整数数字	整数	null	None

json 模块提供的解码函数是 loads( )和 load( ),loads( )函数将 JSON 字符串数据进行解码,返回 Python 数据,load( )函数读取文件或流,对其中的 JSON 数据进行解码,返回结果为 Python 数据。

下面具体介绍 JSON 数据解码过程。示例代码如下:

```
# coding=utf-8
# 代码文件:chapter17/ch17.2.3.py

import json

# 准备数据
json_obj = r'{"name": "tony","age": 30, "sex": true, "a": [1, 3], "b": ["A",    ①
"B", "C"]}'

py_dict = json.loads(json_obj)                                                   ②
print(type(py_dict))              # <class 'dict'>
print(py_dict['name'])
print(py_dict['age'])
print(py_dict['sex'])

py_lista = py_dict['a']           # 取出列表对象
print(py_lista)
py_listb = py_dict['b']           # 取出列表对象
print(py_listb)

# 读取 JSON 数据到 data2.json 文件
with open('data/data2.json', 'r') as f:
    data = json.load(f)                                                          ③
    print(data)
    print(type(data))            # <class 'dict'>
```

上述代码实现了从字符串和文件中解码 JSON 数据。代码第①行是一个表示 JSON 对象的字符串。代码第②行对 JSON 对象字符串进行解码,返回 Python 字典对象。代码第③行从 data2.json 文件中读取 JSON 数据解析解码,返回 Python 字典对象。data2.json 文件内容如下:

```
{
    "name": "tony",
    "age": 30,
    "sex": true,
    "a": [
        1,
        3
```

```
        ],
        "b": [
            "A",
            "B",
            "C"
        ]
}
```

从 data2.json 文件内容可见,其中有很多换行符和空格符等,这些字符在解析时都被忽略了。

注意   如果按照规范的 JSON 文档要求,每个 JSON 数据项的"名称"必须使用双引号括起来,数值中的字符串也必须使用双引号括起来。在下面的 JSON 数据中,有的名称省略了双引号,有的名称使用了单引号,字符串表示也不规范。该 JSON 数据使用 json 模块解析时会出现异常,或许有第三方库可以解析,但并不是规范的做法。

```
{
    ResultCode: 0,
    Record: [
        {
            'ID': '1',
            'CDate': '2018-8-23',
            'Content': '发布 PythonBook0',
            'UserID': 'tony'
        },
        {
            'ID': '2',
            'CDate': '2018-8-24',
            'Content': '发布 PythonBook1',
            'UserID': 'tony'
        }
    ]
}
```

17.3   本章小结

本章主要介绍了 Python 中两种数据交换格式:XML 和 JSON。读者需要熟练解析 XML 数据的方法,掌握 JSON 的解码和编码过程。

17.4   同步练习

1. 判断对错。
JSON 对象是用大括号括起来的。(   )
2. 判断对错。
DOM 将 XML 文档作为一棵树状结构进行分析,可以获取节点的内容以及相关属性,或新增、删除和修改节点的内容。(   )

3. 判断对错。

SAX 是一种基于事件驱动的解析模式。解析 XML 文档时,程序从上到下读取 XML 文档,遇到开始标签、结束标签和属性等,就会触发相应的事件。(   )

4. 判断对错。

JSON 数组是用中括号括起来的。(   )

17.5　上机实验:解析结构化文档

1. 编写程序:读取 XML 文件,并解析该 XML 文件。
2. 编写程序:读取 JSON 文件,并解析该 JSON 文件。

第 18 章

数据库编程

数据必须以某种方式存储起来才有价值,数据库实际上是一组相关数据的集合。例如,某个医疗机构中所有信息的集合可以被称为一个医疗机构数据库,该数据库中的所有数据都与医疗机构相关。

数据库编程的相关技术有很多,涉及具体的数据库安装、配置和管理,还要掌握 SQL 语句,最后才能编写程序访问数据库。本章重点介绍 MySQL 数据库的安装和配置,以及 Python 数据库编程和 NoSQL 数据存储技术。

18.1 数据持久化技术概述

把数据保存到数据库中只是一种数据持久化方式。凡是将数据保存到存储介质中,需要时能找出来,并能够对数据进行修改,都属于数据持久化。

Python 中数据持久化技术有很多。

1. 文本文件

通常可以通过 Python 文件操作和管理技术将数据保存到文本文件中,然后进行读写操作。这些文件一般是结构化的文档,如 XML 和 JSON 等文件。结构化文档是指在文件内部采取某种方式将数据组织起来的文件。

2. 数据库

将数据保存在数据库中是较好的选择,数据库的后面是一个数据库管理系统,它支持事务处理、并发访问、高级查询和 SQL 语言。Python 中将数据保存到数据库中的技术有很多,主要分为两类:遵循 Python DB-API 规范技术[1]和 ORM[2] 技术。Python DB-API 规范通过在 Python 中编写 SQL 语句访问数据库,这是本章介绍的重点;ORM 技术是面向对象的,对数据的访问是通过对象实现的,程序员不需要使用 SQL 语句,Python ORM 技术超出了本书的范围。

---

[1] Python 官方规范 PEP 249(https://www.python.org/dev/peps/pep-0249/),目前是 Python Database API Specification v2.0,简称 Python DB-API2。

[2] 对象关系映射(Object-Relational mapping,ORM),它能将对象保存到数据库表中,对象与数据库表结构之间有某种对应关系。

18.2　MySQL 数据库管理系统

Python DB-API 规范一定会依托某个数据库管理系统(Database Management System,DBMS),还会使用到 SQL 语句,所以本节先介绍数据库管理系统。

数据库管理系统负责对数据的管理、维护和使用。现在主流数据库管理系统有 Oracle、SQL Server、DB2、Sysbase、MySQL 和 SQLite 等,本节介绍 MySQL 数据库管理系统的使用和管理。

提示　Python 内置模块提供了对 SQLite 数据库访问的支持,但 SQLite 主要是嵌入式系统设计的,虽然很优秀,也可以应用于桌面和 Web 系统开发,但数据承载能力略差,并发访问处理性能也比较差,因此本书没有重点介绍 SQLite 数据库。

MySQL(https://www.mysql.com)是流行的开放源码 SQL 数据库管理系统,由 MySQL AB 公司开发,先被 Sun 公司收购,后来又被 Oracle 公司收购,现在 MySQL 数据库是 Oracle 旗下的数据库产品,Oracle 负责提供技术支持和维护。

18.2.1　数据库安装和配置

目前 Oracle 提供了多个 MySQL 版本,其中社区版(Community Edition)MySQL 是免费的,社区版本比较适合中小企业数据库。

社区版下载地址是 https://dev.mysql.com/downloads/mysql/。如图 18-1 所示,可以选

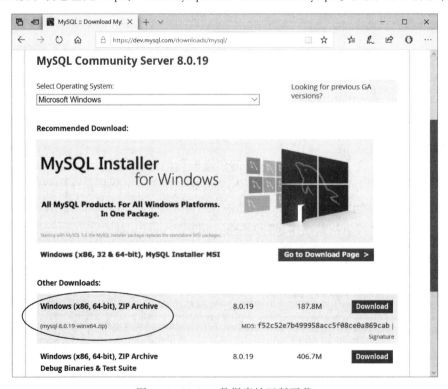

图 18-1　MySQL 数据库社区版下载

择不同的平台版本,MySQL 可在 Windows、Linux 和 UNIX 等操作系统上安装和运行。本书选择的是 Windows 版中的 mysql-8.0.19-winx64.zip 安装文件。

mysql-8.0.19-winx64.zip 是一种压缩文件,其安装不需要安装文件,只需解压后并进行一些配置即可。

首先解压 mysql-8.0.19-winx64.zip 到一个合适的文件夹中,然后将<MySQL 解压文件夹>\bin\添加到 Path 环境变量中。

配置数据库需要用管理员权限,在命令提示符中运行一些指令进行配置。管理员权限在命令提示符中调用,可以使用 Windows PowerShell(管理员)进入。

提示 Windows PowerShell(管理员)进入过程:右击屏幕左下角的 Windows 图标▓,弹出如图 18-2 所示的 Windows 菜单,选择 Windows PowerShell(管理员)菜单,打开如图 18-3 所示的 Windows PowerShell(管理员)对话框。

图 18-2　Windows 菜单

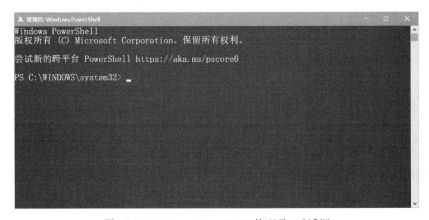

图 18-3　Windows PowerShell(管理员)对话框

指令进行配置如下。

（1）初始化数据库。

初始化数据库指令如下：

```
mysqld --initialize --user=mysql --console
```

初始化过程如图 18-4 所示。初始化成功后 root 用户会生成一个临时密码，请牢记该密码。

图 18-4　初始化数据库指令

（2）安装 MySQL 服务。

安装 MySQL 服务就是把 MySQL 数据库启动配置成为 Windows 系统中的一个服务。这样当 Windows 启动后，MySQL 数据库将自动启动。安装 MySQL 服务指令如下：

```
mysqld --install
```

（3）启用服务。

启用服务指令如下：

```
net start mysql
```

MySQL 数据库服务启动成功说明数据库安装和配置成功。查看 MySQL 数据库服务可以打开 Windows 服务，如图 18-5 所示。

（4）修改 root 临时密码。

首先需要通过命令提示符窗口登录 MySQL 数据库服务器，运行如下指令，按 Enter 键，输入密码后再按 Enter 键。

```
mysql -u root -p
```

结果如图 18-6 所示。

登录成功后，在 mysql 提示符中输入如下指令，其中 12345 是修改后的新密码。

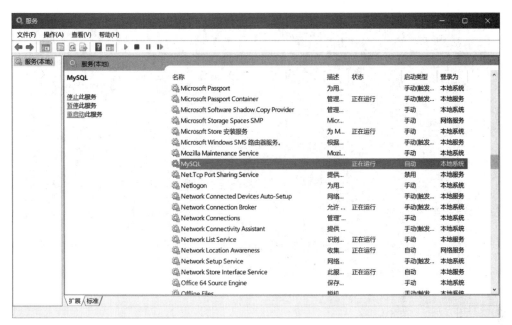

图 18-5　MySQL 数据库服务启动

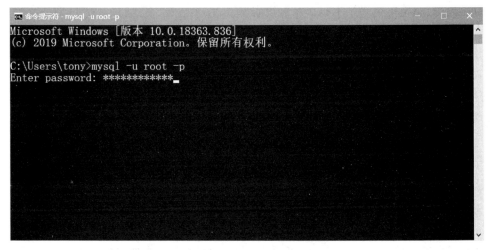

图 18-6　登录 MySQL 数据库服务器

```
ALTER USER 'root'@ 'localhost'IDENTIFIED WITH mysql_native_password BY '12345';
```

结果如图 18-7 所示。

18.2.2　登录服务器

无论使用命令提示符窗口（macOS 和 Linux 中终端窗口）还是使用客户端工具管理 MySQL 数据库，都需要登录 MySQL 服务器。本书重点介绍命令提示符窗口登录。

在 18.2.1 节中修改密码时，已经使用了命令提示符窗口登录服务器。完整指令如下：

```
mysql -h 主机 IP 地址(主机名) -u 用户 -p
```

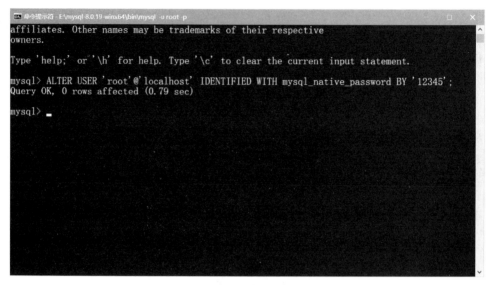

图 18-7　修改密码

其中-h、-u、-p 是参数,说明:

(1) -h 是要登录的服务器主机名或 IP 地址,可以是远程的一个服务器主机。注意-h 后面可以没有空格。如果是本机登录可以省略。

(2) -u 是登录服务器的用户,该用户一定是数据库中存在的,且具有登录服务器的权限。注意-u 后面可以没有空格。

(3) -p: 是用户对应的密码,可以直接在-p 后面输入密码,可以在按 Enter 键后再输入密码。

如需登录本机数据库,用户是 root,密码是 12345,至少有以下 6 种指令可以登录:

```
mysql -u root -p
mysql -u root -p12345
mysql -uroot -p12345
mysql -h localhost -u root -p
mysql -h localhost -u root -p12345
mysql -hlocalhost -uroot -p12345
```

图 18-8 所示是使用 mysql -hlocalhost -uroot -p12345 指令登录服务器。

18.2.3　常见的管理命令

通过命令行客户端管理 MySQL 数据库,需要了解一些常用的命令。

1. help

首先应熟悉 help 命令,help 命令能够列出 MySQL 其他命令的帮助。在命令行客户端中输入 help,不需要分号结尾,直接按 Enter 键,如图 18-9 所示。这里都是 MySQL 的管理命令,这些命令大部分不需要分号结尾。

2. 退出命令

在命令行客户端中使用 quit 或 exit 命令可以从命令行客户端中退出,如图 18-10 所示。

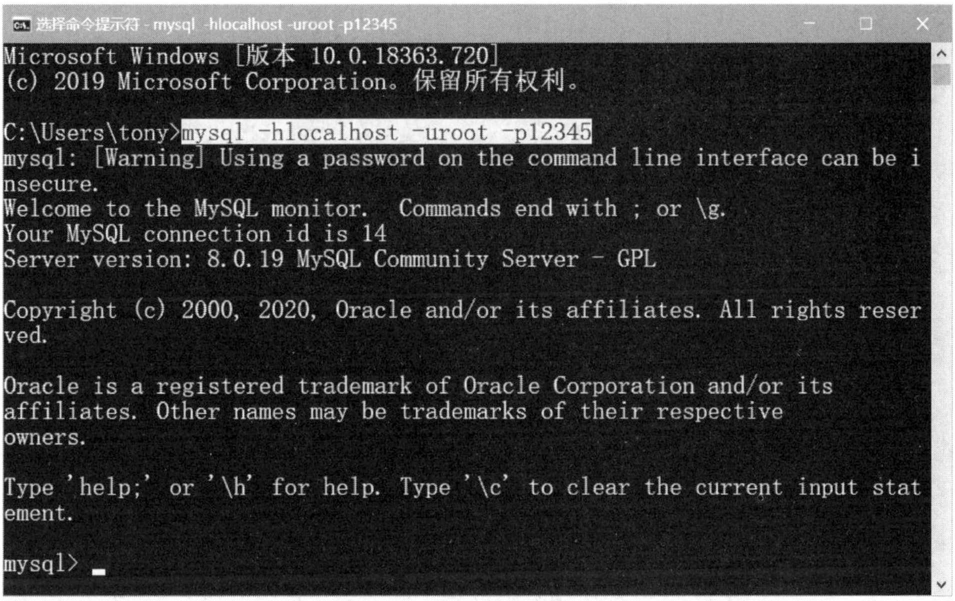

图 18-8　登录服务器

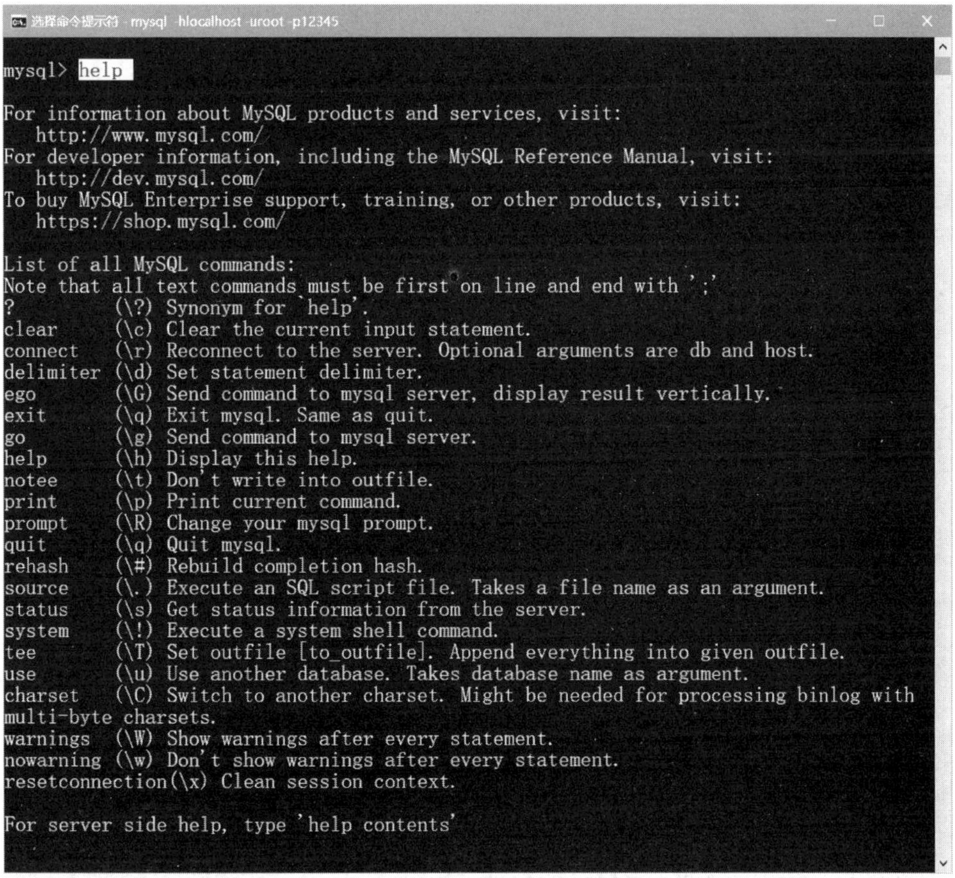

图 18-9　使用 help 命令

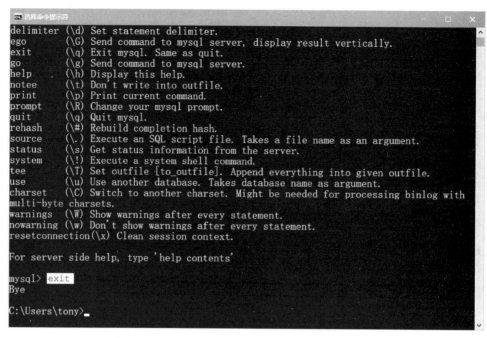

图 18-10　使用退出命令

这两条命令也不需要分号结尾。

3. 数据库管理

在使用数据库的过程中，有时需要知道数据库服务器中有哪些数据库。查看数据库的命令是 show databases;，如图 18-11 所示。注意该命令以分号结尾。

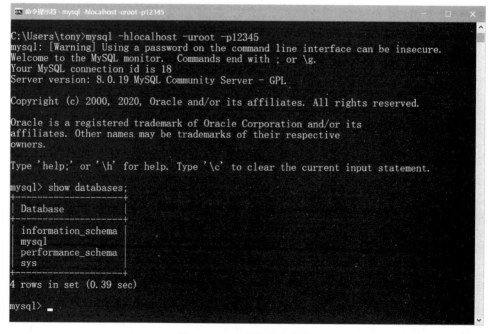

图 18-11　查看数据库信息

创建数据库可以使用 create database testdb;命令,如图 18-12 所示。testdb 是自定义数据库名,注意该命令以分号结尾。

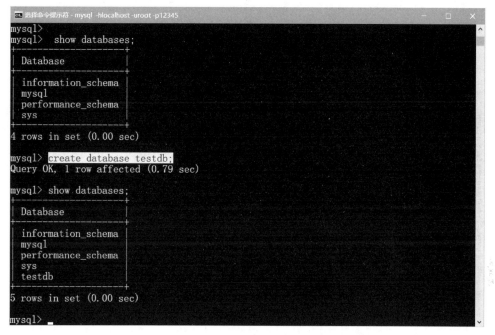

图 18-12 创建数据库

如需删除数据库可以使用 drop database testdb;命令,如图 18-13 所示。testdb 是自定义数据库名,注意该命令以分号结尾。

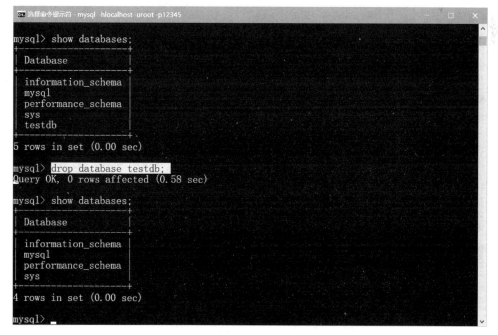

图 18-13 删除数据库

4. 数据表管理

在使用数据库的过程中,有时需要知道某个数据库下有多少个数据表,并需要查看表结构等信息。

查看有多少个数据表的命令是 show tables; ,如图 18-14 所示。注意该命令以分号结尾。一个服务器中有很多数据库,应该先使用 use 选择数据库。如图 18-14 所示,use sys 命令结尾没有分号。

```
命令提示符 - mysql -uroot -p

mysql> show tables;
ERROR 1046 (3D000): No database selected
mysql> use sys
Database changed
mysql> show tables;
+-----------------------------------------------+
| Tables_in_sys                                 |
+-----------------------------------------------+
| host_summary                                  |
| host_summary_by_file_io                       |
| host_summary_by_file_io_type                  |
| host_summary_by_stages                        |
| host_summary_by_statement_latency             |
```

图 18-14　查看数据库中表信息

知道有哪些表后,还需要知道表结构,此时可以使用 desc 命令,如获得 city 表结构可以使用 desc host_summary; 命令,如图 18-15 所示,注意该命令后面是以分号结尾的。

```
命令提示符 - mysql -uroot -p

mysql> desc host_summary;
+------------------------+---------------+------+-----+---------+-------+
| Field                  | Type          | Null | Key | Default | Extra |
+------------------------+---------------+------+-----+---------+-------+
| host                   | varchar(255)  | YES  |     | NULL    |       |
| statements             | decimal(64,0) | YES  |     | NULL    |       |
| statement_latency      | varchar(11)   | YES  |     | NULL    |       |
| statement_avg_latency  | varchar(11)   | YES  |     | NULL    |       |
| table_scans            | decimal(65,0) | YES  |     | NULL    |       |
| file_ios               | decimal(64,0) | YES  |     | NULL    |       |
| file_io_latency        | varchar(11)   | YES  |     | NULL    |       |
| current_connections    | decimal(41,0) | YES  |     | NULL    |       |
| total_connections      | decimal(41,0) | YES  |     | NULL    |       |
| unique_users           | bigint        | NO   |     | 0       |       |
| current_memory         | varchar(11)   | YES  |     | NULL    |       |
| total_memory_allocated | varchar(11)   | YES  |     | NULL    |       |
+------------------------+---------------+------+-----+---------+-------+
12 rows in set (0.00 sec)

mysql> _
```

图 18-15　查看表结构

18.3 Python DB-API

在有 Python DB-API 规范之前,各数据库编程接口非常混乱,实现方式差别很大,更换数据库工作量非常大。Python DB-API 规范要求各数据库厂商和第三方开发商,遵循统一的编程接口,使 Python 开发数据库变得统一而简单,更新数据库工作量很小。

Python DB-API 只是一个规范,没有访问数据库的具体实现,规范是用来约束数据库厂商的,要求数据库厂商为开发人员提供访问数据库的标准接口。

Python DB-API 规范涉及 3 种不同角色: Python 官方、开发人员和数据库厂商,如图 18-16 所示。

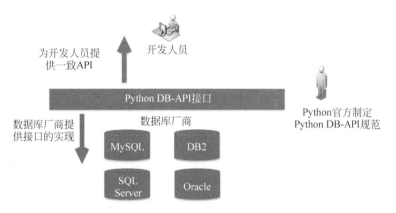

图 18-16　Python DB-API 规范涉及三种不同的角色

(1) Python 官方制定了 Python DB-API 规范,包括全局变量、连接、游标、数据类型和异常等内容。目前最新的是 Python DB-API2 规范。

(2) 数据库厂商为了支持 Python 语言访问自己的数据库,根据这些 Python DB-API 规范提供了具体的实现类,如连接和游标对象具体实现方式。当然针对某种数据库也可能有其他第三方具体实现。

(3) Python DB-API 规范提供了一致的 API 接口,开发人员不用关心实现接口的细节。

18.3.1 建立数据连接

数据库访问的第一步是进行数据库连接。建立数据库连接可以通过 connect (parameters…)函数实现,该函数根据 parameters 参数连接数据库,连接成功返回 Connection 对象。

连接数据库的关键是连接参数 parameters,使用 pymysql 库连接数据库示例代码如下:

```
import pymysql

connection = pymysql.connect(host='localhost',
                user='root',
                password='12345',
                database='mydb',
                charset='utf8')
```

pymysql. connect( )函数中常用的连接参数有以下几种。

（1）host。数据库主机名或 IP 地址。

（2）port。连接数据库端口号。

（3）user。访问数据库账号。

（4）password 或 passwd。访问数据库密码。

（5）database 或 db。数据库中的库名。

（6）charset。数据库编码格式。注意 uft8 是配置数据库字符串集，是 UTF-8 编码。

此外还有很多参数，具体可参考网站 http://pymysql. readthedocs. io/en/latest/modules/connections. html。

注意 连接参数主要包括数据库主机名或 IP 地址、用户名、密码等内容，但是不同数据库厂商（或第三方开发商）提供的开发模块会有所不同，具体使用时需要查询开发文档。

Connection 对象有如下一些重要的方法。

（1）close( )。关闭数据库连接，关闭后再使用数据库连接将引发异常。

（2）commit( )。提交数据库事务。

（3）rollback( )。回滚数据库事务。

（4）cursor( )。获得 Cursor 游标对象。

提示 数据库事务通常包含多个对数据库的读/写操作，这些操作是有序的。若事务被提交给数据库管理系统，则数据库管理系统需要确保该事务中的所有操作都成功完成，结果被永久保存在数据库中。如果事务中有操作未成功完成，则事务中的所有操作都需要被回滚，回到事务执行前的状态。同时，该事务对数据库或其他事务的执行无影响。

18.3.2 创建游标

一个 Cursor 游标对象表示一个数据库游标，游标暂时保存了 SQL 操作所影响到的数据。在数据库事务管理中游标非常重要，游标是通过数据库连接创建的，相同数据库连接创建的游标所引起的数据变化，会马上反映到同一连接中的其他游标对象。但是不同数据库连接中的游标是否能及时反映出来，则与数据库事务管理有关。

游标 Cursor 对象有很多方法和属性，其中基本 SQL 操作方法有以下几种。

（1）execute(operation[,parameters])。

执行一条 SQL 语句，operation 是 SQL 语句，parameters 是为 SQL 提供的参数，可以是序列或字典类型。返回值是整数，表示执行 SQL 语句影响的行数。

（2）executemany(operation[,seq_of_params])。

执行批量 SQL 语句。operation 是 SQL 语句，seq_of_params 是为 SQL 提供的参数，是一个序列。返回值是整数，表示执行 SQL 语句影响的行数。

（3）callproc(procname[,parameters])。

执行存储过程，procname 是存储过程名，parameters 是为存储过程提供的参数。

执行 SQL 查询语句也是通过 execute( )和 executemany( )方法实现的，但是这两个方法返回的都是整数,对于查询没有意义。因此使用 execute( ) 和 executemany( ) 方法执行查询后,还要通过提取方法提取结果集,相关提取方法如下。

（1）fetchone( )。从结果集中返回一条记录的序列,如果没有数据返回 None。

（2）fetchmany([size = cursor. arraysize])。从结果集返回小于或等于 size 的记录数序列,如果没有数据返回空序列,size 默认情况下是整个游标的行数。

（3）fetchall( )。从结果集返回所有数据。

18.4　实例：User 表 CRUD 操作

对数据库表中数据可以进行 4 类操作：数据插入（Create）、数据查询（Read）、数据更新（Update）和数据删除（Delete）,即俗称的"增、查、改、删"。

本节通过一个案例介绍如何通过 Python DB-API 实现 Python 对数据的 CRUD 操作。

18.4.1　安装 PyMySQL 库

PyMySQL 遵从 Python DB-API2 规范,其中包含了纯 Python 实现的 MySQL 客户端库。PyMySQL 兼容 MySQLdb,MySQLdb 是 Python2 中使用的数据库开发模块。Python 3 中推荐使用 PyMySQL 库。本节首先介绍如何安装 PyMySQL 库。

通过 pip 工具安装 PyMySQL 库,pip 是 Python 官方提供的包管理工具。默认安装 Python 就会安装 pip 工具。

打开命令提示符（Linux、UNIX 和 macOS 终端）,输入以下指令：

```
pip install PyMySQL
```

在 Windows 平台下执行 pip 安装指令过程如图 18-17 所示,最后会有安装成功提示。其他平台安装过程也是类似的,这里不再赘述。

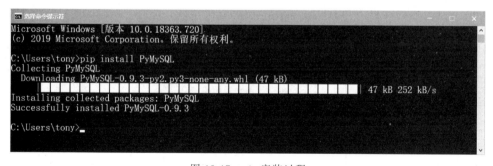

图 18-17　pip 安装过程

提示　pip 服务器在国外,有些库下载安装很慢,有些库甚至无法安装。此时可以使用国内的镜像服务器,需要在 pip 指令后加-i 参数,后面跟镜像服务器网址。修改指令如下：pip install PyMySQL -i https://pypi. tuna. tsinghua. edu. cn/simple。

18.4.2　数据库编程一般过程

在讲解案例之前,有必要先介绍一下通过 Python DB-API 进行数据库编程的一般过程。如图 18-18 所示是数据库编程的一般过程,其中查询(Read)过程和修改(C 插入、U 更新、D 删除)过程最多均需要 6 个步骤。查询过程中需要提取数据结果集,这是修改过程中没有的步骤。修改过程中如果成功执行 SQL 操作则提交数据库事务,如果失败则回滚事务。最后不要忘记释放资源,即关闭游标和数据库。

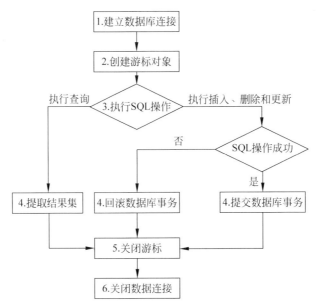

图 18-18　数据库编程的一般过程

18.4.3　数据查询操作

为了介绍数据查询操作案例,这里准备了一个 User 表,它有两个字段 name 和 userid,如表 18-1 所示。

表 18-1　User 表结构

字　段　名	类　　型	是否可以为 Null	是　否　主　键
name	varchar(20)	是	否
userid	int	否	是

编写数据库脚本 mydb-mysql-schema.sql 文件内容如下:

```
/* chapter18/mydb-mysql-schema.sql */

/* 创建数据库 */
CREATE DATABASE IF NOT EXISTS MyDB;

use MyDB;
```

```
/* 用户表 */
CREATE TABLE IF NOT EXISTS user (
name varchar(20),    /* 用户 Id */
userid int,          /* 用户密码 */
PRIMARY KEY (userid));

/* 插入初始数据 */
INSERT INTO user VALUES('Tom',1);
INSERT INTO user VALUES('Ben',2);
INSERT INTO user VALUES('张三',3);
```

下面介绍如何实现如下两条 SQL 语句的查询功能。

```
select name,userid from user where userid > ? order by userid    //有条件查询
select max(userid) from user                         //使用 max 等函数,无条件查询
```

1. 有条件查询实现代码

相关代码如下:

```
# coding=utf-8
# 代码文件:chapter18/ch18.4.3-1.py

import pymysql

#1. 建立数据库连接
connection = pymysql.connect(host='localhost',
                             user='root',
                             password='12345',
                             database='MyDB',
                             charset='utf8')                      ①

try:
    #2. 创建游标对象
    with connection.cursor() as cursor:                          ②

        #3. 执行 SQL 操作
        # sql = 'select name, userid from user where userid >%s'    ③
        # cursor.execute(sql, [0])            ④ # cursor.execute(sql, 0)
        sql = 'select name, userid from user where userid >%(id)s'  ⑤
        cursor.execute(sql, {'id': 0})                           ⑥

        #4. 提取结果集
        result_set = cursor.fetchall()                           ⑦

        for row in result_set:                                   ⑧
            print('id:{0} - name:{1}'.format(row[1], row[0]))    ⑨

    # with 代码块结束 5. 关闭游标

finally:
    #6. 关闭数据连接
    connection.close()                                           ⑩
```

上述代码第①行是创建数据库连接,指定编码格式为 UTF-8,MySQL 数据库默认安装以

及默认创建的数据库都是 UTF-8 编码。代码第⑩行是关闭数据库连接。

代码第②行 connection.cursor( )是创建游标对象,并使用 with 代码块自动管理游标对象,因此虽然在整个程序代码中没有关闭游标的 close( )语句,但 with 代码块结束时就会关闭游标对象。

代码第⑤行是要执行的 SQL 语句,其中%(id)s 是命名占位符。代码第⑥行执行 SQL 语句,并绑定参数,绑定参数是字典类型,id 是占位符中的名字,是字典中的键。另一种写法占位符是%s,见代码第③行;绑定参数是序列类型,见代码第④行。另外,参数只有一个时,可以直接绑定,所以第④行代码可以替换为 cursor.execute(sql,0)。

代码第⑦行采用 cursor.fetchall( )方法提取所有结果集。代码第⑧行遍历结果集。代码第⑨行是取出字段内容,row[0]取第 1 个字段内容,row[1]取第 2 个字段内容。

提示　提交字段时,字段的顺序是 select 语句中列出的字段顺序,不是数据表中字段的顺序,除非使用 select * 语句。

2. 无条件查询实现代码

相关代码如下。

```
# coding=utf-8
# 代码文件:chapter18/ch18.4.3-2.py

import pymysql

#1.建立数据库连接
connection = pymysql.connect(host='localhost',
                             user='root',
                             password='12345',
                             database='MyDB',
                             charset='utf8')

try:
    #2.创建游标对象
    with connection.cursor() as cursor:

        #3.执行 SQL 操作
        sql = 'select max(userid) from user'
        cursor.execute(sql)

        #4.提取结果集
        row = cursor.fetchone()                                    ①

        if row is not None:                                        ②
            print('最大用户 Id :{0}'.format(row[0]))               ③
```

```
# with 代码块结束 5. 关闭游标
```

```
finally:
    # 6. 关闭数据连接
    connection.close()
```

上述代码第①行使用 cursor.fetchone( ) 方法提取一条数据。代码第②行判断非空时，提取字段内容，代码第③行取出第一个字段内容。

18.4.4　数据修改操作

数据修改操作包括数据插入、数据更新和数据删除。

1. 数据插入

数据插入代码如下：

```
# coding=utf-8
# 代码文件:chapter18/ch18.4.4-1.py

import pymysql


# 查询最大用户 Id
def read_max_userid():
    <省略查询最大用户 Id 代码>


# 1. 建立数据库连接
connection = pymysql.connect(host='localhost',
                             user='root',
                             password='12345',
                             database='MyDB',
                             charset='utf8')

# 查询最大值
maxid = read_max_userid()

try:
    # 2. 创建游标对象
    with connection.cursor() as cursor:

        # 3. 执行 SQL 操作
        sql = 'insert into user (userid, name) values (%s,%s)'   ①
        nextid = maxid + 1
        name = 'Tony'+ str(nextid)
        cursor.execute(sql, (nextid, name))                      ②

        print('影响的数据行数:{0}'.format(affectedcount))

        # 4. 提交数据库事务
        connection.commit()                                     ③

    # with 代码块结束 5. 关闭游标
```

```
except pymysql.DatabaseError:                                    ④
    # 4. 回滚数据库事务
    connection.rollback()                                        ⑤
finally:
    # 6. 关闭数据连接
    connection.close()                                           ⑥
```

代码第①行插入 SQL 语句,其中有两个占位符。代码第②行绑定两个参数,参数放在一个元组中,也可以放在列表中。如果 SQL 执行成功,则通过代码第③行提交数据库事务,否则通过代码第⑤行回滚数据库事务。代码第④行捕获数据库异常,DatabaseError 是数据库相关异常。

Python DB-API2 规范中的异常类继承层次如下所示。

```
StandardError
+-- Warnin
+-- Error
    +-- InterfaceError
    +-- DatabaseError
        +-- DataError
        +-- OperationalError
        +-- IntegrityError
        +-- InternalError
        +-- ProgrammingError
        +-- NotSupportedError
```

StandardError 是 Python DB-API 基类,一般的数据库开发使用 DatabaseError 异常及其子类。

2. 数据更新

数据更新代码如下:

```python
# coding=utf-8
# 代码文件:chapter18/ch18.4.4-2.py

import pymysql

# 1. 建立数据库连接
connection = pymysql.connect(host='localhost',
                             user='root',
                             password='12345',
                             database='MyDB',
                             charset='utf8')

try:
    # 2. 创建游标对象
    with connection.cursor() as cursor:

        # 3. 执行 SQL 操作
        sql = 'update user set name = %s where userid > %s'
        affectedcount = cursor.execute(sql, ('Tom', 3))

        print('影响的数据行数:{0}'.format(affectedcount))
        # 4. 提交数据库事务
        connection.commit()
```

```
        # with 代码块结束 5. 关闭游标

except pymysql.DatabaseError as e:
        # 4. 回滚数据库事务
        connection.rollback()
        print(e)
finally:
        # 6. 关闭数据连接
        connection.close()
```

3. 数据删除

数据删除代码如下：

```
# coding=utf-8
# 代码文件:chapter18/ch18.4.4-3.py

import pymysql


# 查询最大用户 Id
def read_max_userid():
        <省略查询最大用户 Id 代码>

# 1. 建立数据库连接
connection = pymysql.connect(host='localhost',
                             user='root',
                             password='12345',
                             database='MyDB',
                             charset='utf8')

# 查询最大值
maxid = read_max_userid()

try:
        # 2. 创建游标对象
        with connection.cursor() as cursor:

                # 3. 执行 SQL 操作
                sql = 'delete from user where userid = %s'
                affectedcount = cursor.execute(sql, (maxid))

                print('影响的数据行数:{0}'.format(affectedcount))
                # 4. 提交数据库事务
                connection.commit()

        # with 代码块结束 5. 关闭游标

except pymysql.DatabaseError:
        # 4. 回滚数据库事务
        connection.rollback()
finally:
        # 6. 关闭数据连接
        connection.close()
```

数据更新、数据删除与数据插入在程序结构上非常类似,差别主要在于 SQL 语句和绑定参数的不同。具体代码不再赘述。

18.5　NoSQL 数据存储

目前大部分数据库都是关系型的,通过 SQL 语句操作。但也有一些数据库是非关系型的,不通过 SQL 语句操作,这些数据库称为 NoSQL 数据库。dbm(Data Base Manager)数据库是最简单的 NoSQL 数据库,它不需要安装,直接通过键值对数据存储。

Python 内置 dbm 模块提供了存储 dbm 数据的 API,下面分别介绍这些 API。

18.5.1　dbm 数据库的打开和关闭

与关系型数据库类似,dbm 数据库使用前需要打开,使用完毕需要关闭。打开数据库使用 open()函数,其语法如下:

```
dbm.open(file, flag='r')
```

参数 file 是数据库文件名,包括路径;参数 flag 是文件打开方式。flag 取值说明如下。

(1) 'r'。以只读方式打开现有数据库,这是默认值。

(2) 'w'。以读写方式打开现有数据库。

(3) 'c'。以读写方式打开数据库,如果数据库不存在则创建。

(4) 'n'。始终创建一个新的空数据库,打开方式为读写。

关闭数据库使用 close()函数,close()函数没有参数,使用起来比较简单。但笔者更推荐使用 with as 语句块管理数据资源释放。示例代码如下:

```
with dbm.open(DB_NAME, 'c') as db:
    pass
```

使用 with as 语句块后无须手动关闭数据库。

18.5.2　dbm 数据存储

dbm 数据存储方式类似于字典数据结构,通过键写入或读取数据。但需要注意的是,dbm 数据库保存的数据是字符串类型或者是字节序列(bytes)类型。

dbm 数据存储相关语句如下。

(1) 写入数据。代码如下:

```
d[key] = data
```

d 是打开的数据库对象,key 是键,data 是要保存的数据。如果 key 不存在则创建 key-data 数据项,如果 key 已经存在则使用 data 覆盖旧数据。

(2) 读取数据。代码如下:

```
data = d[key] 或 data = d.get(key, defaultvalue)
```

使用 data=d[key]语句读取数据时,如果没有 key 对应的数据将抛出 KeyError 异常。

为了防止这种情况的发生,可以使用 data＝d. get(key,defaultvalue)语句,如果没有 key 对应的数据,将返回默认值 defaultvalue。

(3)删除数据。代码如下:

```
del d[key]
```

按照 key 删除数据,如果没有 key 对应的数据将抛出 KeyError 异常。

(4)查找数据。代码如下:

```
flag = key in d
```

按照 key 在数据库中查找数据。示例代码如下:

```
# coding=utf-8
# 代码文件:chapter18/ch18.5.2.py

import dbm

with dbm.open('mydb', 'c') as db:
    db['name'] = 'tony'                          # 更新数据
    print(db['name'].decode())                   # 取出数据          ①

    age = int(db.get('age', b'18').decode())     # 取出数据          ②
    print(age)

    if 'age'in db:                               # 判断是否存在 age 数据
        db['age'] = '20'                         # 或者 b'20'

    del db['name']                               # 删除 name 数据
```

上述代码第①行按照 name 键取出数据,db['name']表达式取出的数据是字节序列,如果需要的是字符串则需要使用 decode( )方法将字节序列转换为字符串。代码第②行读取 age 键数据,表达式 db. get('age',b'18')中默认值为 b'18',b'18'是字节序列。

18.6 本章小结

本章首先介绍了 MySQL 数据库的安装、配置和常用管理命令。然后重点讲解了 Python DB-API 规范,读者需要熟悉如何建立数据库连接、创建游标和从游标中提取数据。最后介绍了 dbm NoSQL 数据库,读者需要了解 dbm 的使用方法。

18.7 同步练习

1. 判断对错。

Python DB-API 规范是 Python 官方制定,这个规范包括:全局变量、连接、游标、数据类型和异常等内容。(   )

2. 判断对错。

Python DB-API 规范是用来规范数据库厂商的。(   )

3. 编写程序实现 MySQL 数据库的 CRUD 操作。

4. 编写程序实现 NoSQL 数据库的存取操作。

18.8　上机实验：从结构化文档迁移数据到数据库

1. 设计一个 XML 文件,再设计一个数据库表,表结构与 XML 结构一致。编写程序读取 XML 文件内容并将数据插入数据库表中。

2. 设计一个 JSON 文件,再设计一个数据库表,表结构与 JSON 结构一致。编写程序读取 JSON 文件内容并将数据插入数据库表中。

第 19 章

网 络 编 程

现代的应用程序都离不开网络,网络编程是非常重要的技术。Python 提供了两个不同层次的网络编程 API:基于 Socket 的低层次网络编程和基于 URL 的高层次网络编程。Socket 采用 TCP、UDP 等协议,这些协议属于低层次的通信协议;URL 采用 HTTP 和 HTTPS,这些属于高层次的通信协议。

19.1 网络基础

网络编程需要程序员掌握一些基础的网络知识,本节先介绍一些网络基础知识。

19.1.1 网络结构

网络结构是网络的构建方式,目前流行的有客户端服务器结构网络和对等结构网络。

1. 客户端服务器结构网络

客户端服务器(Client Server, C/S)结构网络是一种主从结构网络。如图 19-1 所示,服务器一般处于等待状态,如果有客户端请求,服务器响应请求,建立连接提供服务。服务器是被动的,有点像在餐厅吃饭时候的服务员,而客户端是主动的,像在餐厅吃饭的顾客。

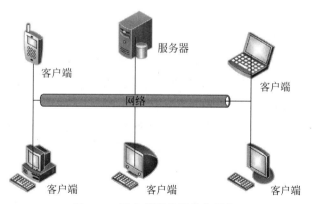

图 19-1　客户端服务器结构网络

事实上,生活中很多网络服务都采用这种结构,如 Web 服务、文件传输服务和邮件服务等。虽然它们的作用不同,但基本结构是一样的。这种网络结构与设备类型无关,服务器不一定是电脑,也可能是手机等移动设备。

2. 对等结构网络

对等结构网络又称点对点网络(Peer to Peer,P2P),每个节点之间是对等的。如图 19-2 所示,每个节点既是服务器又是客户端。

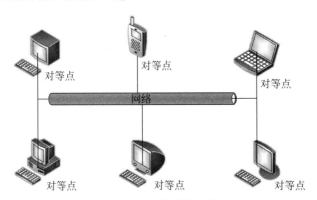

图 19-2　对等结构网络

对等结构网络分布范围比较小,通常在一间办公室或一个家庭内,非常适合移动设备间的网络通信,网络链路层由蓝牙和 WiFi 实现。

19.1.2　TCP/IP

网络通信会用到协议,其中 TCP/IP 非常重要。TCP/IP 由 IP 和 TCP 两个协议构成。IP(Internet Protocol)是一种低级的路由协议,它将数据拆分在许多小的数据包中,并通过网络将它们发送到某一特定地址,但无法保证所有包都抵达目的地,也不能保证包的顺序。由于 IP 传输数据的不安全性,网络通信时还需要传输控制协议(Transmission Control Protocol,TCP),这是一种高层次的协议,面向连接的可靠数据传输协议,如有数据包没有收到将重发,对数据包内容的准确性进行检查并保证数据包顺序,所以该协议保证数据包能够安全地按照发送顺序送达目的地。

19.1.3　IP 地址

为实现网络中不同计算机之间的通信,每台计算机都必须有一个与众不同的标识,这就是 IP 地址,TCP/IP 使用 IP 地址来标识源地址和目的地址。最初所有 IP 地址均为 32 位的数字,由 4 个 8 位的二进制数组成,每 8 位之间用圆点隔开,如 192.168.1.1,这种类型的地址通过 IPv4 指定。而现在有一种新的地址模式称为 IPv6,IPv6 使用 128 位数字表示一个地址,分为 8 个 16 位块。尽管 IPv6 与 IPv4 相比有很多优势,但是由于习惯的问题,很多设备还是采用 IPv4。Python 语言同时支持 IPv4 和 IPv6。

在 IPv4 地址模式中 IP 地址分为 A、B、C、D 和 E 共 5 类。

(1) A 类地址用于大型网络,地址范围:1.0.0.1~126.155.255.254。

(2) B 类地址用于中型网络,地址范围:128.0.0.1~191.255.255.254。

(3) C 类地址用于小规模网络,地址范围:192.0.0.1~223.255.255.254。

(4) D 类地址用于多目的地信息的传输和备用。

(5) E 类地址保留仅作实验和开发用。

有时还会用到一个特殊的 IP 地址 127.0.0.1,称为回送地址,指本机。127.0.0.1 主要用于网络软件测试以及本地机进程间通信,使用回送地址发送数据,不进行任何网络传输,只在本机进程间通信。

19.1.4 端口

一个 IP 地址标识一台计算机,每一台计算机又有很多网络通信程序在运行,提供网络服务或进行通信,这就需要使用不同的端口进行通信。如果把 IP 地址比作电话号码,那么端口就是分机号码,进行网络通信时不仅要指定 IP 地址,还要指定端口号。

TCP/IP 系统中的端口号是一个 16 位的数字,范围是 0~65535。小于 1024 的端口号保留给预定义的服务,如 HTTP 是 80,FTP 是 21,Telnet 是 23,E-mail 是 25 等,除非要和那些服务进行通信,否则不应该使用小于 1024 的端口。

19.2 TCP Socket 低层次网络编程

TCP/IP 协议的传输层有两种传输协议:TCP(传输控制协议)和 UDP(用户数据报协议)。TCP 是面向连接的可靠数据传输协议。TCP 就像电话,电话接通后双方才能通话,在挂断电话之前,电话一直占线——TCP 连接一旦建立将一直占用,直到关闭连接。另外,TCP 为了保证数据的正确性,会重发一切没有收到的数据,还会对数据内容进行验证,并保证数据传输的正确顺序。因此 TCP 协议对系统资源的要求较多。

基于 TCP Socket 的编程很有代表性,下面首先介绍 TCP Socket 编程。

19.2.1 TCP Socket 通信概述

Socket 是网络上的两个程序,通过一个双向的通信连接实现数据的交换,双向连接的一端称为一个 Socket。Socket 通常用来实现客户端和服务端的连接。Socket 是 TCP/IP 协议的一个十分流行的编程接口,一个 Socket 由一个 IP 地址和一个端口号唯一确定。一旦建立连接,Socket 还会包含本机和远程主机的 IP 地址和远端口号,成对出现,如图 19-3 所示。

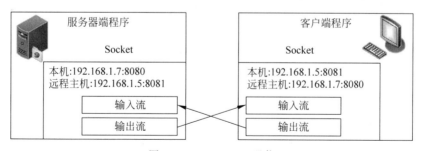

图 19-3 TCP Socket 通信

19.2.2 TCP Socket 通信过程

使用 TCP Socket 进行 C/S 结构编程,通信过程如图 19-4 所示。

从图 19-4 可见,服务器首先绑定本机的 IP 和端口,如果端口已经被其他程序占用则抛出

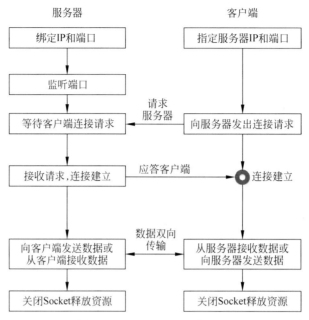

图 19-4　TCP Socket 通信过程

异常,如果绑定成功则监听该端口。服务器端调用 socket. accept( )方法阻塞程序,等待客户端连接请求。当客户端向服务器发出连接请求,服务器接收客户端请求建立连接。一旦连接建立,服务器与客户端就可以通过 Socket 进行双向通信了。最后关闭 Socket 释放资源。

19.2.3　TCP Socket 编程 API

Python 提供了两个 Socket 模块:socket 和 socketserver。socket 模块提供了标准的 BSD Socket[①] API;socketserver 重点是网络服务器开发,它提供了 4 个基本服务器类,可以简化服务器开发。本书重点介绍 socket 模块实现的 Socket 编程。

1. 创建 TCP Socket

socket 模块提供了一个 socket( )函数,可以创建多种形式的 socket 对象,本节重点介绍创建 TCP Socket 对象。创建代码如下:

```
s = socket.socket(socket.AF_INET, socket.SOCK_STREAM)
```

参数 socket. AF_INET 设置 IP 地址类型是 IPv4。如果采用 IPv6 地址类型,参数应为 socket. AF_INET6。参数 socket. SOCK_STREAM 设置 Socket 通信类型是 TCP。

2. TCPSocket 服务器编程方法

socket 对象有很多方法,其中与 TCP Socket 服务器编程有关的方法如下。

(1) socket. bind(address):绑定地址和端口,address 是包含主机名(或 IP 地址)和端口的二元组对象;

(2) socket. listen(backlog):监听端口,backlog 是最大连接数,默认值是 1。

---

①　BSD Socket,又称伯克利套接字(Berkeley Socket),由伯克利加州大学(University of California,Berkeley)的学生开发。BSD Socket 是 UNIX 平台下广泛使用的 Socket 编程。

（3）socket. accept()：等待客户端连接，连接成功返回二元组对象（conn，address）。其中 conn 是新的 socket 对象，可以用来接收和发送数据，address 是客户端地址。

3. 客户端编程 socket 方法

socket 对象中与 TCP Socket 客户端编程相关的方法为：socket. connect（address），连接服务器 socket，address 是包含主机名（或 IP 地址）和端口的二元组对象。

4. 服务器和客户端编程 socket 共用方法

socket 对象中有一些方法是服务器和客户端编程共用方法。

（1）socket. recv（buffsize）：接收 TCP Socket 数据，该方法返回字节序列对象。参数 buffsize 指定一次接收的最大字节数，如果要接收的数据量大于 buffsize，则需要多次调用该方法进行接收。

（2）socket. send（bytes）：发送 TCP Socket 数据，将 bytes 数据发送到远程 Socket，返回成功发送的字节数。如果要发送的数据量很大，需要多次调用该方法发送数据。

（3）socket. sendall（bytes）：发送 TCP Socket 数据，将 bytes 数据发送到远程 Socket，如果发送成功返回 None，如果失败则抛出异常。与 socket. send（bytes）不同的是，该方法连续发送数据，直到发送完所有数据或发生异常。

（4）socket. settimeout（timeout）：设置 Socket 超时时间，timeout 是一个浮点数，单位是秒，值为 None 则表示永远不会超时。一般超时时间应在刚创建 Socket 时设置。

（5）socket. close()：关闭 Socket，该方法虽然可以释放资源，但不一定立即关闭连接，如需及时关闭连接，应在调用该方法之前调用 shutdown() 方法。

注意 Python 中的 socket 对象是可以被垃圾回收的，当 socket 对象被垃圾回收，socket 对象将自动关闭，但建议显式地调用 close() 方法关闭 socket 对象。

19.2.4 实例：简单聊天工具

基于 TCP Socket 编程比较复杂，先通过一个简单的聊天工具实例介绍 TCP Socket 编程的基本流程。该实例实现了从客户端向服务器发送字符串，然后服务器再返回字符串给客户端。

实例服务器端代码如下：

```
# coding=utf-8
# 代码文件:chapter19/19.2.4/tcp-server.py

import socket

s = socket.socket(socket.AF_INET, socket.SOCK_STREAM)      ①
s.bind(('', 8888))                                         ②
s.listen()                                                 ③
print('服务器启动...')

# 等待客户端连接
conn, address = s.accept()                                 ④
# 客户端连接成功
print(address)
```

```
# 从客户端接收数据
data = conn.recv(1024)                                          ⑤
print('从客户端接收消息:{0}'.format(data.decode()))
# 给客户端发送数据
conn.send('你好'.encode())                                      ⑥

# 释放资源
conn.close()                                                    ⑦
s.close() ⑧
```

上述代码第①行是创建一个 socket 对象。代码第②行是绑定本机 IP 地址和端口,其中 IP 地址为空字符串,系统会自动为其分配可用的本机 IP 地址,8888 是绑定的端口。代码第③行是监听本机 8888 端口。

代码第④行使用 accept( )方法阻塞程序,等待客户端连接,返回一个二元组,其中 conn 是一个新的 socket 对象,address 是当前连接的客户端地址。代码第⑤行使用 recv( ) 方法接收数据,参数 1024 是设置一次接收的最大字节数,返回值是字节序列对象,字节序列转换为字符串,可以通过 data.decode( )方法实现,decode( )方法中可以指定字符集,默认字符集是 UTF-8。代码第⑥行使用 send( )方法发送数据,参数是字节序列对象,如果发送字符串则需要转换为字节序列,使用字符串的 encode( )方法进行转换,encode( ) 方法也可以指定字符集,默认字符集是 UTF-8。'你好'.encode( )将字符串'你好'转换为字节序列对象。

代码第⑦行是关闭 conn 对象,代码第⑧行是关闭 s 对象,它们都是 socket 对象。实例客户端代码如下:

```
# coding=utf-8
# 代码文件:chapter19/19.2.4/tcp-client.py

import socket

s = socket.socket(socket.AF_INET, socket.SOCK_STREAM)          ①
# 连接服务器
s.connect(('127.0.0.1', 8888))                                 ②

# 给服务器端发送数据
s.send(b'Hello')                                               ③
# 从服务器端接收数据
data = s.recv(1024)
print('从服务器端接收消息:{0}'.format(data.decode()))

# 释放资源
s.close()
```

上述代码第①行是创建 socket 对象。代码第②行连接远程服务器 socket,其参数 ('127.0.0.1',8888)是二元组,'127.0.0.1'是远程服务器 IP 地址或主机名,8888 是远程服务器端口。代码第③行是发送 Hello 字符串,在字符串前面加字母 b 可以将字符串转换为字节序列,b'Hello'是将 Hello 转换为字节序列对象,但是这种方法只适合 ASCII 字符串,非 ASCII 字符串会引发异常。

测试运行时首先运行服务器,然后再运行客户端。

服务器端输出结果如下:

服务器启动...('127.0.0.1',56802)
从客户端接收消息:Hello

客户端输出结果如下:

从服务器端接收消息:你好

19.2.5 实例:文件上传工具

19.2.4 节实例功能非常简单,从中可以了解 TCP Socket 编程的基本流程。本节再介绍一个实例,该实例实现了文件上传功能,客户端读取本地文件,然后通过 Socket 通信发送给服务器,服务器接收数据保存到本地。

实例服务器端代码如下:

```
# coding=utf-8
# 代码文件:chapter19/19.2.5/upload-server.py

import socket

HOST = ''
PORT = 8888

f_name = 'coco2dxcplus_copy.jpg'

with socket.socket(socket.AF_INET, socket.SOCK_STREAM) as s:     ①
    s.bind((HOST, PORT))
    s.listen(10)
    print('服务器启动...')

    while True:                                                  ②
        with s.accept()[0] as conn:                              ③
            # 创建字节序列对象列表,作为接收数据的缓冲区
            buffer = []                                          ④
            while True: # 反复接收数据                             ⑤
                data = conn.recv(1024)                           ⑥
                if data:                                         ⑦
                    # 接收的数据添加到缓冲区
                    buffer.append(data)
                else:
                    # 没有接收到数据则退出
                    break
            # 将接收的字节序列对象列表合并为一个字节序列对象
            b = bytes().join(buffer)                             ⑧
            with open(f_name, 'wb') as f:                        ⑨
                f.write(b)

    print('服务器接收完成。')
```

上述代码第①行创建了 socket 对象,注意这里使用 with as 代码块自动管理 socket 对象。代码第②行是一个 while"死循环",可以反复接收客户端请求,然后进行处理。代码第③行调用 accept( )方法等待客户端连接,这里也使用 with as 代码块自动管理 socket 对象,但是需要注意的是,with as 不能管理多个变量,accept( )方法返回元组是多个变量,而 s. accept( )[0]表达式只是取出 conn 变量,它是一个 socket 对象。

代码第④行是创建一个空列表 buffer,由于一次只从客户端接收一部分数据,需要将接收的字节数据收集到 buffer 中。代码第⑤行是一个 while 循环,用来反复接收客户端的数据,当客户端不再有数据上传时退出循环。代码第⑦行判断客户端是否有数据上传,如果有则追加到 buffer 中,否则退出 while 循环。代码第⑥行是接收客户端数据,指定一次接收的数据最大是 1024 字节。

代码第⑧行将 buffer 中的字节连接合并为一字节序列对象,bytes( )是创建一个空的字节序列对象,字节序列对象 join(buffer)方法可以将 buffer 连接起来。

代码第⑨行以写入模式打开二进制本地文件,将从客户端上传的数据 b 写入文件,从而实现文件上传服务器端处理。

实例客户端代码如下:

```
# coding=utf-8
# 代码文件:chapter19/19.2.5/upload-client.py

import socket

HOST = '127.0.0.1'
PORT = 8888
f_name = 'coco2dxcplus.jpg'

with socket.socket(socket.AF_INET, socket.SOCK_STREAM) as s:      ①

    s.connect((HOST, PORT))                                       ②

    with open(f_name, 'rb') as f:                                 ③
        b = f.read()                                              ④
        s.sendall(b)                                              ⑤
        print('客户端上传数据完成。')
```

上述代码第①行是创建客户端 socket 对象。代码第②行连接远程服务器 socket。代码第③行是以只读模式打开二进制本地文件。代码第④行读取文件到字节对象 b 中,注意 f. read( )方法会读取全部的文件内容,即 b 是文件的全部字节。发送数据可以使用 socket 对象的 send( )方法分多次发送,也可以使用 socket 对象的 sendall( )方法一次性发送,本例中使用了 sendall( )方法,见代码第⑤行。

19.3 UDP Socket 低层次网络编程

UDP(用户数据报协议)是无连接的,对系统资源的要求较少,可能丢包,不保证数据顺序。但是对于网络游戏和在线视频等要求传输快、实时性高、质量可稍差一点的数据传输,

UDP 还是非常不错的。

UDP 是无连接协议,不需要像 TCP 一样监听端口,建立连接,然后才能进行通信,UDP Socket 网络编程比 TCP Socket 编程简单得多。

19.3.1 UDP Socket 编程 API

socket 模块中 UDP Socket 编程 API 与 TCP Socket 编程 API 类似,都是使用 socket 对象,只是有些参数不同。

1. 创建 UDP Socket

创建 UDP Socket 对象也是使用 socket( )函数,创建代码如下:

```
s = socket.socket(socket.AF_INET, socket.SOCK_DGRAM)
```

与创建 TCP Socket 对象不同,使用的 socket 类型是 socket.SOCK_DGRAM。

2. UDP Socket 服务器编程方法

socket 对象中与 UDP Socket 服务器编程有关的方法是 bind( )方法,注意不需要 listen( )和 accept( ),因为 UDP 通信不需要像 TCP 一样监听端口,建立连接。

3. 服务器和客户端编程 socket 共用方法

socket 对象中有一些方法是服务器和客户端编程的共用方法,这些方法如下。

(1) socket. recvfrom(buffsize):接收 UDP Socket 数据,该方法返回二元组对象(data,address),data 是接收的字节序列对象;address 发送数据的远程 Socket 地址,参数 buffsize 指定一次接收的最大字节数,如果要接收的数据量大于 buffsize,则需要多次调用该方法进行接收。

(2) socket. sendto(bytes, address):发送 UDP Socket 数据,将 bytes 数据发送到地址为 address 的远程 Socket,返回成功发送的字节数。如果要发送的数据量很大,需要多次调用该方法发送数据。

(3) socket. settimeout(timeout):同 TCP Socket。

(4) socket. close( ):关闭 Socket,同 TCP Socket。

19.3.2 实例:简单聊天工具

与 TCP Socket 相比,UDP Socket 编程比较简单。为了比较,将 19.2.4 节实例采用 UDP Socket 重构。

实例服务器端代码如下:

```
# coding=utf-8
# 代码文件:chapter19/19.3.2/udp-server.py

import socket

s = socket.socket(socket.AF_INET, socket.SOCK_DGRAM)        ①
s.bind(('', 8888))                                          ②
print('服务器启动...')

# 从客户端接收数据
```

```
data, client_address = s.recvfrom(1024)                          ③
print('从客户端接收消息:{0}'.format(data.decode()))
# 给客户端发送数据
s.sendto('你好'.encode(), client_address)                         ④

# 释放资源
s.close()
```

上述代码第①行是创建一个 UDP Socket 对象。代码第②行是绑定本机 IP 地址和端口,其中 IP 地址为空字符串,系统会自动为其分配可用的本机 IP 地址,8888 是绑定的端口。

代码第③行使用 recvfrom( )方法接收数据,参数 1024 是设置的一次接收的最大字节数,返回值是字节序列对象。代码第④行使用 sendto( )方法发送数据。

实例客户端代码如下:

```
# coding=utf-8
# 代码文件:chapter19/19.3.2/udp-client.py

import socket

s = socket.socket(socket.AF_INET, socket.SOCK_DGRAM)             ①

# 服务器地址
server_address = ('127.0.0.1', 8888)                            ②

# 给服务器端发送数据
s.sendto(b'Hello', server_address)
# 从服务器端接收数据
data, _ = s.recvfrom(1024)
print('从服务器端接收消息:{0}'.format(data.decode()))

# 释放资源
s.close()
```

上述代码第①行是创建 UDP Socket 对象,代码第②行是创建服务器地址元组对象。

19.3.3 实例:文件上传工具

为了对比 TCP Socket,本节介绍一个采用 UDP Socket 实现的文本文件上传工具。实例服务器端代码如下:

```
# coding=utf-8
# 代码文件:chapter19/19.3.3/upload-server.py

import socket

HOST = '127.0.0.1'
PORT = 8888

f_name = 'test_copy.txt'
```

```
with socket.socket(socket.AF_INET, socket.SOCK_DGRAM) as s:
    s.bind((HOST, PORT))
    print('服务器启动...')

    # 创建字节序列对象列表，作为接收数据的缓冲区
    buffer = []
    while True:    # 反复接收数据
        data, _ = s.recvfrom(1024)
        if data:
            flag = data.decode()                                 ①
            if flag == 'bye':                                    ②
                break
            buffer.append(data)
        else:
            # 没有接收到数据，进入下次循环继续接收
            continue
    # 将接收的字节序列对象列表合并为一个字节序列对象
    b = bytes().join(buffer)
    with open(f_name, 'w') as f:
        f.write(b.decode())

    print('服务器接收完成。')
```

与 TCP Socket 不同，UDP Socket 无法知道哪些数据包是最后一个，因此需要发送方发出一个特殊的数据包，包中包含一些特殊标志。代码第①行解码数据包，代码第②行判断该标志是否为 'bye' 字符串，是则结束接收数据。

实例客户端代码如下：

```
# coding=utf-8
# 代码文件：chapter19/19.3.3/upload-client.py

import socket

HOST = '127.0.0.1'
PORT = 8888
f_name = 'test.txt'

# 服务器地址
server_address = (HOST, PORT)

with socket.socket(socket.AF_INET, socket.SOCK_DGRAM) as s:
    with open(f_name, 'r') as f:
        while True:    # 反复从文件中读取数据
            data = f.read(1024)                                  ①
            if data:
                # 发送数据
                s.sendto(data.encode(), server_address)         ②
            else:
                # 发送结束标志
                s.sendto(b'bye', server_address)                ③
```

```
                # 文件中没有可读取的数据则退出
                break

        print('客户端上传数据完成。')
```

上述代码第①行是不断地从文件读取数据,如果文件中有可读取的数据则通过代码第②行发送数据到服务器,如果没有数据则发送结束标志,见代码第③行。

19.4　访问互联网资源

Python 的 urllib 库提供了高层次网络编程 API,通过 urllib 库可以访问互联网资源。使用 urllib 库进行网络编程,不需要对协议本身特别了解,相对比较简单。

19.4.1　URL 概念

互联网资源是通过 URL 指定的,URL 是 Uniform Resource Locator 的简称,翻译为"统一资源定位器",但人们都习惯使用 URL。

URL 组成格式如下:

协议名://资源名

"协议名"获取资源所使用的传输协议,如 http、ftp、gopher 和 file 等;"资源名"则是资源的完整地址,包括主机名、端口号、文件名或文件内部的一个引用。举例如下:

```
http://www.sina.com/
http://home.sohu.com/home/welcome.html
http://www.zhijieketang.com:8800/Gamelan/network.html#BOTTOM
```

19.4.2　HTTP/HTTPS

互联网访问大多基于 HTTP/HTTPS。下面介绍 HTTP/HTTPS。

1. HTTP

HTTP(Hypertext Transfer Protocol,超文本传输协议)属于应用层的面向对象的协议,其简捷、快速的方式适用于分布式超文本信息的传输。HTTP 于 1990 年提出,在多年的使用与发展中不断完善和扩展。HTTP 支持 C/S 网络结构,是无连接协议,即每一次请求时建立连接,服务器处理完客户端的请求后,应答给客户端然后断开连接,不会一直占用网络资源。

HTTP/1.1 共定义了 8 种请求方法:OPTIONS、HEAD、GET、POST、PUT、DELETE、TRACE 和 CONNECT。在 HTTP 访问中,一般使用 GET 和 POST 方法。

(1) GET 方法:向指定的资源发出请求,发送的信息"显式"地跟在 URL 后面。GET 方法只用于读取数据,如静态图片等。GET 方法类似于使用明信片给别人写信,信的内容写在外面,接触到的人都可以看到,因此是不安全的。

(2) POST 方法:向指定资源提交数据,请求服务器进行处理,如提交表单或者上传文件等。数据被包含在请求体中。POST 方法类似于把信内容装入信封中,接触的人看不到,因此是安全的。

2. HTTPS

HTTPS(Hypertext Transfer Protocol Secure,超文本传输安全协议)是超文本传输协议和SSL 的组合,用以提供加密通信及对网络服务器身份的鉴定。

简单地说,HTTPS 是 HTTP 的升级版,与 HTTP 的区别在于 HTTPS 使用 https://代替http://,使用端口 443;而 HTTP 使用端口 80 来与 TCP/IP 进行通信。SSL 使用 40 位关键字作为 RC4 流加密算法,这对于商业信息的加密是合适的。HTTPS 和 SSL 支持使用 X.509数字认证,如果需要,用户可以确认发送者身份。

19.4.3 搭建自己的 Web 服务器

由于很多现成的互联网资源不稳定,本节介绍搭建自己的 Web 服务器。

搭建 Web 服务器的步骤如下。

1. 安装 JDK(Java 开发工具包)

本节要安装的 Web 服务器是 Apache Tomcat,是支持 Java Web 技术的 Web 服务器。Apache Tomcat 的运行需要 Java 运行环境,而 JDK 提供了 Java 运行环境,因此首先需要安装 JDK。

读者可以从本章配套代码中找到 JDK 安装包 jdk-8u211-windows-i586.exe。具体安装步骤不再赘述。

2. 配置 Java 运行环境

Apache Tomcat 在运行需要用到 JAVA_HOME 环境变量,因此需要先设置 JAVA_HOME环境变量。

首先打开 Windows 系统环境变量设置对话框。打开该对话框有很多方式,Windows 10 系统下可在桌面上右击"此电脑"图标,弹出如图 19-5 所示 Windows 系统对话框。单击"高级系统设置"打开如图 19-6 所示的"系统属性"对话框。

图 19-5 Windows 系统对话框

图 19-6 "系统属性"对话框

在图 19-6 对话框中单击"环境变量"按钮,打开如图 19-7 所示的"环境变量"对话框。

图 19-7 "环境变量"对话框

在"环境变量"对话框中配置用户变量,单击"新建"按钮打开新建变量对话框,如图 19-8 所示,在"变量名"输入框中输入 JAVA_HOME;在"变量值"输入框中输入 JDK 安装路径; 输入完成后单击"确定"按钮。

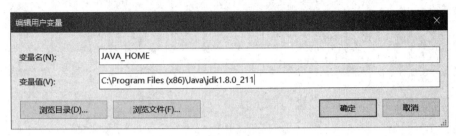

图 19-8　新建变量对话框

3. 安装 Apache Tomcat 服务器

可以从本章配套代码中找到 Apache Tomcat 安装包 apache-tomcat-9.0.13.zip。只需将 apache-tomcat-9.0.13.zip 文件解压即可安装。

4. 启动 Apache Tomcat 服务器

在 Apache Tomcat 解压目录的 bin 目录中找到 startup.bat 文件,如图 19-9 所示,双击 startup.bat 即可以启动 Apache Tomcat。

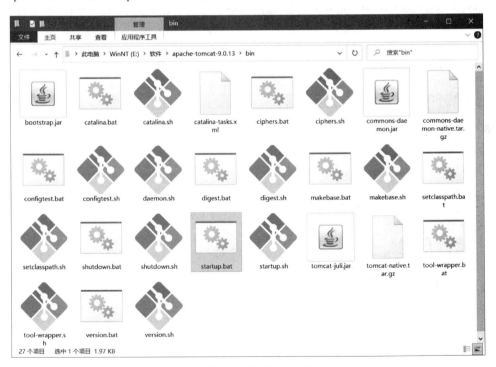

图 19-9　Apache Tomcat 目录

启动 Apache Tomcat 成功后会看到如图 19-10 所示信息,其中默认端口是 8080。

5. 测试 Apache Tomcat 服务器

打开浏览器,在地址栏中输入 http://localhost:8080/NoteWebService/,如图 19-11 所示。

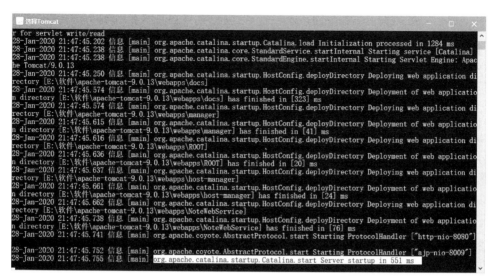

图 19-10　启动 Apache Tomcat 服务器

打开的页面中介绍了当前 Web 服务器已安装的 Web 应用(NoteWebService)的具体使用方法。

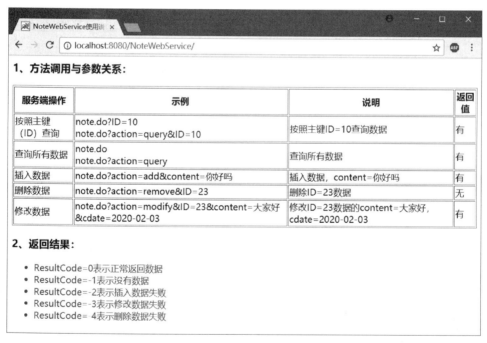

图 19-11　测试 Apache Tomcat 服务器

打开浏览器,在地址栏中输入 http://localhost:8080/NoteWebService/note.do 网址,如图 19-12 所示,在打开的页面中可以查询所有数据。

图 19-12　查询所有数据

19.4.4　使用 urllib 库

Python 的 urllib 库其中包含了如下 4 个模块。

（1）urllib. request 模块：用于打开和读写 URL 资源。

（2）urllib. error 模块：包含由 urllib. request 引发的异常。

（3）urllib. parse 模块：用于解析 URL。

（4）urllib. robotparser 模块：分析 robots. txt 文件①。

在访问互联网资源时主要使用的模块是 urllib. request、urllib. parse 和 urllib. error，其中最核心的是 urllib. request 模块，本章重点介绍 urllib. request 模块的使用。

在 urllib. request 模块中访问互联网资源主要使用 urllib. request. urlopen（）函数和 urllib. request. Request 对象，urllib. request. urlopen（）函数可以用于简单的网络资源访问，而 urllib. request. Request 对象可以访问复杂网络资源。

使用 urllib. request. urlopen（）函数最简单形式的代码如下：

```
# coding=utf-8
# 代码文件:chapter19/ch19.4.4.py

import urllib.request

with urllib.request.urlopen('http://www.sina.com.cn/') as response:    ①
    data = response.read()                                             ②
    html = data.decode()                                               ③
    print(html)
```

上述代码第①行使用 urlopen（）函数打开 http://www. sina. com. cn 网站。urlopen（）函

---

①　各大搜索引擎都有一个工具——搜索引擎机器人，又称"蜘蛛"，它会自动抓取网站信息。而 robots. txt 文件放在网站根目录下，告诉搜索引擎机器人哪些页面可以抓取，哪些不可以抓取。

数返回一个应答对象,应答对象是一种类似文件对象(file-like object),该对象可以像使用文件一样使用,可以使用 with as 代码块自动管理资源释放。代码第②行采用 read( )方法读取数据,该数据是字节序列数据。代码第③行将字节序列数据转换为字符串。

19.4.5　发送 GET 请求

对于复杂的需求,需要使用 urllib. request. Request 对象才能满足。Request 对象需要与urlopen( )函数结合使用。

下面用示例代码展示通过 Request 对象发送 HTTP/HTTPS 的 GET 请求过程:

```python
# coding=utf-8
# 代码文件:chapter19/ch19.4.5.py

import urllib.request

url = 'http://localhost:8080/NoteWebService/note.do? action=query&ID=10'  ①

req = urllib.request.Request(url)                                          ②
with urllib.request.urlopen(req) as response:                             ③
    data = response.read()                                               ④
    json_data = data.decode()                                            ⑤
print(json_data)
```

上述代码第①行是一个 Web 服务网址字符串。其中请求参数 action 为 query,表示请求查询;请求参数 ID 为 10 是查询服务器端的 ID=10 的数据。

提示　发送 GET 请求时发送给服务器的参数是放在 URL"?"之后的,参数采用键值对形式,如 type=JSON 是一个参数,type 是参数名,JSON 是参数值,服务器端会根据参数名获得参数值。多个参数之间用"&"分隔,如 action=query&ID=10 是两个参数。所有URL 字符串必须采用 URL 编码才能发送。

代码第②行采用 urllib. request. Request(url)创建 Request 对象,该构造方法中还有一个data 参数,data 参数未指定时为 GET 请求,否则是 POST 请求。代码第③行通过 urllib. request. urlopen(req)语句发送网络请求。

注意　比较代码第③行的 urlopen( )函数与 19.4.4 节代码第①行的 urlopen( )函数,它们的参数是不同的,19.4.4 节传递的是 URL 字符串,而本例中传递的是 Request 对象。事实上 urlopen( )函数可以接收两种形式的参数,即字符串和 Request 对象参数。

输出结果如下:

```
{"CDate":"1919-02-28","Content":"Python 从小白到大牛第 10 章完成","ID":"10",
"ResultCode":0}
```

19.4.6　发送 POST 请求

本节介绍发送 HTTP/HTTPS 的 POST 类型请求,下面展示通过 Request 对象发送

HTTP/HTTPS 的 POST 请求过程。示例代码如下：

```
# coding=utf-8
# 代码文件:chapter19/ch19.4.6.py

import urllib.request
import urllib.parse

url = 'http://localhost:8080/NoteWebService/note.do'            ①

# 准备 HTTP 参数
params_dict = {'ID': 10, 'action': 'query'}                     ②
params_str = urllib.parse.urlencode(params_dict)                ③
print(params_str)
params_bytes = params_str.encode()          # 字符串转换为字节序列对象   ④

req = urllib.request.Request(url, data=params_bytes)   # 发送 POST 请求  ⑤
with urllib.request.urlopen(req) as response:
    data = response.read()
    json_data = data.decode()
    print(json_data)
```

输出结果如下：

```
ID=10&action=query
{"CDate":"2019-02-28","Content":"Python 从小白到大牛第 10 章完成","ID":"10",
"ResultCode":0}
```

上述代码第①行是一个 Web 服务网址字符串。代码第②行准备 HTTP 请求参数，这些参数被保存在字典对象中，键是参数名，值是参数值。代码第③行使用 urllib. parse. urlencode( ) 函数将参数字典对象转换为参数字符串。urlencode( ) 函数还可以将普通字符串转换为 URL 编码字符串，如"@"字符 URL 编码为"%40"。

代码第④行将参数字符串转换为参数字节序列对象，因为发送 POST 请求时的参数需以字节序列形式发送。代码第⑤行创建 Request 对象，其中提供了 data 参数，这种请求是 POST 请求。

19.4.7　实例：图片下载器

为了进一步熟悉 urllib 类，本节介绍一个下载程序"图片下载器"。代码如下：

```
# coding=utf-8
# 代码文件:chapter19/ch19.4.7.py

import urllib.request

url = 'http://localhost:8080/NoteWebService/logo.png'

with urllib.request.urlopen(url) as response:        ①
    data = response.read()
    f_name = 'logo.png'
    with open(f_name, 'wb') as f:                    ②
        f.write(data)                                ③
        print('下载文件成功')
```

上述代码第①行通过 urlopen(url)函数打开网络资源,该资源是一张图片。代码第②行以写入方式打开二进制文件 logo.png,然后通过代码第③行的 f.write(data)语句将从网络返回的数据写入文件。运行 Downloader 程序,如果成功会在当前目录获得一张图片。

19.5　本章小结

本章主要介绍了 Python 网络编程。首先介绍了一些网络方面的基本知识,然后重点介绍了 TCP Socket 编程和 UDP Socket 编程。其中 TCP Socket 编程很有代表性,希望读者重点掌握这部分知识。最后介绍了使用 Python 提供的 urllib 库访问互联网资源。

19.6　同步练习

1. 判断对错。

127.0.0.1 称为回送地址,指本机。主要用于网络软件测试以及本地机进程间通信,使用回送地址发送数据,不进行任何网络传输,只在本机进程间通信。(　　)

2. 简述 TCP Socket 的通信过程。

3. 判断对错。

UDP Socket 网络编程比 TCP Socket 编程简单,UDP 是无连接协议,不需要像 TCP 一样监听端口,建立连接,然后才能进行通信。(　　)

4. 编写程序使用 TCP Socket 和 UDP Socket 分别实现文件上传工具。

5. 请简述 HTTP 中 POST 和 GET 方法的不同。

19.7　上机实验: 解析来自 Web 的结构化数据

1. 请找一个能返回 XML 数据的 Web 服务接口,并解析 XML 数据。

2. 请找一个能返回 JSON 数据的 Web 服务接口,并解析 JSON 数据。

第 20 章

图形用户界面编程

图形用户界面(Graphical User Interface,GUI)编程对于计算机语言来说非常重要。可开发 Python 图形用户界面的工具包有多种,本章介绍 wxPython 图形用户界面工具包。

20.1 Python 图形用户界面开发工具包

虽然支持 Python 图形用户界面开发的工具包有很多,但目前为止还没有一个公认的标准的工具包,这些工具包各有优缺点。较为突出的工具包有 Tkinter、PyQt 和 wxPython。

1. Tkinter

Tkinter 是 Python 官方提供的图形用户界面开发工具包,是对 Tk GUI 工具包封装而来的。Tkinter 是跨平台的,可以在大多数的 UNIX、Linux、Windows 和 macOS 平台中运行,Tkinter 8.0 之后可以实现本地窗口风格。使用 Tkinter 工具包不需要额外安装软件包,但 Tkinter 工具包包含控件较少,开发复杂图形用户界面时显得"力不从心",且帮助文档不健全。

2. PyQt

PyQt 是非 Python 官方提供的图形用户界面开发工具包,是对 Qt① 工具包封装而来的,也是跨平台的。使用 PyQt 工具包需要额外安装软件包。

3. wxPython

wxPython 是非 Python 官方提供的图形用户界面开发工具包,官网地址为 https://wxpython. org/。wxPython 是对 wxWidgets 工具包封装而来的,也是跨平台的,拥有本地窗口风格。使用 wxPython 工具包需要额外安装软件包。但 wxPython 工具包提供了丰富的控件,可以开发复杂图形用户界面,且帮助文档非常完善、案例丰富。因此推荐使用 wxPython 工具包开发 Python 图形用户界面应用,这也是本书介绍 wxPython 的主要原因。

20.2 wxPython 安装

安装 wxPython 可以使用 pip 工具。打开命令提示符窗口,输入以下命令:

```
pip install wxPython
```

---

① Qt 是一个跨平台的 C++应用程序开发框架,广泛用于开发 GUI 程序,也可用于开发非 GUI 程序。

如果无法下载 wxPython,可以尝试使用其他 pip 镜像服务器,如使用清华大学镜像服务器命令如下:

```
pip install wxPython -i https://pypi.tuna.tsinghua.edu.cn/simple
```

20.3 wxPython 基础

wxPython 作为图形用户界面开发工具包,主要提供了以下 GUI 内容:

(1) 窗口。

(2) 控件。

(3) 事件处理。

(4) 布局管理。

20.3.1 wxPython 类层次结构

在 wxPython 中,所有类都直接或间接继承了 wx. Object,wx. Object,是根类。窗口和控件是构成 wxPython 的主要内容。下面分别介绍 wxPython 中的窗口类(wx. Window)和控件类(wx. Control)层次结构。

图 20-1 所示是 wxPython 窗口类层次结构,窗口类主要有 wx. Control、wx. NonOwnedWindow、wx. Panel 和 wx. MenuBar。wx. Control 是控件类的根类;wx. NonOwnedWindow 有一个直接子类 wx. TopLevelWindow,它是顶级窗口(所谓"顶级窗口"就是作为其他窗口的容器),有两个重要的子类 wx. Dialog 和 wx. Frame,其中 wx. Frame 是构建图形用户界面的主要窗口类;wx. Panel 称为面板,是一种容器窗口,它没有标题、图标和窗口按钮。wx. MenuBar 是菜单栏类。

wx. Control 作为控件类的根类,在 wxPython 中控件也属于窗口,因此又称为"窗口部件"(Window Widgets),注意本书中还是统一翻译为控件。图 20-2 所示是 wxPython 控件类层次结构。这里不再一一解释,在后续章节中会重点介绍控件。

提示 关于 wxPython 中窗口和控件类,读者可以查询在线帮助文档 https://docs. wxpython. org/。

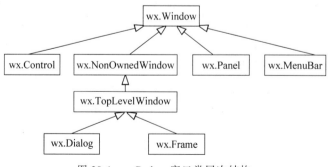

图 20-1 wxPython 窗口类层次结构

图 20-2 wxPython 控件类层次结构

20.3.2 第一个 wxPython 程序

图形用户界面主要是由窗口以及窗口中的控件构成的,编写 wxPython 程序主要就是创建窗口和添加控件过程。wxPython 中的窗口主要使用 wx. Frame,很少直接使用 wx. Window。另外,为了管理窗口还需要 wx. App 对象,wx. App 对象代表当前应用程序。

构建一个最简单的 wxPython 程序至少需要一个 wx. App 对象和一个 wx. Frame 对象。示例代码如下:

```
# coding=utf-8
# 代码文件:chapter20/ch20.3.2-1.py

import wx

# 创建应用程序对象
app = wx.App()
# 创建窗口对象
frm = wx.Frame(None, title = "第一个 GUI 程序!", size = (400, 300), pos = (100,
100))                                              ①

frm.Show()        # 显示窗口              ②

app.MainLoop()    # 进入主事件循环        ③
```

上述代码第①行创建 Frame 窗口对象。其中第 1 个参数设置窗口所在的父容器,由于

Frame 窗口是顶级窗口,故没有父容器;title 设置窗口标题;size 设置窗口大小;pos 设置窗口位置。代码第②行设置窗口显示,默认情况下窗口是隐藏的。

代码第③行 app. MainLoop( )方法使应用程序进入主事件循环①,大部分图形用户界面程序中响应用户事件处理都是通过主事件循环实现的。

该示例运行效果如图 20-3 所示,窗口标题是"第 1 个 GUI 程序!",窗口中没有任何控件,背景为深灰色。

ch20.3.2-1.py 示例过于简单,无法获得应用程序生命周期事件处理,而且窗口没有可扩展性。修改上述代码如下:

图 20-3　示例运行效果

```
# coding=utf-8
# 代码文件:chapter20/ch20.3.2-2.py

import wx


# 自定义窗口类 MyFrame
class MyFrame(wx.Frame):          ①
    def __init__(self):
        super().__init__(parent=None, title="第一个 GUI 程序!", size=(400,
300), pos=(100, 100))
        # TODO


class App(wx.App):

    def OnInit(self):             ②
        # 创建窗口对象
        frame = MyFrame()
        frame.Show()
        return True

    def OnExit(self):             ③
        print('应用程序退出')
        return 0


if __name__ == '__main__':        ④
    app = App()
    app.MainLoop()                     # 进入主事件循环
```

上述代码第①行创建自定义窗口类 MyFrame。代码第②行是覆盖父类 wx. App 的 OnInit( )方法,该方法在应用程序启动时调用,可以在此方法中进行应用程序的初始化,返回值是布尔类型,返回 True 继续运行应用,返回 False 则立刻退出应用。代码第③行是覆盖父类 wx. App 的 OnExit( )方法,该方法在应用程序退出时调用,可以在该方法中释放一些资源,如数据库连接等。

―――――――――――

① 事件循环是一种事件或消息分发处理机制。

提示　代码第④行为什么要判断主模块？这是因为有多个模块时，其中会有一个模块是主
模块，它是程序运行的入口，类似于 C 和 Java 语言中的 main( ) 主函数。只有一个模
块时无须判断是否主模块，可以不用主函数，在此之前的示例都没有主函数。

---

ch20.3.2-2. py 示例代码的 Frame 窗口中并没有其他控件，下面提供一个静态文本，显
示 Hello World! 字符串。

示例代码如下：

```
# coding = utf-8
# 代码文件:chapter20/ch20.3.2-3.py

import wx



# 自定义窗口类 MyFrame
class MyFrame(wx.Frame):
    def __init__(self):
        super().__init__(parent = None, title = "第一个 GUI 程序!", size = (400,
300))
        self.Centre()                     # 设置窗口居中                                    ①
        panel = wx.Panel(parent = self)                                                   ②
        statictext = wx.StaticText(parent = panel, label = 'Hello World!', pos =
(10, 10))                                                                                 ③


class App(wx.App):

    def OnInit(self):
        # 创建窗口对象
        frame = MyFrame()
        frame.Show()
        return True



if __name__ == '__main__':
    app = App()
    app.MainLoop()                        # 进入主事件循环
```

上述代码第①行设置声明 Frame 屏幕居中。代码第②行创建 Panel 面板对象，参数
parent 传递的是 self，即设置面板所在的父容器为 Frame 窗口对象。代码第③行创建静态文
本对象，StaticText 是类，静态文本放到 panel 面板中，所以 parent 参数传递的是 panel，参数
label 是静态文本上显示的文字，参数 pos 用来设置静态文本的位置。

运行效果如图 20-4 所示。

提示　控件是否可以直接放到 Frame 窗口中？答案是可以，Frame 窗口本身有默认的布局
管理，但直接使用默认布局会有很多问题。本例中把面板放到 Frame 窗口中，然后再
把控件（菜单栏除外）添加到面板上，这种面板称为"内容面板"。如图 20-5 所示，内
容面板是 Frame 窗口中包含的一个内容面板和菜单栏。

图 20-4　示例运行效果

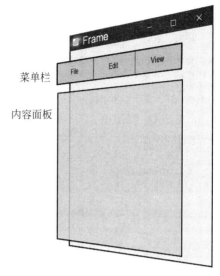

图 20-5　Frame 的内容面板

20.3.3　wxPython 界面构建层次结构

几乎所有的图形用户界面技术在构建界面时都采用层级结构(树形结构)。如图 20-6 所示,根是顶级窗口(只能包含其他窗口的容器),子控件有内容面板和菜单栏(本例中没有菜单),其他的控件添加到内容面板中,通过控件或窗口的 parent 进行属性设置。

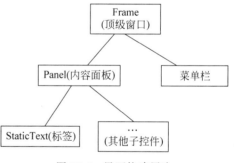

> **注意**　图 20-6 所示的关系不是继承关系,而是一种包含层次关系,即 Frame 中包含面板,面板中包含静态文本。窗口的 parent 属性设置也不是继承关系,是包含关系。

图 20-6　界面构建层次

20.3.4　界面设计工具

在开发图形界面应用时,开发人员希望有一种界面设计工具帮助设计界面。笔者推荐两款工具: wxFormBuilder 和 wxGlade。

1. wxFormBuilder

读者可以在网站 https://github.com/wxFormBuilder/wxFormBuilder/releases 下载编译后的各平台的 wxFormBuilder 工具。wxFormBuilder 需要安装,安装成功后的启动界面如图 20-7 所示。wxFormBuilder 工具设计界面完成后,可以生成多种计算机语言代码。

2. wxGlade

读者可以在网站 http://wxglade.sourceforge.net/下载 wxGlade 工具。wxGlade 工具是用 Python 语言编写的,不需要安装,但需要 Python 运行环境。只需解压下载的压缩包,双击其中的 wxglade.pyw 文件即可运行 wxGlade 工具。启动后的界面如图 20-8 所示。wxGlade 工具同样在设计界面完成后,可以生成多种计算机语言代码。

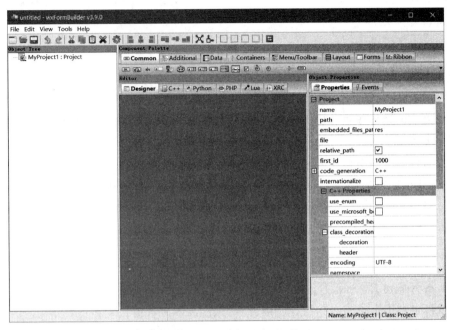

图 20-7 wxFormBuilder 工具

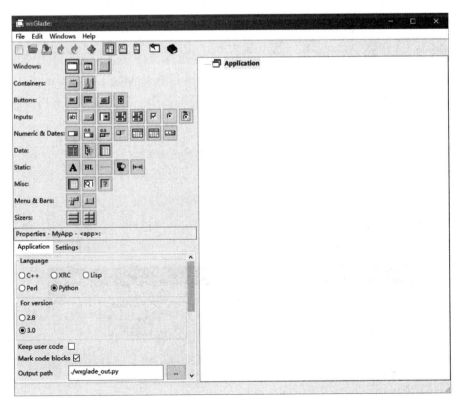

图 20-8 wxGlade 工具

注意 笔者并不推荐初学者在学习 wxPython 阶段使用这些界面设计工具。初学者应该先抛弃这些工具,脚踏实地学习 wxPython 的事件处理、布局和控件,然后再考虑使用界面设计工具。

20.4 事件处理

图形界面的控件要响应用户操作,就必须添加事件处理机制。在事件处理的过程中涉及以下 4 个要素。

(1)事件。用户对界面的操作。在 wxPython 中事件被封装成为事件类 wx.Event 及其子类,如按钮事件类是 wx.CommandEvent,鼠标事件类是 wx.MoveEvent。

(2)事件类型。事件类型给出了事件的更多信息,它是一个整数,例如鼠标事件 wx.MoveEvent 还可以有鼠标的右键按下(wx.EVT_LEFT_DOWN)和释放(wx.EVT_LEFT_UP)等。

(3)事件源。事件发生的场所,即各个控件。如按钮事件的事件源是按钮。

(4)事件处理者。在 wx.EvtHandler 子类(事件处理类)中定义的一个方法。

在事件处理中最重要的是事件处理者,wxPython 中所有窗口和控件都是 wx.EvtHandler 的子类。在编程时需要绑定事件源和事件处理者,这样当事件发生时系统就会调用事件处理者。绑定通过事件处理类的 Bind()方法实现,Bind()方法语法如下:

```
Bind(self, event, handler, source=None, id=wx.ID_ANY, id2=wx.ID_ANY)
```

其中参数 event 是事件类型,注意不是事件;handler 是事件处理者,对应事件处理类中的特定方法;source 是事件源;id 是事件源的标识,可以省略 source 参数通过 id 绑定事件源;id2 设置要绑定事件源的 id 范围,当有多个事件源绑定到同一个事件处理者时可以使用此参数。

如果不再需要事件处理,最好调用事件处理类的 Unbind()方法解除绑定。

20.4.1 一对一事件处理

实际开发中,多数情况下一个事件处理者对应一个事件源。本节通过示例介绍这种一对一事件处理。如图 20-9 所示的示例中,窗口中有一个按钮和一个静态文本,单击 OK 按钮会改变静态文本显示的内容。

(a)   (b)

图 20-9 一对一事件处理示例

示例代码如下：

```python
# coding=utf-8
# 代码文件：chapter20/ch20.4.1.py

import wx


# 自定义窗口类 MyFrame
class MyFrame(wx.Frame):
    def __init__(self):
        super().__init__(parent=None, title='一对一事件处理', size=(300, 180))
        self.Centre()                    # 设置窗口居中
        panel = wx.Panel(parent=self)
        self.statictext = wx.StaticText(parent=panel, pos=(110, 20))      ①
        b = wx.Button(parent=panel, label='OK', pos=(100, 50))           ②
        self.Bind(wx.EVT_BUTTON, self.on_click, b)                       ③

    def on_click(self, event):                                          ④
        print(type(event))   # <class 'wx._core.CommandEvent'>
        self.statictext.SetLabelText('Hello, world.')                   ⑤


class App(wx.App):

    def OnInit(self):
        # 创建窗口对象
        frame = MyFrame()
        frame.Show()
        return True


if __name__ == '__main__':
    app = App()
    app.MainLoop()                        # 进入主事件循环
```

上述代码第①行创建静态文本对象 statictext，它被定义为成员变量，目的是要在事件处理方法中访问，见代码第⑤行。代码第②行是创建按钮对象。代码第③行是绑定事件；self 是当前窗口对象，是事件处理类，wx.EVT_BUTTON 是事件类型，on_click 是事件处理者，b 是事件源。代码第④行是事件处理者，在该方法中处理按钮单击事件。

20.4.2　一对多事件处理

实际开发时也会遇到一个事件处理者对应多个事件源的情况。本节通过示例介绍这种一对多事件处理。如图 20-10 所示的示例中，窗口中有两个按钮和一个静态文本，单击 Button1 或 Button2 按钮后会改变静态文本显示的内容。

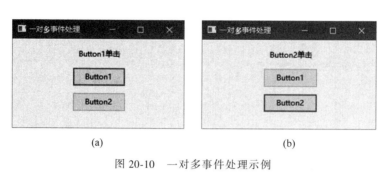

图 20-10　一对多事件处理示例

示例代码如下：

```python
# coding=utf-8
# 代码文件:chapter20/ch20.4.2.py

import wx


# 自定义窗口类 MyFrame
class MyFrame(wx.Frame):
    def __init__(self):
        super().__init__(parent=None, title='一对一事件处理', size=(300, 180))
        self.Centre()                  # 设置窗口居中
        panel = wx.Panel(parent=self)
        self.statictext = wx.StaticText(parent=panel, pos=(110, 15))
        b1 = wx.Button(parent=panel, id=10, label='Button1', pos=(100, 45))   ①
        b2 = wx.Button(parent=panel, id=11, label='Button2', pos=(100, 85))   ②
        self.Bind(wx.EVT_BUTTON, self.on_click, b1)                           ③
        self.Bind(wx.EVT_BUTTON, self.on_click, id=11)                        ④

    def on_click(self, event):
        event_id = event.GetId()                                             ⑤
        print(event_id)
        if event_id == 10:                                                   ⑥
            self.statictext.SetLabelText('Button1 单击')
        else:
            self.statictext.SetLabelText('Button2 单击')


class App(wx.App):

    def OnInit(self):
        # 创建窗口对象
        frame = MyFrame()
        frame.Show()
        return True


if __name__ == '__main__':
    app = App()
    app.MainLoop()                    # 进入主事件循环
```

上述代码第①行和第②行分别创建了两个按钮对象，并且都设置了 id 参数。代码第③行通过事件源对象 b1 绑定事件。代码第④行通过事件源对象 id 绑定事件。这样 Button1

和 Button2 都绑定到了 on_click 事件处理者,那么如何区分是单击了 Button1 还是 Button2 呢?可以通过事件标识判断,event. GetId( )可以获得事件标识,见代码第⑤行,事件标识就是事件源的 id 属性。代码第⑥行判断事件标识,进而可以得知是哪一个按钮单击的事件。

如果使用 id2 参数代码,第③行和第④行两条事件绑定语句可以合并为一条。替代语句如下:

```
self.Bind(wx.EVT_BUTTON, self.on_click, id=10, id2=20)
```

其中参数 id 设置 id 开始范围,id2 设置 id 结束范围,凡是事件源对象 id 在 10~20 内的都被绑定到 on_click( )事件处理者上。

20.5　布局管理

图形用户界面的窗口中可能会有很多子窗口或控件,它们如何布局(排列顺序、大小、位置等),当父窗口移动或调整大小后它们如何变化等,这些问题都属于布局问题。本节介绍 wxPython 布局管理。

20.5.1　不要使用绝对布局

图形用户界面中的布局管理是一个比较麻烦的问题。在 wxPython 中可以通过两种方式实现布局管理,即绝对布局和 Sizer 管理布局。绝对布局使用具体数值设置子窗口或控件的位置和大小,它不会随父窗口移动或调整大小而变化,示例代码如下:

```
super().__init__(parent=None, title='一对一事件处理', size=(300, 180))
panel = wx.Panel(parent=self)
self.statictext = wx.StaticText(parent=panel, pos=(110, 15))
b1 = wx.Button(parent=panel, id=10, label='Button1', pos=(100, 45))
b2 = wx.Button(parent=panel, id=11, label='Button2', pos=(100, 85))
```

其中的 size=(300,180)和 pos=(110,15)等都属于绝对布局。使用绝对布局会有以下问题。

(1)子窗口(或控件)位置和大小不会随着父窗口的变化而变化。

(2)在不同平台上显示效果可能差别很大。

(3)在不同分辨率下显示效果可能差别很大。

(4)字体变化会影响显示效果。

(5)动态添加或删除子窗口(或控件)后界面布局需要重新设计。

注意　基于以上原因,布局管理尽量不要采用绝对布局方式,而应使用 Sizer 布局管理器管理布局。

20.5.2　Sizer 布局管理器

wxPython 提供了 8 个布局管理器类,如图 20-11 所示,包括 wx. Sizer、wx. BoxSizer、wx. StaticBoxSizer、wx. WrapSizer、wx. StdDialogButtonSizer、wx. GridSizer、wx. FlexGridSizer 和 wx.

GridBagSizer。其中 wx.Sizer 是布局管理器的根类,一般不会直接使用,而是使用其子类,常用的有 wx.BoxSizer、wx.StaticBoxSizer、wx.GridSizer 和 wx.FlexGridSizer。下面重点介绍这 4 种布局管理器类。

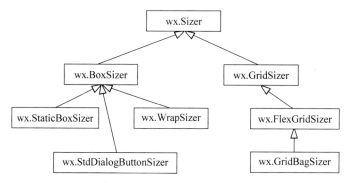

图 20-11　wx.Sizer 类层次结构

1. Box 布局管理器类

Box 布局管理器类是 wx.BoxSizer。Box 布局管理器类是所有布局中最常用的,它可以让其中的子窗口(或控件)沿垂直或水平方向布局,创建 wx.BoxSizer 布局管理器对象时可以指定布局方向。

```
hbox = wx.BoxSizer(wx.HORIZONTAL)   # 设置为水平方向布局
hbox = wx.BoxSizer()                # 也是设置为水平方向布局,wx.HORIZONTAL 是默认
                                    # 值,可以省略
vhbox = wx.BoxSizer(wx.VERTICAL)    # 设置为垂直方向布局
```

添加子窗口(或控件)到父窗口时,需要调用 wx.BoxSizer 布局管理器对象 Add()方法,Add()方法是从父类 wx.Sizer 继承而来的,Add()方法的语法说明如下:

```
Add(window, proportion=0, flag=0, border=0, userData=None)   # 添加到父窗口
Add(sizer, proportion=0, flag=0, border=0, userData=None)    # 添加到另外一个
                                                             # Sizer 中,用于
                                                             # 嵌套
Add(width, height, proportion=0, flag=0, border=0, userData=None)  # 添加一个空白空间
```

其中 proportion 参数仅被 wx.BoxSizer 使用,用来设置当前子窗口(或控件)在父窗口所占空间比例;flag 是参数标志,用来控制对齐、边框和调整尺寸;border 参数用来设置边框的宽度;userData 参数可用来传递额外的数据。

下面重点介绍 flag 标志。flag 标志可以分为对齐、边框和调整尺寸等不同类型,对齐 flag 标志如表 20-1 所示,边框 flag 标志如表 20-2 所示,调整尺寸 flag 标志如表 20-3 所示。

表 20-1　对齐 flag 标志

标　　志	说　　明
wx.ALIGN_TOP	顶对齐
wx.ALIGN_BOTTOM	底对齐
wx.ALIGN_LEFT	左对齐

续表

标　　志	说　　明
wx.ALIGN_RIGHT	右对齐
wx.ALIGN_CENTER	居中对齐
wx.ALIGN_CENTER_VERTICAL	垂直居中对齐
wx.ALIGN_CENTER_HORIZONTAL	水平居中对齐
wx.ALIGN_CENTRE	同 wx.ALIGN_CENTER
wx.ALIGN_CENTRE_VERTICAL	同 wx.ALIGN_CENTER_VERTICAL
wx.ALIGN_CENTRE_HORIZONTAL	同 wx.ALIGN_CENTER_HORIZONTAL

表 20-2　边框 flag 标志

标　　志	说　　明
wx.TOP	设置有顶部边框,边框的宽度需要通过 Add( )方法的 border 参数设置
wx.BOTTOM	设置有底部边框
wx.LEFT	设置有左边框
wx.RIGHT	设置有右边框
wx.ALL	设置 4 面全有边框

表 20-3　调整尺寸 flag 标志

标　　志	说　　明
wx.EXPAND	调整子窗口(或控件)完全填满有效空间
wx.SHAPED	调整子窗口(或控件)填充有效空间,但保存高宽比
wx.FIXED_MINSIZE	调整子窗口(或控件)为最小尺寸
wx.RESERVE_SPACE_EVEN_IF_ HIDDEN	设置此标志后,子窗口(或控件)如果被隐藏,所占空间保留

下面通过一个示例熟悉 Box 布局。示例窗口如图 20-12 所示,其中包括两个按钮和一个静态文本。

示例代码如下:

```
# coding=utf-8
# 代码文件:chapter20/ch20.5.3.py

import wx
```

图 20-12　Box 布局示例

```
# 自定义窗口类 MyFrame
class MyFrame(wx.Frame):
    def __init__(self):
        super().__init__(parent=None, title='Box 布局', size=(300, 120))
        self.Centre()      # 设置窗口居中
        panel = wx.Panel(parent=self)
        # 创建垂直方向的 Box 布局管理器对象
        vbox = wx.BoxSizer(wx.VERTICAL)                         ①
        self.statictext = wx.StaticText(parent=panel, label='Button1 单击')
        # 添加静态文本到垂直 Box 布局管理器
        vbox.Add(self.statictext, proportion=2, flag=wx.FIXED_MINSIZE | wx.
TOP | wx.CENTER, border=10)                                    ②
```

```
        b1 = wx.Button(parent=panel, id=10, label='Button1')
        b2 = wx.Button(parent=panel, id=11, label='Button2')
        self.Bind(wx.EVT_BUTTON, self.on_click, id=10, id2=20)
        # 创建水平方向的 Box 布局管理器对象
        hbox = wx.BoxSizer(wx.HORIZONTAL)                       ③
        # 添加 b1 到水平 Box 布局管理器
        hbox.Add(b1, 0, wx.EXPAND|wx.BOTTOM, 5)                 ④
        # 添加 b2 到水平 Box 布局管理器
        hbox.Add(b2, 0, wx.EXPAND|wx.BOTTOM, 5)                 ⑤

        # 将水平 Box 布局管理器添加到垂直 Box 布局管理器
        vbox.Add(hbox, proportion=1, flag=wx.CENTER) ⑥

        panel.SetSizer(vbox)

    def on_click(self, event):
        event_id = event.GetId()
        print(event_id)
        if event_id == 10:
            self.statictext.SetLabelText('Button1 单击')
        else:
            self.statictext.SetLabelText('Button2 单击')
```

...

上述代码中使用了 wx.BoxSizer 嵌套。整个窗口都放在了一个垂直方向布局的 wx.BoxSizer 对象 vbox 中。vbox 上面是一个静态文本,下面是水平方向布局的 wx.BoxSizer 对象 hbox。hbox 中有左右两个按钮(Button1 和 Button2)。

代码第①行创建垂直方向 Box 布局管理器对象。代码第②行添加静态文本对象 statictext 到 Box 布局管理器,其中参数 flag 标志设置 wx.FIXED_MINSIZE|wx.TOP|wx. CENTER,wx.FIXED_MINSIZE|wx.TOP|wx.CENTER 是位或运算,即几个标志效果的叠加。参数 proportion 为 2。注意代码第⑥行使用了 Add() 方法添加 hbox 到 vbox,其中参数 proportion 为 1,这说明静态文本 statictext 占用 vbox 三分之二的空间,hbox 占用 vbox 三分之一的空间。

代码第③行创建水平方向的 Box 布局管理器对象,代码第④行添加 b1 到水平 Box 布局管理,代码第⑤行添加 b2 到水平 Box 布局管理。

2. StaticBox 布局管理器类

StaticBox 布局管理器类是 wx.StaticBoxSizer,继承于 wx.BoxSizer。StaticBox 布局管理器类等同于 Box,只是在 Box 周围附加了带静态文本的边框。wx.StaticBoxSizer 构造方法如下。

(1) wx.StaticBoxSizer(box,orient=HORIZONTAL):box 参数是 wx.StaticBox(静态框)对象,orient 参数是布局方向;

(2) wx.StaticBoxSizer(orient,parent,label=""):orient 参数是布局方向,parent 参数是设置所在父窗口,label 参数设置边框的静态文本。

下面通过一个示例讲解 StaticBox 布局。示例窗口如图 20-13 所示，其中包括两个按钮和一个静态文本，两个按钮放到一个 StaticBox 布局中。

示例代码如下：

```
# coding=utf-8
# 代码文件:chapter20/ch20.5.4.py

import wx
```

图 20-13　StaticBox 布局示例

```
# 自定义窗口类 MyFrame
class MyFrame(wx.Frame):
    def __init__(self):
        super().__init__(parent=None, title='StaticBox 布局', size=(300,
120))
        self.Centre()        # 设置窗口居中
        panel = wx.Panel(parent=self)
        # 创建垂直方向的 Box 布局管理器对象
        vbox = wx.BoxSizer(wx.VERTICAL)
        self.statictext = wx.StaticText(parent=panel, label='Button1 单击')
        # 添加静态文本到 Box 布局管理器
        vbox.Add(self.statictext, proportion=2, flag=wx.FIXED_MINSIZE | wx.
TOP | wx.CENTER, border=10)

        b1 = wx.Button(parent=panel, id=10, label='Button1')
        b2 = wx.Button(parent=panel, id=11, label='Button2')
        self.Bind(wx.EVT_BUTTON, self.on_click, id=10, id2=20)

        # 创建静态框对象
        sb = wx.StaticBox(panel, label="按钮框")                    ①
        # 创建水平方向的 StaticBox 布局管理器
        hsbox = wx.StaticBoxSizer(sb, wx.HORIZONTAL)               ②
        # 添加 b1 到水平 StaticBox 布局管理
        hsbox.Add(b1, 0, wx.EXPAND | wx.BOTTOM, 5)
        # 添加 b2 到水平 StaticBox 布局管理
        hsbox.Add(b2, 0, wx.EXPAND | wx.BOTTOM, 5)

        # 添加 hbox 到 vbox
        vbox.Add(hsbox, proportion=1, flag=wx.CENTER)

        panel.SetSizer(vbox)

    def on_click(self, event):
        event_id = event.GetId()
        print(event_id)
        if event_id == 10:
            self.statictext.SetLabelText('Button1 单击')
        else:
            self.statictext.SetLabelText('Button2 单击')

...
```

上述代码第①行是创建静态框对象，代码第②行是创建水平方向的 wx. StaticBoxSizer 对象。wx. StaticBoxSizer 与 wx. BoxSizer 其他使用方法类似，这里不再赘述。

3. Grid 布局管理器类

Grid 布局管理器类是 wx. GridSizer。Grid 布局以网格形式对子窗口(或控件)进行摆放,容器被分成大小相等的矩形,一个矩形中放置一个子窗口(或控件)。

wx. GridSizer 构造方法有以下几种。

(1)wx. GridSizer(rows,cols,vgap,hgap)。

创建指定行数和列数的 wx. GridSizer 对象,并指定水平和垂直间隙。参数 hgap 是水平间隙,参数 vgap 是垂直间隙。添加的子窗口(或控件)个数超过 rows 与 cols 之积,则引发异常。

(2)wx. GridSizer(rows,cols,gap)。

同 GridSizer(rows,cols,vgap,hgap),gap 参数指定垂直间隙和水平间隙,gap 参数是 wx. Size 类型,例如 wx. Size(2,3)是设置水平间隙为 2 像素,垂直间隙为 3 像素。

(3)wx. GridSizer(cols,vgap,hgap)。

创建指定列数的 wx. GridSizer 对象,并指定水平和垂直间隙。由于未限定行数,所以添加的子窗口(或控件)个数没有限制。

(4)wx. GridSizer(cols,gap=wx. Size(0,0))。

同 GridSizer(cols,vgap,hgap),gap 参数是垂直间隙和水平间隙,属于 wx. Size 类型。下面通过一个示例熟悉 Grid 布局。该示例窗口如图 20-14 所示,窗口中包含 3 行 3 列共 9 个按钮。

示例代码如下:

```
# coding=utf-8
# 代码文件:chapter20/ch20.5.5.py

import wx


# 自定义窗口类 MyFrame
class MyFrame(wx.Frame):
    def __init__(self):
        super().__init__(parent=None, title='Grid 布局', size=(300, 300))
        self.Centre()        # 设置窗口居中
        panel = wx.Panel(self)
        btn1 = wx.Button(panel, label='1')
        btn2 = wx.Button(panel, label='2')
        btn3 = wx.Button(panel, label='3')
        btn4 = wx.Button(panel, label='4')
        btn5 = wx.Button(panel, label='5')
        btn6 = wx.Button(panel, label='6')
        btn7 = wx.Button(panel, label='7')
        btn8 = wx.Button(panel, label='8')
        btn9 = wx.Button(panel, label='9')

        grid = wx.GridSizer(cols=3, rows=3, vgap=0, hgap=0)        ①

        grid.Add(btn1, 0, wx.EXPAND)                               ②
        grid.Add(btn2, 0, wx.EXPAND)
```

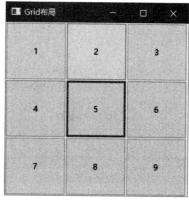

图 20-14 Grid 布局示例

```
grid.Add(btn3, 0, wx.EXPAND)
grid.Add(btn4, 0, wx.EXPAND)
grid.Add(btn5, 0, wx.EXPAND)
grid.Add(btn6, 0, wx.EXPAND)
grid.Add(btn7, 0, wx.EXPAND)
grid.Add(btn8, 0, wx.EXPAND)
grid.Add(btn9, 0, wx.EXPAND)                        ③

panel.SetSizer(grid)
```

...

上述代码第①行是创建一个 3 行 3 列 wx.GridSizer 对象,其水平间隙为 0 像素,垂直间隙为 0 像素。代码第②行~第③行添加了 9 个按钮到 wx.GridSizer 对象中。Add() 方法一次只能添加一个子窗口(或控件),如需一次添加多个可以使用 AddMany() 方法,AddMany() 方法参数是一个子窗口(或控件)的列表,因此代码第②行~第③行可以使用以下代码替换:

```
grid.AddMany([
    (btn1, 0, wx.EXPAND),
    (btn2, 0, wx.EXPAND),
    (btn3, 0, wx.EXPAND),
    (btn4, 0, wx.EXPAND),
    (btn5, 0, wx.EXPAND),
    (btn6, 0, wx.EXPAND),
    (btn7, 0, wx.EXPAND),
    (btn8, 0, wx.EXPAND),
    (btn9, 0, wx.EXPAND)
])
```

Grid 布局将窗口分成几个区域,也会出现某个区域缺少子窗口(或控件)情况,如图 20-15 所示只有 7 个子窗口(或控件)。

4. FlexGrid 布局管理器类

Grid 布局时网格大小是固定的,如需网格大小不同,可以使用 FlexGrid 布局。FlexGrid 是更加灵活的 Grid 布局。FlexGrid 布局管理器类是 wx.FlexGridSizer,其父类是 wx.GridSizer。

wx.FlexGridSizer 的构造方法与 wx.GridSizer 相同,这里不再赘述。wx.FlexGridSizer 有两个特殊方法如下。

(1) AddGrowableRow(idx, proportion = 0):指定行是可扩展的,参数 idx 是行索引,从零开始;参数 proportion 设置该行所占空间比例。

(2) AddGrowableCol(idx, proportion = 0):指定列是可扩展的,参数 idx 是列索引,从零开始;参数 proportion 设置该列所占空间比例。

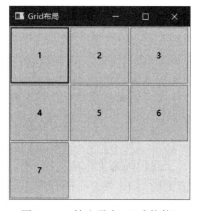

图 20-15　缺少子窗口(或控件)

上述方法中的 proportion 参数默认是 0,表示各个行列占用空间是均等的。下面通过一个示例讲解 FlexGrid 布局。示例窗口如图 20-16 所示,窗口中包含 3 行 2 列共 6 个网格,第

1 列放置的都是静态文本,第 2 列放置的都是文本输入控件。

示例代码如下:

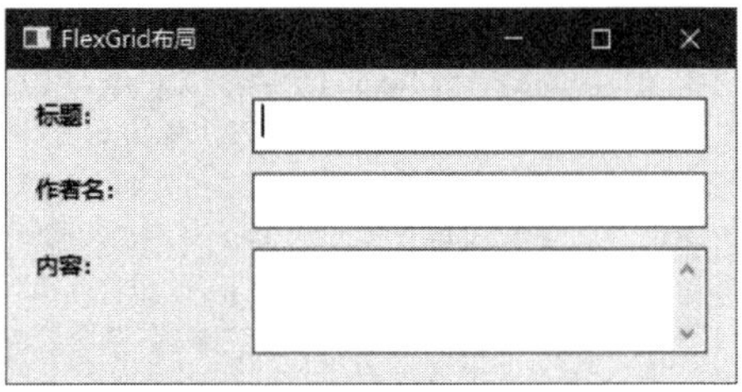

图 20-16　FlexGrid 布局示例

```
# coding=utf-8
# 代码文件:chapter20/ch20.5.6.py

import wx


# 自定义窗口类 MyFrame
class MyFrame(wx.Frame):
    def __init__(self):
        super().__init__(parent=None, title='FlexGrid 布局', size=(400,
200))
        self.Centre()        # 设置窗口居中
        panel = wx.Panel(parent=self)

        fgs = wx.FlexGridSizer(3, 2, 10, 10)                           ①

        title = wx.StaticText(panel, label="标题:")
        author = wx.StaticText(panel, label="作者名:")
        review = wx.StaticText(panel, label="内容:")

        tc1 = wx.TextCtrl(panel)
        tc2 = wx.TextCtrl(panel)
        tc3 = wx.TextCtrl(panel, style=wx.TE_MULTILINE)

        fgs.AddMany([title, (tc1, 1, wx.EXPAND),
                    author, (tc2, 1, wx.EXPAND),
                    review, (tc3, 1, wx.EXPAND)])                      ②

        fgs.AddGrowableRow(0, 1)                                       ③
        fgs.AddGrowableRow(1, 1)                                       ④
        fgs.AddGrowableRow(2, 3)                                       ⑤
        fgs.AddGrowableCol(0, 1)                                       ⑥
        fgs.AddGrowableCol(1, 2)                                       ⑦

        hbox = wx.BoxSizer(wx.HORIZONTAL)
        hbox.Add(fgs, proportion=1, flag=wx.ALL | wx.EXPAND, border=15)  ⑧

        panel.SetSizer(hbox)
...
```

上述代码第①行是创建一个 3 行 2 列的 wx.FlexGridSizer 对象,其水平间隙为 10 像素,垂直间隙为 10 像素。代码第②行是添加控件到 wx.FlexGridSizer 对象中。

代码第③行是设置第 1 行可扩展,所占空间比例是 1/5;代码第④行是设置第 2 行可扩展,所占空间比例是 1/5;代码第⑤行是设置第 3 行可扩展,所占空间比例是 3/5。

代码第⑥行设置第 1 列可扩展,所占空间比例是 1/3;代码第⑦行设置第 2 列可扩展,所占空间比例是 2/3。

20.6 wxPython 基本控件

　　wxPython 的所有控件都继承自 wx.Control 类,主要有文本输入控件、按钮、静态文本、列表、单选按钮、滑块、滚动条、复选框和树等控件。具体内容参考图 20-2。

20.6.1 静态文本和按钮

　　静态文本和按钮在前面示例中已经用到了,本节再深入介绍一下。

　　wxPython 中静态文本类是 wx.StaticText,可以显示文本。wxPython 中的按钮主要有 wx.Button、wx.BitmapButton 和 wx.ToggleButton,wx.Button 是普通按钮,wx.BitmapButton 是带有图标的按钮,wx.ToggleButton 是能进行两种状态切换的按钮。

　　下面通过示例介绍静态文本和按钮。如图 20-17 所示的界面,其中有一个静态文本和 3 个按钮,OK 是普通按钮,ToggleButton 是 wx.ToggleButton 按钮,图 20-17(a)所示是 ToggleButton 抬起状态,图 20-17(b)所示是 ToggleButton 按下时状态。最后一个是图标按钮。

(a)
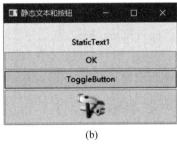
(b)

图 20-17　静态文本和按钮示例

示例代码如下:

```
# coding=utf-8
# 代码文件:chapter20/ch20.6.1.py

import wx


# 自定义窗口类 MyFrame
class MyFrame(wx.Frame):
    def __init__(self):
        super().__init__(parent=None, title='静态文本和按钮', size=(300, 200))
        self.Centre()          # 设置窗口居中
        panel = wx.Panel(parent=self)
        # 创建垂直方向的 Box 布局管理器
        vbox = wx.BoxSizer(wx.VERTICAL)

        self.statictext = wx.StaticText(parent=panel, label='StaticText1',    ①
                style=wx.ALIGN_CENTRE_HORIZONTAL)
        b1 = wx.Button(parent=panel, label='OK')                              ②
        self.Bind(wx.EVT_BUTTON, self.on_click, b1)
```

```
        b2 = wx.ToggleButton(panel, label='ToggleButton')              ③
        self.Bind(wx.EVT_TOGGLEBUTTON, self.on_click, b2)

        bmp = wx.Bitmap('icon/1.png', wx.BITMAP_TYPE_PNG)              ④
        b3 = wx.BitmapButton(panel, bitmap=bmp)                        ⑤
        self.Bind(wx.EVT_BUTTON, self.on_click, b3)

        # 添加静态文本和按钮到 Box 布局管理器
        vbox.Add(100, 10, proportion=1, flag=wx.CENTER|wx.FIXED_MINSIZE)
        vbox.Add(self.statictext, proportion=1, flag=wx.CENTER | wx.FIXED_
MINSIZE)
        vbox.Add(b1, proportion=1, flag=wx.CENTER|wx.EXPAND)
        vbox.Add(b2, proportion=1, flag=wx.CENTER|wx.EXPAND)
        vbox.Add(b3, proportion=1, flag=wx.CENTER|wx.EXPAND)

        panel.SetSizer(vbox)

    def on_click(self, event):
        self.statictext.SetLabelText('Hello, world.')
...
```

上述代码第①行是创建 wx.StaticText 对象。代码第②行是创建 wx.Button 按钮。代码第③行是创建 wx.ToggleButton 按钮,注意它绑定的事件是 wx.EVT_TOGGLEBUTTON。代码第④行是创建 wx.Bitmap 图片对象,其中 'icon/1.png' 是图标文件路径,wx.BITMAP_TYPE_PNG 是设置图标图片格式类型。代码第⑤行是创建 wx.BitmapButton 图片按钮对象。

20.6.2　文本输入控件

文本输入控件类是 wx.TextCtrl。默认情况下文本输入控件中只能输入单行数据,如需输入多行可以设置 style=wx.TE_MULTILINE。如需把文本输入控件作为密码框使用,可以设置 style=wx.TE_PASSWORD。

下面通过示例介绍文本输入控件。如图 20-18 所示的界面是 20.5.2 节第 4 条中示例的重构,其中用户 ID 对应的 wx.TextCtrl 是普通文本输入控件,密码对应的 wx.TextCtrl 是密码输入控件,多行文本的 wx.TextCtrl 是多行文本输入控件。

示例代码如下:

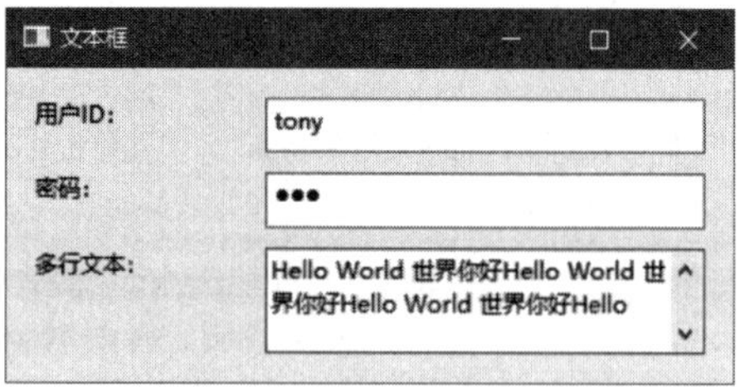

```
# coding=utf-8
# 代码文件:chapter20/ch20.6.2.py

import wx
```

图 20-18　文本输入控件示例

```
# 自定义窗口类 MyFrame
class MyFrame(wx.Frame):
    def __init__(self):
        super().__init__(parent=None, title='静态文本和按钮', size=(400, 200))
        self.Centre()        # 设置窗口居中
        panel = wx.Panel(self)

        hbox = wx.BoxSizer(wx.HORIZONTAL)
```

```
            fgs = wx.FlexGridSizer(3, 2, 10, 10)

            userid = wx.StaticText(panel, label="用户 ID:")
            pwd = wx.StaticText(panel, label="密码:")
            content = wx.StaticText(panel, label="多行文本:")

            tc1 = wx.TextCtrl(panel)                                      ①
            tc2 = wx.TextCtrl(panel, style=wx.TE_PASSWORD)                ②
            tc3 = wx.TextCtrl(panel, style=wx.TE_MULTILINE)              ③

            # 设置 tc1 初始值
            tc1.SetValue('tony')                                         ④
            # 获取 tc1 值
            print('读取用户 ID:{0}'.format(tc1.GetValue()))              ⑤

            fgs.AddMany([userid, (tc1, 1, wx.EXPAND),
                        pwd, (tc2, 1, wx.EXPAND),
                        content, (tc3, 1, wx.EXPAND)])
            fgs.AddGrowableRow(0, 1)
            fgs.AddGrowableRow(1, 1)
            fgs.AddGrowableRow(2, 3)
            fgs.AddGrowableCol(0, 1)
            fgs.AddGrowableCol(1, 2)
            hbox.Add(fgs, proportion=1, flag=wx.ALL|wx.EXPAND, border=15)
            panel.SetSizer(hbox)
...
```

上述代码第①行创建了一个普通的文本输入控件对象。代码第②行创建了一个密码输入控件对象。代码第③行能输入多行文本控件对象。代码第④行 tc1. SetValue('tony')用来设置文本输入控件的文本内容,SetValue()方法可以为文本输入控件设置文本内容,GetValue()方法是从文本输入控件中读取文本内容,见代码第⑤行。

20.6.3 复选框

wxPython 中多选控件是复选框(wx. CheckBox)。复选框有时也单独使用,能提供两种状态的开和关。

下面通过示例介绍复选框。如图 20-19 所示的界面中有一组复选框。

示例代码如下:

```
# coding=utf-8
# 代码文件:chapter20/ch20.6.3.py

import wx
```

图 20-19 复选框示例

```
# 自定义窗口类 MyFrame
class MyFrame(wx.Frame):
    def __init__(self):
        super().__init__(parent=None, title='复选框', size=(240, 160))
        self.Centre()        # 设置窗口居中
        panel = wx.Panel(self)
```

```
        statictext = wx.StaticText(panel, label = '选择你喜欢的编程语言:')
        cb1 = wx.CheckBox(panel, 1, 'Python')                              ①
        cb2 = wx.CheckBox(panel, 2, 'Java')
        cb2.SetValue(True)                                                 ②
        cb3 = wx.CheckBox(panel, 3, 'C++')                                 ③
        self.Bind(wx.EVT_CHECKBOX, self.on_checkbox_click, id=1, id2=3)    ④

        vbox = wx.BoxSizer(wx.VERTICAL)
        vbox.Add(statictext, flag=wx.ALL, border=6)
        vbox.Add(cb1, flag=wx.ALL, border=6)
        vbox.Add(cb2, flag=wx.ALL, border=6)
        vbox.Add(cb3, flag=wx.ALL, border=6)

        panel.SetSizer(vbox)

    def on_checkbox_click(self, event):
        cb = event.GetEventObject()                                        ⑤
        print('选择 {0},状态{1}'.format(cb.GetLabel(), event.IsChecked()))  ⑥
...
```

上述代码第①行~第③行创建了 3 个复选框对象,代码第④行绑定 id 从 1~3 所有控件到事件处理者 self.on_checkbox_click 上。代码第②行设置 cb2 的初始状态为选中。

在事件处理方法中,代码第⑤行 event.GetEventObject() 从事件对象中取出事件源对象,代码第⑥行 cb.GetLabel() 可以获得控件标签,event.IsChecked() 可以获得状态控件的选中状态。

20.6.4 单选按钮

wxPython 中单选功能的控件是单选按钮(wx.RadioButton),同一组的多个单选按钮应互斥,这也是为什么单选按钮又称收音机按钮(RadioButton),即一个按钮按下时,其他按钮一定释放。

下面通过示例介绍单选按钮。如图 20-20 所示的界面中有两组单选按钮。

示例代码如下:

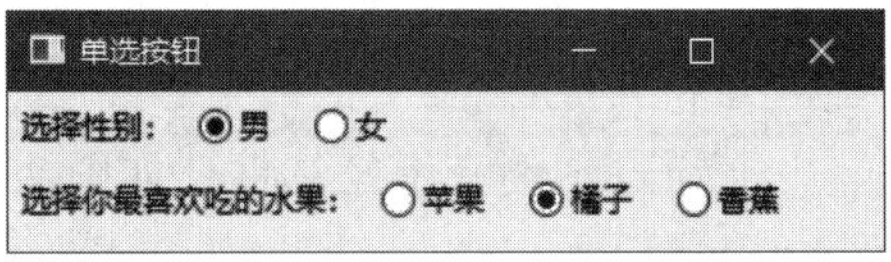

```
# coding=utf-8
# 代码文件:chapter20/ch20.6.4.py

import wx
```

图 20-20 单选按钮示例

```
# 自定义窗口类 MyFrame
class MyFrame(wx.Frame):
    def __init__(self):
        super().__init__(parent=None, title='单选按钮', size=(360, 100))
        self.Centre()      # 设置窗口居中
        panel = wx.Panel(self)

        statictext = wx.StaticText(panel, label='选择性别:')
        radio1 = wx.RadioButton(panel, 4, '男', style=wx.RB_GROUP)          ①
        radio2 = wx.RadioButton(panel, 5, '女')                            ②
        self.Bind(wx.EVT_RADIOBUTTON, self.on_radio1_click, id=4, id2=5)   ③
```

```
        hbox1 = wx.BoxSizer(wx.HORIZONTAL)
        hbox1.Add(statictext, flag=wx.ALL, border=5)
        hbox1.Add(radio1, flag=wx.ALL, border=5)
        hbox1.Add(radio2, flag=wx.ALL, border=5)

        statictext = wx.StaticText(panel, label='选择你最喜欢吃的水果:')
        radio3 = wx.RadioButton(panel, 6, '苹果', style=wx.RB_GROUP)       ④
        radio4 = wx.RadioButton(panel, 7, '橘子')
        radio5 = wx.RadioButton(panel, 8, '香蕉')                          ⑤
        self.Bind(wx.EVT_RADIOBUTTON, self.on_radio2_click, id=6, id2=8)   ⑥

        hbox2 = wx.BoxSizer(wx.HORIZONTAL)
        hbox2.Add(statictext, flag=wx.ALL, border=5)
        hbox2.Add(radio3, flag=wx.ALL, border=5)
        hbox2.Add(radio4, flag=wx.ALL, border=5)
        hbox2.Add(radio5, flag=wx.ALL, border=5)

        vbox = wx.BoxSizer(wx.VERTICAL)
        vbox.Add(hbox1)
        vbox.Add(hbox2)

        panel.SetSizer(vbox)

    def on_radio1_click(self, event):
        rb = event.GetEventObject()                                        ⑦
        print('第一组 {0} 被选中'.format(rb.GetLabel()))                    ⑧

    def on_radio2_click(self, event):
        rb = event.GetEventObject()
        print('第二组 {0} 被选中'.format(rb.GetLabel()))
    …
```

上述代码第①行和第②行创建了两个单选按钮,由于这两个单选按钮是互斥的,所以需要把它们添加到一个组中。代码第②行在创建单选按钮对象 radio1 时,设置 style = wx. RB_GROUP,这说明 radio1 是一个组的开始,直到遇到另外设置 style = wx. RB_GROUP 的单选按钮对象 radio3 为止都属于同一个组。所以 radio1 和 radio2 是同一组,而 radio3、radio4 和 radio5 是同一组,见代码第④行和第⑤行。

代码第③行绑定 id 为 4 和 5 的控件到事件处理方法 on_radio1_click 上。代码第⑥行绑定 id 从 6 到 8 的所有控件到事件处理方法 on_radio2_click 上。

在事件处理方法中,代码第⑦行从事件对象中取出事件源对象,代码第⑧行 rb. GetLabel( )可以获得控件标签。

20.6.5　下拉列表

下拉列表控件由一个文本框和一个列表选项构成。如图 20-21 所示,选项列表是收起的,默认每次只能选择其中的一项。wxPython 提供了两种下拉列表控件类 wx. ComboBox 和 wx. Choice,wx. ComboBox 默认其文本框可修改; wx. Choice 默认其文本框为只读,不可修改,除此之外它们没有区别。

下面通过示例介绍下拉列表控件。如图 20-21 所示的界面中有两个下拉列表控件,上方为 wx. ComboBox,下方为 wx. Choice。

图 20-21　下拉列表示例

示例代码如下:

```
# coding=utf-8
# 代码文件:chapter20/ch20.6.5.py

import wx

# 自定义窗口类 MyFrame
class MyFrame(wx.Frame):
    def __init__(self):
        super().__init__(parent=None, title='下拉列表', size=(360, 120))
        self.Centre()        # 设置窗口居中
        panel = wx.Panel(self)

        statictext = wx.StaticText(panel, label='选择你喜欢的编程语言:')

        list1 = ['Python', 'C++', 'Java']
        ch1 = wx.ComboBox(panel, value='C', choices=list1, style=wx.CB_SORT)   ①
        self.Bind(wx.EVT_COMBOBOX, self.on_combobox, ch1)                      ②

        hbox1 = wx.BoxSizer(wx.HORIZONTAL)
        hbox1.Add(statictext, 1)
        hbox1.Add(ch1, 1)

        statictext = wx.StaticText(panel, label='选择性别:')
        list2 = ['男', '女']
        ch2 = wx.Choice(panel, choices=list2)                                 ③
        self.Bind(wx.EVT_CHOICE, self.on_choice, ch2)                         ④

        hbox2 = wx.BoxSizer(wx.HORIZONTAL)
        hbox2.Add(statictext, 1)
        hbox2.Add(ch2, 1)

        vbox = wx.BoxSizer(wx.VERTICAL)
        vbox.Add(hbox1, flag=wx.ALL | wx.EXPAND, border=5)
        vbox.Add(hbox2, flag=wx.ALL | wx.EXPAND, border=5)

        panel.SetSizer(vbox)

    def on_combobox(self, event):
```

```
        print('选择 {0}'.format(event.GetString()))

    def on_choice(self, event):
        print('选择 {0}'.format(event.GctString()))
```

...

上述代码第①行创建 wx.ComboBox 下拉列表对象,其中参数 value 用来设置默认值,即下拉列表的文本框中初始显示的内容;choices 参数用来设置列表选择项,即列表类型;style 参数用来设置 wx.ComboBox 风格样式。主要有以下 4 种风格。

(1) wx.CB_SIMPLE:列表部分一直显示,不收起。

(2) wx.CB_DROPDOWN:默认风格。单击向下按钮列表部分展开,如图 20-21(b)所示,选择完成后收起,如图 20-21(a)所示。

(3) wx.CB_READONLY:文本框不可修改。

(4) wx.CB_SORT:对列表选择项进行排序。本例中设置该风格,所以显示的顺序如图 20-21(b)所示。

代码第②行绑定 wx.ComboBox 下拉选择事件 wx.EVT_COMBOBOX 到 self.on_combobox 方法,当选择选项时触发该事件,调用 self.on_combobox 方法进行事件处理。

代码第③行创建 wx.Choice 下拉列表对象,其中 choices 参数设置列表选择项。代码第④行绑定 wx.Choice 下拉选择事件 wx.EVT_CHOICE 到 self.on_choice 方法,当选择选项时触发该事件,调用 self.on_choice 方法进行事件处理。

20.6.6　列表

列表控件类似于下拉列表控件,只是没有文本框,只有一个列表选项,如图 20-22 所示,列表控件可以单选或多选。列表控件类是 wx.ListBox。

下面通过示例介绍列表控件。如图 20-22 所示的界面中有两个列表控件,上方的列表控件是单选,下方的列表控件可以多选。

示例代码如下:

```
# coding=utf-8
# 代码文件:chapter20/ch20.6.6.py

import wx
```

图 20-22　列表示例

```
# 自定义窗口类 MyFrame
class MyFrame(wx.Frame):
    def __init__(self):
        super().__init__(parent=None, title='列表', size=(350, 180))
        self.Centre()          # 设置窗口居中
        panel = wx.Panel(self)

        statictext = wx.StaticText(panel, label='选择你喜欢的编程语言:')

        list1 = ['Python', 'C++', 'Java']
        lb1 = wx.ListBox(panel, -1, choices=list1, style=wx.LB_SINGLE)    ①
```

```
        self.Bind(wx.EVT_LISTBOX, self.on_listbox1, lb1)                    ②

        hbox1 = wx.BoxSizer(wx.HORIZONTAL)
        hbox1.Add(statictext, 1)
        hbox1.Add(lb1, 1)

        statictext = wx.StaticText(panel, label='选择你喜欢吃的水果:')
        list2 = ['苹果', '橘子', '香蕉']
        lb2 = wx.ListBox(panel, -1, choices=list2, style=wx.LB_EXTENDED)    ③
        self.Bind(wx.EVT_LISTBOX, self.on_listbox2, lb2)                    ④

        hbox2 = wx.BoxSizer(wx.HORIZONTAL)
        hbox2.Add(statictext, 1)
        hbox2.Add(lb2, 1)

        vbox = wx.BoxSizer(wx.VERTICAL)
        vbox.Add(hbox1, 1, flag=wx.ALL | wx.EXPAND, border=5)
        vbox.Add(hbox2, 1, flag=wx.ALL | wx.EXPAND, border=5)
        panel.SetSizer(vbox)

    def on_listbox1(self, event):
        listbox = event.GetEventObject()                                   ⑤
        print('选择 {0}'.format(listbox.GetSelection()))                    ⑥

    def on_listbox2(self, event):
        listbox = event.GetEventObject()
        print('选择 {0}'.format(listbox.GetSelections()))                   ⑦

    …
```

上述代码第①行创建 wx. ListBox 列表对象,其中参数 style 用来设置列表风格样式。常用风格有以下 4 种。

(1) wx. LB_SINGLE。单选。

(2) wx. LB_MULTIPLE。多选。

(3) wx. LB_EXTENDED。多选,但是需要按住 Ctrl 或 Shift 键时选择项目。

(4) wx. LB_SORT。对列表选择项进行排序。

代码第②行绑定 wx. ListBox 选择事件 wx. EVT_LISTBOX 到 self. on_listbox1 方法,当选择选项时触发该事件,调用 self. on_listbox1 方法进行事件处理。

代码第③行创建 wx. ListBox 列表对象,其中 style 参数设置为 wx. LB_EXTENDED,表明该列表对象可以多选。代码第④行绑定 wx. ListBox 选择事件 wx. EVT_LISTBOX 到 self. on_listbox2 方法。

在事件处理方法中要获得事件源可以通过 event. GetEventObject( )方法实现,见代码第⑤行。代码第⑥行的 listbox. GetSelection( )方法返回选中项目的索引,对于多选可以通过 listbox. GetSelections( )方法返回多个选中项目索引的列表,见代码第⑦行。

20. 6. 7 静态图片控件

静态图片控件类是 wx. StaticBitmap,静态图片控件用来显示一张图片,图片可以是 wx. Python 所支持的任何图片格式。

　　下面通过示例介绍静态图片控件。如图 20-23 所示的界面,刚显示时加载默认图片,如图 20-23(a)所示;单击 Button1 时显示如图 20-23(c)所示;单击 Button2 时显示如图 20-23(b)所示。

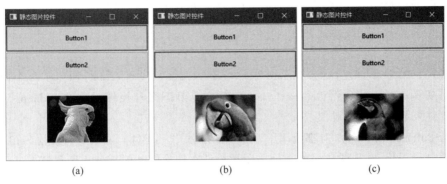

(a)　　　　　　　　(b)　　　　　　　　(c)

图 20-23　静态图片控件示例

示例代码如下:

```python
# coding=utf-8
# 代码文件:chapter20/ch20.6.7.py

import wx


# 自定义窗口类 MyFrame
class MyFrame(wx.Frame):
    def __init__(self):
        super().__init__(parent=None, title='静态图片控件', size=(300, 300))
        self.bmps = [wx.Bitmap('images/bird5.gif', wx.BITMAP_TYPE_GIF),
                     wx.Bitmap('images/bird4.gif', wx.BITMAP_TYPE_GIF),
                     wx.Bitmap('images/bird3.gif', wx.BITMAP_TYPE_GIF)]          ①

        self.Centre()          # 设置窗口居中
        self.panel = wx.Panel(parent=self)                                       ②
        # 创建垂直方向的 Box 布局管理器
        vbox = wx.BoxSizer(wx.VERTICAL)

        b1 = wx.Button(parent=self.panel, id=1, label='Button1')
        b2 = wx.Button(self.panel, id=2, label='Button2')
        self.Bind(wx.EVT_BUTTON, self.on_click, id=1, id2=2)

        self.image = wx.StaticBitmap(self.panel, -1, self.bmps[0])               ③

        # 添加标控件到 Box 布局管理器
        vbox.Add(b1, proportion=1, flag=wx.CENTER | wx.EXPAND)
        vbox.Add(b2, proportion=1, flag=wx.CENTER | wx.EXPAND)
        vbox.Add(self.image, proportion=3, flag=wx.CENTER)

        self.panel.SetSizer(vbox)

    def on_click(self, event):
```

```
        event_id = event.GetId()
        if event_id == 1:
            self.image.SetBitmap(self.bmps[1])                          ④
        else:
            self.image.SetBitmap(self.bmps[2])                          ⑤
        self.panel.Layout()                                            ⑥
```

...

上述代码第①行创建了 wx. Bitmap 图片对象的列表。代码第②行创建了一个面板,它是类成员实例变量。代码第③行 wx. StaticBitmap 是静态图片控件对象,self. bmps[0]是静态图片控件要显示的图片对象。

单击 Button1 和 Button2 时都会调用 on_click 方法,代码第④行和第⑤行使用 SetBitmap()方法重新设置图片,实现图片切换。静态图片控件在切换图片时需要重新设置布局,见代码第⑥行。

提示 图片替换后,需要重新绘制窗口,否则布局会发生混乱。代码第⑥行 self. panel. Layout()是重新设置 panel 面板布局,因为静态图片控件是添加在 panel 面板上的。

20.7 实例：图书信息网格

当有大量数据需要展示时,可以使用网格。wxPython 的网格类似于 Excel 电子表格,由行和列构成,行和列都有标题,如图 20-24 所示。也可以自定义行和列的标题,且单元格数据不仅可以读取,还可以修改。wxPython 网格类是 wx. grid. Grid。

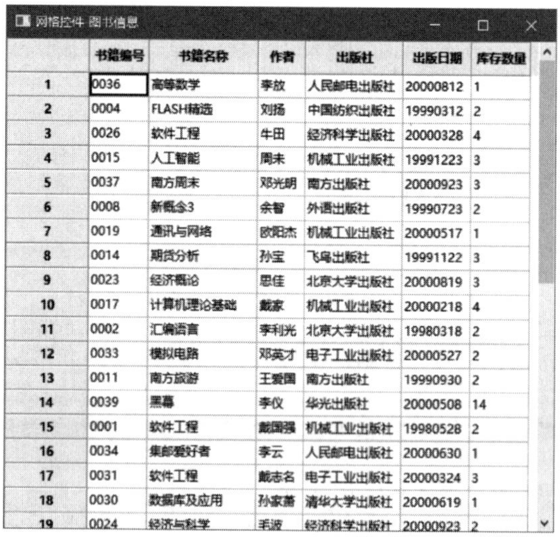

图 20-24 图书信息网格

具体代码如下:

```
# coding=utf-8
```

```
# 代码文件:chapter20/ch20.7.py

import wx
import wx.grid

data = [['0036', '高等数学', '李放', '人民邮电出版社', '20000812', '1'],
        ['0004', 'FLASH 精选', '刘扬', '中国纺织出版社', '19990312', '2'],
        ['0026', '软件工程', '牛田', '经济科学出版社', '20000328', '4'],
        ['0015', '人工智能', '周未', '机械工业出版社', '19991223', '3'],
        ...]

column_names = ['书籍编号', '书籍名称', '作者', '出版社', '出版日期', '库存数量']


# 自定义窗口类 MyFrame
class MyFrame(wx.Frame):
    def __init__(self):
        super().__init__(parent=None, title='网格控件', size=(550, 500))
        self.Centre()          # 设置窗口居中
        self.grid = self.CreateGrid(self)                                    ①
        self.Bind(wx.grid.EVT_GRID_LABEL_LEFT_CLICK, self.OnLabelLeftClick)  ②

    def OnLabelLeftClick(self, event):
        print("RowIdx:{0}".format(event.GetRow()))
        print("ColIdx:{0}".format(event.GetCol()))
        print(data[event.GetRow()])                                          ③
        event.Skip()

    def CreateGrid(self, parent):                                            ④
        grid = wx.grid.Grid(parent)                                          ⑤
        grid.CreateGrid(len(data), len(data[0]))                             ⑥

        for row in range(len(data)):                                         ⑦
            for col in range(len(data[row])):
                grid.SetColLabelValue(col, column_names[col])                ⑧
                grid.SetCellValue(row, col, data[row][col])                  ⑨

        # 设置行和列自定调整
        grid.AutoSize()

        return grid

...
```

上述代码第①行调用了 self. CreateGrid(self) 方法创建网格对象; 代码第④行定义了 CreateGrid( ) 方法; 代码第⑤行创建了网格对象; 代码第⑥行 CreateGrid( ) 方法设置网格行数和列数, 此时的网格中尚没有内容; 代码第⑦行 ~ 第⑨行通过双层嵌套循环设置每一个单元格的内容, 其中 SetCellValue( ) 方法可以设置单元格内容; 代码第⑧行 SetColLabelValue( ) 方法设置列标题。

代码第②行绑定网格的鼠标左击行或列标题事件。在事件处理方法 self. OnLabelLeftClick 中, 代码第③行 data[event. GetRow( )] 获取行数据, 事件源的 GetRow( ) 方法获取选中行索引, 事件源的 GetCol( ) 方法获取选中列索引。事件处理方法最后一行是

event. Skip( )语句,该语句可以确保继续处理其他事件。

20.8　本章小结

本章介绍了 Python 图形用户界面编程技术——wxPython,包括 wxPython 安装、事件处理、布局管理、基本控件和高级控件网格。

20.9　同步练习

1. 下列哪些技术是 Python 图形用户界面开发工具包?(　　)

    A. Tkinter　　　　　　　B. PyQt　　　　　　　C. wxPython　　　　　　D. Swing

2. 请简述 wxPython 技术的优缺点。

3. 在事件处理的过程中涉及的要素有哪些?(　　)

    A. 事件　　　　　　　　B. 事件类型　　　　　C. 事件源　　　　　　D. 事件处理者

4. 判断对错。

事件处理者是在 wx. EvtHandler 子类中定义的一个方法,用来响应事件。(　　)

5. 下列选项中哪些是 wxPython 布局管理器类?(　　)

    A. wx. BoxSizer　　　　　　　　　　　　B. wx. StaticBoxSizer

    C. wx. GridSizer　　　　　　　　　　　　D. wx. FlexGridSizer

6. 判断对错。

使用绝对布局在不同分辨率下显示效果是一样的。(　　)

20.10　上机实验：展示 Web 数据

将第 19 章上机实验中获得的数据通过 wxPython 的网格控件展示出来。

第 21 章

Python 多线程编程

无论个人计算机(PC)还是智能手机现在都支持多任务,都能够编写并发访问程序。多线程编程可以编写并发访问程序。

21.1 基础知识

线程究竟是什么?在 Windows 操作系统出现之前,PC 上的操作系统都是单任务系统,只有在大型计算机上才具有多任务和分时设计。随着 Windows、Linux 等操作系统的出现,原本只在大型计算机才具有的功能,出现在了 PC 系统中。

21.1.1 进程

一般可以在同一时间内执行多个程序的操作系统都有进程的概念。一个进程就是一个执行中的程序,而每一个进程都有自己独立的内存空间和一组系统资源。在进程的概念中,每一个进程的内部数据和状态都是完全独立的。在 Windows 操作系统下可以通过 Ctrl+Alt+Del 组合键查看进程,在 UNIX 和 Linux 操作系统下则通过 ps 命令查看进程。打开 Windows 当前运行的进程,如图 21-1 所示。

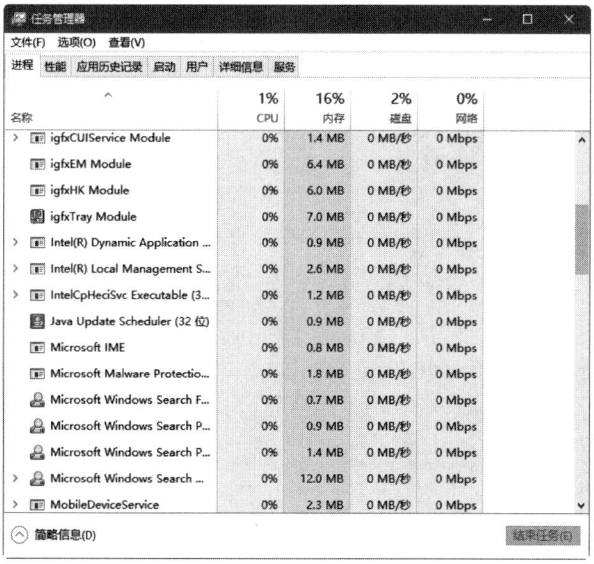

图 21-1　Windows 操作系统进程

在 Windows 操作系统中一个进程就是一个 exe 或者 dll 程序,它们相互独立,也可以相互通信。在 Android 操作系统中进程间的通信应用也很多。

21.1.2 线程

线程与进程相似,是一段完成某个特定功能的代码,是程序中单个顺序控制的流程。但与进程不同的是,同类的多个线程共享一块内存空间和一组系统资源。所以系统在各个线程之间切换时,开销比进程小得多,因此线程被称为轻量级进程。一个进程中可以包含多个线程。

Python 程序至少有一个线程,即主线程。程序启动后由 Python 解释器负责创建主线程,程序结束时由 Python 解释器负责停止主线程。

21.2 使用 threading 模块

Python 中有两个模块可以进行多线程编程,即 _thread 和 threading。_thread 模块提供了多线程编程的低级 API,使用起来比较烦琐;threading 模块基于 _thread 封装,提供了多线程编程的高级 API,使用起来比较简单。本章重点介绍使用 threading 模块实现多线程编程。

threading 模块 API 是面向对象的,其中最重要的是线程类 Thread,此外还有很多线程相关函数,常用的有以下几种。

(1) threading. active_count( )。返回当前处于活动状态的线程个数。

(2) threading. current_thread( )。返回当前的 Thread 对象。

(3) threading. main_thread( )。返回主线程对象,主线程是 Python 解释器启动的线程。

示例代码如下:

```
# coding=utf-8
# 代码文件:chapter21/ch21.2.py

import threading

# 当前线程对象
t = threading.current_thread()          ①
# 当前线程名
print(t.name)

# 返回当前处于活动状态的线程个数
print(threading.active_count())

# 当前主线程对象
t = threading.main_thread()             ②
# 主线程名
print(t.name)
```

运行结果如下:

```
MainThread
1
```

```
MainThread
```

上述代码运行过程中只有一个线程,即主线程,因此当前线程就是主线程。代码第①行的 threading. current_thread( )函数和代码第②行的 threading. main_thread( )函数获取的是同一个线程对象。

21.3　创建线程

创建一个可执行的线程需要线程对象和线程体两个要素。

(1) 线程对象。线程对象是 threading 模块 Thread 线程类或其子类所创建的对象。

(2) 线程体。线程体是线程执行函数,线程启动后会执行该函数,线程处理代码是在线程体中编写的。

提供线程体主要有以下两种方式。

(1) 自定义函数作为线程体。

(2) 继承 Thread 类重写 run( )方法,run( )方法作为线程体。

下面分别详细介绍这两种方式。

21.3.1　自定义函数作为线程体

创建线程 Thread 对象时,可以通过 Thread 构造方法将一个自定义函数传递给该对象。Thread 类构造方法如下:

```
threading.Thread(target=None, name=None, args=())
```

target 参数是线程体,自定义函数可以作为线程体；name 参数可以设置线程名,如果省略,Python 解释器会为其分配一个名字；args 为自定义函数提供参数,它是一个元组类型。

提示　Thread 构造方法还有很多参数,如 group、kwargs 和 daemon 等。由于这些参数很少使用,这里不再赘述,对此感兴趣的读者可以参考 Python 官方文档了解这些参数。

示例代码如下:

```
# coding=utf-8
# 代码文件:chapter21/ch21.3.1.py

import threading
import time


# 线程体函数
def thread_body():                                      ①
    # 当前线程对象
    t = threading.current_thread()
    for n in range(5):
        # 当前线程名
        print('第{0}次执行线程{1}'.format(n, t.name))
        # 线程休眠
```

```
        time.sleep(1)                                          ②
    print('线程{0}执行完成! '.format(t.name))


# 主函数
def main():                                                    ③
    # 创建线程对象 t1
    t1 = threading.Thread(target=thread_body)                  ④
    # 启动线程 t1
    t1.start()

    # 创建线程对象 t2
    t2 = threading.Thread(target=thread_body, name='MyThread')  ⑤
    # 启动线程 t2
    t2.start()

if __name__ == '__main__':
    main()
```

上述代码第①行定义了一个线程体函数 thread_body( ),在该函数中可以编写自己的线程处理代码。本例线程体中进行了 5 次循环,每次循环都会打印执行次数和线程名,然后让当前线程休眠一段时间。代码第②行的 time. sleep(secs)函数可以使当前线程休眠 secs 秒。

代码第③行定义了 main( )主函数,在 main( )主函数中创建了线程 t1 和 t2。在创建 t1 线程时提供了 target 参数,target 实参是 thread_body 函数名,见代码第④行;在创建 t2 线程时提供了 target 参数,target 实参是 thread_body 函数名;还提供了 name 参数设置线程名为 MyThread,见代码第⑤行。

注意　target 参数指定的函数是没有小括号的,应为 target = thread_bodyThread,不能写成 target = thread_bodyThread( )。

线程创建完成还需要调用 start( )方法才能执行,start( )方法一旦调用线程就进入可执行状态。可执行状态下的线程等待 CPU 调度执行,CPU 调度后线程进行执行状态,运行线程体函数 thread_body( )。

运行结果如下:

```
第 0 次执行线程 Thread-1
第 0 次执行线程 MyThread
第 1 次执行线程 MyThread
第 1 次执行线程 Thread-1
第 2 次执行线程 MyThread
第 2 次执行线程 Thread-1
第 3 次执行线程 Thread-1
第 3 次执行线程 MyThread
第 4 次执行线程 MyThread
第 4 次执行线程 Thread-1
线程 MyThread 执行完成!
线程 Thread-1 执行完成!
```

> **提示** 仔细分析运行结果,会发现两个线程是交错运行的,感觉像是两个线程在同时运行。但一台 PC 通常只有一颗 CPU,在同一时刻只能有一个线程在运行,而 Python 语言在设计时就充分考虑了线程的并发调度执行问题。对于程序员来说,在编程时要注意给每个线程执行的时间和机会,主要通过让线程休眠的办法(调用 time 模块的 sleep()函数)使当前线程暂停执行,然后由其他线程来争夺执行的机会。如果上述程序中没有调用 sleep()函数进行休眠,结果将是第一个线程先执行完毕,然后第二个线程再执行。所以用活 sleep()函数是多线程编程的关键。

如未调用 sleep()函数进行休眠,运行结果如下:

```
第 0 次执行线程 Thread-1
第 1 次执行线程 Thread-1
第 2 次执行线程 Thread-1
第 3 次执行线程 Thread-1
第 4 次执行线程 Thread-1
线程 Thread-1 执行完成!
第 0 次执行线程 MyThread
第 1 次执行线程 MyThread
第 2 次执行线程 MyThread
第 3 次执行线程 MyThread
第 4 次执行线程 MyThread
```

21.3.2 继承 Thread 线程类实现线程体

另外一种实现线程体的方式是,创建一个 Thread 子类,并重写 run()方法,Python 解释器会调用 run()方法执行线程体。

采用继承 Thread 类重新实现 21.3.1 节示例,自定义线程类 MyThread 代码如下:

```python
# coding = utf-8
# 代码文件:chapter21/ch21.3.2.py

import threading
import time


class MyThread(threading.Thread):              ①
    def __init__(self, name=None):             ②
        super().__init__(name=name)            ③

    # 线程体函数
    def run(self):                             ④
        # 当前线程对象
        t = threading.current_thread()
        for n in range(5):
            # 当前线程名
            print('第{0}次执行线程{1}'.format(n, t.name))
            # 线程休眠
            time.sleep(1)
```

```
        print('线程{0}执行完成！'.format(t.name))


# 主函数
def main():
    # 创建线程对象 t1
    t1 = MyThread()                              ⑤
    # 启动线程 t1
    t1.start()

    # 创建线程对象 t2
    t2 = MyThread(name='MyThread')               ⑥
    # 启动线程 t2
    t2.start()


if __name__ == '__main__':
    main()
```

上述代码第①行定义了线程类 MyThread,它继承了 Thread 类。代码第②行是定义线程类的构造方法,name 参数是线程名。代码第③行是调用父类的构造方法,并提供 name 参数。代码第④行是重写父类 Thread 的 run( )方法,run( )方法是线程体,需要线程执行的代码编写在这里。代码第⑤行是创建线程对象 t1,没有提供线程名。代码第⑥行是创建线程对象 t2,并为其提供线程名 MyThread。

21.4　线程管理

线程管理包括线程创建、线程启动、线程休眠、等待线程结束和线程停止,其中线程创建、线程启动和线程休眠在 21.3 节已经用到了,这里不再赘述。本节重点介绍等待线程结束和线程停止。

21.4.1　等待线程结束

等待线程结束使用 join( )方法,当前线程调用 t1 线程的 join( )方法时则阻塞当前线程,等待 t1 线程结束,如果 t1 线程结束或等待超时,则当前线程回到活动状态继续执行。join( )方法语法如下:

```
join(timeout=None)
```

参数 timeout 设置超时时间,单位是 s。如未设置 timeout,则一直等待。

使用 join( )方法的示例代码如下:

```
# coding=utf-8
# 代码文件:chapter21/ch21.4.1.py

import threading
import time

# 共享变量
```

```
value = 0                                    ①

# 线程体函数
def thread_body():
    global value                             ②
    # 当前线程对象
    print('ThreadA 开始...')
    for n in range(2):
        print('ThreadA 执行中...')
        value += 1                           ③
        # 线程休眠
        time.sleep(1)
    print('ThreadA 结束...')


# 主函数
def main():
    print('主线程 开始...')
    # 创建线程对象 t1
    t1 = threading.Thread(target=thread_body, name='ThreadA')
    # 启动线程 t1
    t1.start()
    # 主线程被阻塞,等待 t1 线程结束
    print('主线程 被阻塞...')
    t1.join()                                ④
    print('value = {0}'.format(value))       ⑤
    print('主线程 继续执行...')


if __name__ == '__main__':
    main()
```

运行结果如下:

```
主线程 开始...
ThreadA 开始...
主线程 被阻塞...
ThreadA 执行中...
ThreadA 执行中...
ThreadA 结束...
value = 2
主线程 继续执行...
```

上述代码第①行定义一个共享变量 value。代码第②行在线程体中声明 value 变量作用域为全局变量,所以代码第③行修改了 value 数值。

代码第④行在当前线程(主线程)中调用 t1 的 join() 方法,因此会导致主线程阻塞,等待 t1 线程结束,从运行结果可以看出主线程被阻塞了。代码第⑤行打印共享变量 value,从运行结果可见 value=2。

提示　使用 join() 方法的场景是:一个线程依赖于另外一个线程的运行结果,所以调用另一个线程的 join() 方法等它运行完成。

21.4.2 线程停止

当线程体结束(即 run( )方法或执行函数结束),线程就会停止了。但是有些业务比较复杂,如开发一个下载程序,每隔一段执行一次下载任务,下载任务一般会在子线程执行,休眠一段时间再执行。该下载子线程中会有一个死循环,为了能够停止子线程,应设置一个线程停止变量。

示例代码如下:

```
# coding=utf-8
# 代码文件:chapter21/ch21.4.2.py

import threading
import time

# 线程停止变量
isrunning = True                                    ①


# 线程体函数
def thread_body():
    while isrunning:                                ②
        # 线程开始工作
        # TODO
        print('下载中...')
        # 线程休眠
        time.sleep(5)
    print('执行完成!')


# 主函数
def main():
    # 创建线程对象 t1
    t1 = threading.Thread(target=thread_body)
    # 启动线程 t1
    t1.start()
    # 从键盘输入停止指令 exit
    command = input('请输入停止指令:')            ③
    if command == 'exit':                           ④
        global isrunning
        isrunning = False


if __name__ == '__main__':
    main()
```

上述代码第①行创建一个线程停止变量 isrunning,代码第②行在子线程线程体中进行循环,当 isrunning=False 时停止循环,结束子线程。

代码第③行通过 input( )函数从键盘读入指令,代码第④行判断用户输入是否是 exit 字符串,如果是,则修改循环结束变量 isrunning 为 False。

测试时需要注意,要在控制台输入 exit,然后按 Enter 键,如图 21-2 所示。

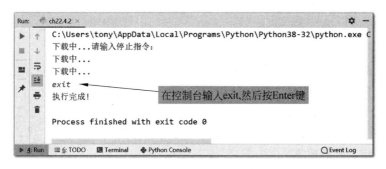

图 21-2　在控制台输入字符串

21.5　线程安全

在多线程环境下,访问相同的资源,有可能会引发线程不安全问题。本节讨论引发这些问题的根源和解决方法。

21.5.1　临界资源问题

多个线程同时运行,有时线程之间需要共享数据,否则就不能保证程序运行结果的正确性。

例如一个航空公司的机票销售,每天机票数量是有限的,很多售票网点同时销售这些机票。下面是一个模拟的销售机票系统,示例代码如下:

```python
# coding=utf-8
# 代码文件:chapter21/ch21.5.1.py

import threading
import time


class TicketDB:
    def __init__(self):
        # 机票的数量
        self.ticket_count = 5                               ①

    # 获取当前机票数量
    def get_ticket_count(self):                             ②
        return self.ticket_count

    # 销售机票
    def sell_ticket(self):                                  ③
        # TODO 等于用户付款
        # 线程休眠,阻塞当前线程,模拟等待用户付款
        sleep_time = random.randrange(1, 8)  # 随机生成休眠时间
        time.sleep(sleep_time)               # 休眠            ④
        # 当前线程对象
        t = threading.current_thread()
        # 当前线程名
```

```
        print('{0}网点,已经售出第{1}号票。'.format(t.name, self.ticket_count))
        self.ticket_count -= 1                                              ⑤
```

上述代码创建了 TicketDB 类,TicketDB 类模拟机票销售过程,代码第①行定义了机票数量成员变量 ticket_count,模拟当天可供销售的机票数,为了测试方便初始值设置为 5。代码第②行定义了获取当前机票数的 get_ticket_count( )方法。代码第③行是机票销售方法,售票网点查询有票可以销售,则调用 sell_ticket( )方法销售机票,该过程中需要等待用户付款,付款成功后将机票数减一,见代码第⑤行。为模拟等待用户付款,在代码第④行使用了sleep( )方法使当前线程阻塞。

调用代码如下:

```
# coding=utf-8
# 代码文件:chapter21/ch21.5.1.py

import random
import threading
import time


...
# 创建 TicketDB 对象
db = TicketDB()



# 处理工作的线程体
def thread_body():                                                         ①
    global db                                          # 声明为全局变量
    while True:
        curr_ticket_count = db.get_ticket_count()                          ②
        # 查询是否有票
        if curr_ticket_count > 0:                                          ③
            db.sell_ticket()                                               ④
        else:
            # 无票退出
            break



# 主函数
def main():
    # 创建线程对象 t1
    t1 = threading.Thread(target=thread_body)                              ⑤
    # 启动线程 t1
    t1.start()
    # 创建线程对象 t2
    t2 = threading.Thread(target=thread_body)                              ⑥
    # 启动线程 t2
    t2.start()


if __name__ == '__main__':
    main()
```

上述代码创建了两个线程,模拟两个售票网点,两个线程所做的事情类似。代码第⑤行和第⑥行创建了两个线程。代码第①行线程体函数,在线程体中,首先获得当前机票数量(见代码第②行),然后判断机票数量是否大于零(见代码第③行),如果有票则出票(见代码第④行),否则退出循环,结束线程。

一次运行结果如下:

```
Thread-2 网点,已经售出第 5 号票。
Thread-1 网点,已经售出第 5 号票。
Thread-1 网点,已经售出第 3 号票。
Thread-1 网点,已经售出第 2 号票。
Thread-2 网点,已经售出第 2 号票。
Thread-2 网点,已经售出第 0 号票。
```

虽然可能每次运行的结果都不一样,但是从结果看还是能发现一些问题:总共 5 张票,但是卖了 6 张票,且有的票重复销售。这些问题的根本原因是多个线程间共享的数据导致了数据的不一致性,这就是"临界资源问题"。

提示　多个线程间共享的数据称为共享资源或临界资源,由于 CPU 负责线程的调度,程序员无法精确控制多线程的交替顺序。这种情况下,多线程对临界资源的访问有时会导致数据的不一致性。

21.5.2　多线程同步

为了防止多线程对临界资源的访问导致数据的不一致性,Python 提供了"互斥"机制,可以为这些资源对象加上一把"互斥锁",在任一时刻只能由一个线程访问,即使该线程出现阻塞,该对象的被锁定状态也不会解除,其他线程仍不能访问该对象,这就是多线程同步。线程同步是保证线程安全的重要手段,但是线程同步客观上会导致性能下降。

Python 中线程同步可以使用 threading 模块的 Lock 类。Lock 对象有两种状态,即"锁定"和"未锁定"状态,默认是"未锁定"状态。Lock 对象有 acquire( )和 release( )两个方法实现锁定和解锁,acquire( )方法可以实现锁定,使 Lock 对象进入"锁定"状态;release( )方法可以实现解锁,使 Lock 对象进入"未锁定"状态。

重构 21.5.1 节售票系统示例,代码如下:

```python
# coding=utf-8
# 代码文件:chapter21/ch21.5.2.py

import random
import threading
import time

class TicketDB:
    def __init__(self):
        # 机票的数量
        self.ticket_count = 5

    # 获得当前机票数量
    def get_ticket_count(self):
        return self.ticket_count
```

```python
# 销售机票
def sell_ticket(self):
    # TODO 等于用户付款
    # 线程休眠,阻塞当前线程,模拟等待用户付款
    sleep_time = random.randrange(1, 8)  # 随机生成休眠时间
    time.sleep(sleep_time)               # 休眠
    # 当前线程对象
    t = threading.current_thread()
    # 当前线程名
    print('{0}网点,已经售出第{1}号票。'.format(t.name, self.ticket_count))
    self.ticket_count -= 1


# 创建 TicketDB 对象
db = TicketDB()
# 创建 Lock 对象
lock = threading.Lock()                                     ①


# 处理工作的线程体
def thread_body():
    global db, lock                      # 声明为全局变量
    while True:
        lock.acquire()                                      ②
        curr_ticket_count = db.get_ticket_count()
        # 查询是否有票
        if curr_ticket_count > 0:
            db.sell_ticket()
        else:
            lock.release()                                  ③
            # 无票退出
            break
        lock.release()                                      ④
        time.sleep(1)


# 主函数
def main():
    # 创建线程对象 t1
    t1 = threading.Thread(target=thread_body)
    # 启动线程 t1
    t1.start()
    # 创建线程对象 t2
    t2 = threading.Thread(target=thread_body)
    # 启动线程 t2
    t2.start()


if __name__ == '__main__':
    main()
```

上述代码第①行创建了 Lock 对象。代码第②行~第④行是需要同步的代码,每一个时刻只能由一个线程访问,需要使用锁定。代码第②行使用了 lock.acquire( )加锁,代码第③

行和第④行使用了 lock. release( )解锁。

运行结果如下：

```
Thread-1 网点,已经售出第 5 号票。
Thread-2 网点,已经售出第 4 号票。
Thread-1 网点,已经售出第 3 号票。
Thread-2 网点,已经售出第 2 号票。
Thread-1 网点,已经售出第 1 号票。
```

由运行结果可见,没有再出现 21.5.1 节的问题,说明线程同步成功,是安全的。

21.6　线程间通信

第 21.5 节的示例只是简单地加锁,但有时情况更加复杂。如果两个线程之间有依赖关系,线程之间必须进行通信,互相协调才能完成工作。实现线程间通信,可以使用 threading 模块中的 Condition 和 Event 类。下面分别介绍 Condition 和 Event 的使用。

21.6.1　使用 Condition 实现线程间通信

Condition 称为条件变量,Condition 类提供了对复杂线程同步问题的支持,除了提供与 Lock 类似的 acquire( )和 release( )方法外,还提供了 wait( )、notify( )和 notify_all( )方法,这些方法的语法如下：

（1）wait(timeout=None)：使当前线程释放锁,然后当前线程处于阻塞状态,等待相同条件变量中其他线程唤醒或超时,timeout 是设置超时时间。

（2）notify( )：唤醒相同条件变量中的一个线程。

（3）notify_all( )：唤醒相同条件变量中的所有线程。

下面通过一个示例讲解 Condition 实现线程间通信问题。一个经典的线程间通信是"堆栈"数据结构,一个线程生成一些数据,将数据压栈；另一个线程消费这些数据,将数据出栈。这两个线程互相依赖,当堆栈为空,消费线程无法取出数据时,应通知生成线程添加数据；当堆栈已满,生产线程无法添加数据时,应通知消费线程取出数据。

消费和生产示例中堆栈类代码如下：

```
# coding=utf-8
# 代码文件:chapter21/ch21.6.1.py

import threading
import time
import random

# 创建条件变量对象
condition = threading.Condition()          ①


class Stack:                                ②
    def __init__(self):
        # 堆栈指针初始值为 0
        self.pointer = 0                   ③
```

```
                  # 堆栈有 5 个数字的空间
                  self.data = [-1, -1, -1, -1, -1]        ④

              # 压栈方法
              def push(self, c):                           ⑤
                  global condition
                  condition.acquire()
                  # 堆栈已满, 不能压栈
                  while self.pointer == len(self.data):
                      # 等待其他线程把数据出栈
                      condition.wait()
                  # 通知其他线程把数据出栈
                  condition.notify()
                  # 数据压栈
                  self.data[self.pointer] = c
                  # 指针向上移动
                  self.pointer += 1
                  condition.release()

              # 出栈方法
              def pop(self):                                ⑥
                  global condition
                  condition.acquire()
                  # 堆栈无数据, 不能出栈
                  while self.pointer == 0:
                      # 等待其他线程把数据压栈
                      condition.wait()
                  # 通知其他线程压栈
                  condition.notify()
                  # 指针向下移动
                  self.pointer -= 1
                  data = self.data[self.pointer]
                  condition.release()
                  # 数据出栈
                  return data
```

上述代码第①行创建了条件变量对象。代码第②行定义了 Stack 堆栈类, 该堆栈有最多 5 个元素的空间, 代码第③行定义并初始化了堆栈指针, 堆栈指针是记录栈顶位置的变量。代码第④行是堆栈空间, –1 表示没有数据。

代码第⑤行定义了压栈方法 push(), 该方法中的代码需要同步, 因此在该方法开始时通过 condition. acquire() 语句加锁, 在该方法结束时通过 condition. release() 语句解锁。另外, 在该方法中需要判断堆栈是否已满, 如果已满不能压栈, 则调用 condition. wait() 让当前线程进入等待状态中。如果堆栈未满, 程序将向下运行调用 condition. notify() 唤醒一个线程。

代码第⑥行声明了出栈的 pop() 方法, 与 push() 方法类似, 这里不再赘述。调用代码如下:

```
# coding=utf-8
# 代码文件:chapter21/ch21.6.1.py

import threading
```

```
import time


# 创建堆栈 Stack 对象
stack = Stack()


# 生产者线程体函数
def producer_thread_body():                          ①
    global stack               # 声明为全局变量
    #产生 10 个数字
    for i in range(0, 10):
        # 把数字压栈
        stack.push(i)                                ②
        # 打印数字
        print('生产:{0}'.format(i))
        # 每产生一个数字,线程就睡眠
        time.sleep(1)


# 消费者线程体函数
def consumer_thread_body():                          ③
    global stack               # 声明为全局变量
    # 从堆栈中读取数字
    for i in range(0, 10):
        # 从堆栈中读取数字
        x = stack.pop()                              ④
        # 打印数字
        print('消费:{0}'.format(x))
        # 每消费一个数字,线程就睡眠
        time.sleep(1)


# 主函数
def main():
    # 创建生产者线程对象 producer
    producer = threading.Thread(target=producer_thread_body)   ⑤
    # 启动生产者线程
    producer.start()
    # 创建消费者线程对象 consumer
    consumer = threading.Thread(target=consumer_thread_body)   ⑥
    # 启动消费者线程
    consumer.start()


if __name__ == '__main__':
    main()
```

上述代码第⑤行创建生产者线程对象,代码第①行是生产者线程体函数,在该函数中把产生的数字压栈,见代码第②行,然后休眠 1s。代码第⑥行创建消费者线程对象,代码第③

行是消费者线程体函数,在该函数中把产生的数字出栈,见代码第④行,然后休眠 1s。运行结果如下:

```
生产: 0
消费: 0
生产: 1
消费: 1
生产: 2
消费: 2
生产: 3
消费: 3
生产: 4
消费: 4
生产: 5
消费: 5
生产: 6
消费: 6
生产: 7
消费: 7
生产: 8
消费: 8
生产: 9
消费: 9
```

从上述运行结果可见,先有生产然后有消费,这说明线程间的通信是成功的。如果线程间没有成功的通信机制,可能会出现如下的运行结果:

```
生产: 0
消费: 0
消费: -1
生产: 1
…
```

"-1"表示数据还没有生产出来,消费线程消费了还没有生产的数据,这是不合理的。

21.6.2　使用 Event 实现线程间通信

使用条件变量 Condition 实现线程间通信还是有些烦琐。threading 模块提供的 Event 可以实现线程间通信。Event 对象调用 wait(timeout=None)方法会阻塞当前线程,使线程进入等待状态,直到另一个线程调用该 Event 对象的 set()方法,通知所有等待状态的线程恢复运行。

重构 21.6.1 节示例中堆栈类代码如下:

```
# coding=utf-8
# 代码文件:chapter21/ch21.6.2.py

import threading
import time

event = threading.Event()                    ①
```

```
class Stack:
    def __init__(self):
        # 堆栈指针初始值为 0
        self.pointer = 0
        # 堆栈有 5 个数字的空间
        self.data = [-1, -1, -1, -1, -1]

    # 压栈方法
    def push(self, c):
        global event
        # 堆栈已满,不能压栈
        while self.pointer == len(self.data):
            # 等待其他线程把数据出栈
            event.wait()                        ②
        # 通知其他线程把数据出栈
        event.set()                             ③
        # 数据压栈
        self.data[self.pointer] = c
        # 指针向上移动
        self.pointer += 1

    # 出栈方法
    def pop(self):
        global event
        # 堆栈无数据,不能出栈
        while self.pointer == 0:
            # 等待其他线程把数据压栈
            event.wait()
        # 通知其他线程压栈
        event.set()
        # 指针向下移动
        self.pointer -= 1
        # 数据出栈
        data = self.data[self.pointer]
        return data
```

上述代码第①行创建了 Event 对象。压栈方法 push( )中,代码第②行 event. wait( )是阻塞当前线程等待其他线程唤醒。代码第③行 event. set( )是唤醒其他线程。出栈的 pop( )方法与 push( )方法类似,这里不再赘述。

比较 21.6.1 节可见,使用 Event 实现线程间通信比使用 Condition 实现线程间通信简单。Event 不需要使用"锁"同步代码。

21.7　本章小结

本章介绍了 Python 线程技术,首先介绍了线程相关的一些概念,然后介绍了创建线程、线程管理、线程安全和线程间通信等内容。其中创建线程和线程管理是学习的重点,此外还应掌握线程状态和线程安全,了解线程间通信。

21.8 同步练习

1. 判断对错。

一个进程就是一个执行中的程序,而每个进程都有自己独立的一块内存空间、一组系统资源。(　　)

2. 判断对错。

同一类中的多个线程共享一块内存空间和一组系统资源。(　　)

3. 判断对错。

线程体是线程执行函数,线程启动后会执行该函数,线程处理代码是在线程体中编写的。(　　)

4. 请简述提供线程体的主要方式有哪些。

5. 线程管理包括以下哪些操作?(　　)

　　A. 线程创建　　　　　　B. 线程启动　　　　　C. 线程休眠　　　　D. 等待线程结束

　　E. 线程停止

6. 判断对错。

在主线程中调用 t1 线程的 join( )方法,则阻塞 t1 线程,等待主线程结束。(　　)

7. 判断对错。

要使线程停止,需要调用 stop( )方法。(　　)

8. 判断对错。

"互斥锁"可以保证任一时刻只能由一个线程访问资源对象,是实现线程间通信的重要手段。(　　)

21.9 上机实验:网络爬虫

重构第 20 章上机实验程序,编写多线程程序,通过一个子线程每小时请求一次数据,并解析这些数据。

同步练习参考答案

第 4 章 Python 语法基础

1. BCDF

2. BC

3. 对

4. 对

第 5 章 数据类型

1. ABC

2. ABCD

3. 对

4. 对

第 6 章 运算符

1. BD

2. AC

3. CD

4. 对

第 7 章 控制语句

1. B

2. D

第 8 章 序列

1. ABCD

2. AB

3. CD

4. 错

5. 对

第 9 章 集合

1. CD

2. AD

3. D

4. 对

第 10 章 字典

1. C

2. D

3. 对

第 11 章 函数与函数式编程

1. ABD

2. ABC

3. 错

4. global

5. 对

第 12 章 面向对象编程

1. 对

2. 对

3. ABCD

4. 对

5. 对

6. 对

7. 对

8. 错

9. 对

10. 对

11. 错

12. 错

13. 参考 12.6.3 节

第 13 章 异常处理

1. AttributeError、OSError、IndexError、KeyError、NameError、TypeError 和 ValueError 等。

2. B

3. 对

4. 对

5. 对

第14章 常用模块

1. 对

2. 错

3. -2

4. -1

5. ABD

6. 对

第15章 正则表达式

1. 参考15.1.2节

2. 参考15.2.4节

3. 参考15.3.1节

4. 参考15.4.1节

5. ABCD

6. BC

第16章 文件操作与管理

1. 参考16.1.1节

2. 参考16.2节

3. 参考16.3节

第17章 数据交换格式

1. 对

2. 对

3. 对

4. 错

第18章 数据库编程

1. 对

2. 对

3. 参考18.4节

4. 参考18.5节

第19章 网络编程

1. 对

2. 参考19.1.2节

3. 对

4. 参考19.2.5和19.3.3节

5. 参考19.4.2节

第20章 图形用户界面编程

1. ABC

2. 参考20.1节

3. ABCD

4. 对

5. ABCD

6. 错

第21章 Python多线程编程

1. 对

2. 对

3. 对

4. 参考21.3节

5. ABCDE

6. 错

7. 错

8. 错

图书资源支持

感谢您一直以来对清华大学出版社图书的支持和爱护。为了配合本书的使用，本书提供配套的资源，有需求的读者请扫描下方的"书圈"微信公众号二维码，在图书专区下载，也可以拨打电话或发送电子邮件咨询。

如果您在使用本书的过程中遇到了什么问题，或者有相关图书出版计划，也请您发邮件告诉我们，以便我们更好地为您服务。

我们的联系方式：

地　　址：北京市海淀区双清路学研大厦 A 座 714

邮　　编：100084

电　　话：010-83470236　010-83470237

资源下载：http://www.tup.com.cn

客服邮箱：tupjsj@vip.163.com

QQ：2301891038（请写明您的单位和姓名）

用微信扫一扫右边的二维码,即可关注清华大学出版社公众号。

教学资源·教学样书·新书信息

人工智能科学与技术
人工智能|电子通信|自动控制

资料下载·样书申请

书圈